Neumann · Lerngeschichte der Uhrenzeit

Norbert Neumann

Lerngeschichte der Uhrenzeit

Pädagogische Interpretationen zu Quellen von 1500 bis 1930

Deutscher Studien Verlag · Weinheim 1993

Über den Autor:
Norbert Neumann, Dr. phil., Jg. 52, ist Privatdozent am Fachbereich Erziehungswissenschaft der Westfälischen Wilhelms-Universität Münster und Lehrbeauftragter an der Hochschule der Künste Berlin.

Die Deutsche Bibliothek – CIP-Einheitsaufnahme

Neumann, Norbert:
Lerngeschichte der Uhrenzeit : pädagogische Interpretationen zu Quellen von 1500 bis 1930 / Norbert Neumann. –
Weinheim : Deutscher Studien Verlag, 1993
ISBN 3-89271-394-4

Druck nach Typoskript (DTP)

Druck: Druck Partner Rübelmann, 6944 Hemsbach
Seriengestaltung des Umschlags: Atelier Warminski, 6470 Büdingen 8
Printed in Germany

ISBN 3 89271 394 4

Für
Nicolai, Manuel
und Charlotte

Pfarrer: Begreifst du jez, worum ich so darauf trang, daß deine Kinder auf den Schlag sechs Uhr bym Abendgebeth sizen und keine halbe Stunde fruher, keine spater?
Caterj: Ich hette es nicht geglaubt, aber ich kene meine Kinder nicht mehr, sintdem sie sich also nach Minuten der Uhr richten müssen; ich glaubte vorher, sie müssen sich nach meinen Worten richten.
Pfarrer: Das ware wohl gut, wenn das Menschenwort so richtig schlagen wurden als eine Uhr.
Caterj: Nein, Herr Pfarrer, auch die schlechteste Uhr geht richtiger als auch der gscheidesten Baurenfrauen ihr Mund.

Johann Heinrich Pestalozzi (1799)

Inhalt

Einleitung

Mancher, der sich von seiner Arbeit und den Zwängen des Alltags befreit sehen möchte, träumt von der Südsee. Solche Wunschbilder als Kontrast zum erlebten Alltag basieren auf einem Mythos, der seit den Reisebeschreibungen der Südseefahrer Bougainville, Cook oder Georg Forster Ende des 18. Jahrhunderts die Phantasien der Menschen über ein Leben in Müßiggang und gesellschaftlicher Ungebundenheit belebt. In einem *Gespräch über die Südsee*, publiziert 1926, versucht Bertolt Brecht sich vorzustellen, wie sein Alltag dort aussehen könnte. Sein Gesprächspartner lebt seit 15 Jahren in Brasilien und kennt die Südsee offenbar nicht aus eigener Anschauung:

»Ich frage ihn, was man da in der Südsee den ganzen Tag über macht.
Er sagt: ›Gar nichts. Arbeiten müssen Sie gar nichts.‹
›Na ja‹, sage ich, ›Arbeit würde mich auch nicht befriedigen, aber irgend etwas muß man natürlich anstellen können!‹
Er sagt: ›Na, da haben Sie doch die Natur!‹
›Schön‹, sage ich, ›aber was tut man zum Beispiel früh um 8 Uhr?‹
›Früh um 8 Uhr? Da schlafen Sie noch.‹
›Und mittags? Um eins?‹
›Um eins ist es zu heiß, um was zu tun.‹
Aber jetzt werde ich böse. Ich blicke ihn feindselig an und sage: ›Nachmittags?‹
›Na, eine Stunde am Tage werden Sie doch mit irgendwas ausfüllen können.‹
...Die Südsee ist mir auf Jahre hinaus verleidet. Und so einen Mann will ich nie mehr zu Gesicht bekommen.«[1]

Brecht weiß lediglich, was er nicht will, nämlich arbeiten. Aber er verspürt weder ein Bedürfnis nach Kontemplation, Muße oder Müßiggang, noch kann er sich in einen Tagesablauf hineindenken, der vom Rhythmus der Natur strukturiert wird, in dem z.B. Sonnen-

---

[1]Bertolt Brecht: Gesammelte Werke. Bd. 11. Frankfurt/M. 1977. S. 104 f.

aufgang und Sonnenuntergang die zu bewältigenden Aufgaben und Tätigkeiten vorgeben. Die ›Natur der Südsee‹ wird von ihm mit der Uhr in der Hand gedacht: was mache ich um 8 Uhr, was um eins. Sein Ordnungsrahmen, die lineare Zeit der Uhren, erzeugt zwar Termine, aber keinen Sinn. Seinen Lesern bietet Brecht offensichtlich folgende Einsicht an: Der Mythos ›Südsee‹ gewinnt seine Faszination lediglich aus seiner Opposition zum gewohnten Alltag, er ist naive Zivilisationskritik. Ein Mensch, dessen Lerngeschichte wesentlich durch Arbeit und Uhren geprägt ist, ist zu einem glücklichen Leben in den vorgeblich paradiesischen Zuständen der ›Südsee‹ nicht fähig, weil er mit Zeit, sofern sie im Überfluß vorhanden ist, nichts anzufangen weiß; wer gelernt hat, mit Hilfe der von Uhren angezeigten Zeit seinen Alltag zu ordnen und zu erfahren, verliert hier eine zentrale Stütze seines Selbstverständnisses.

Dieses historisch gewachsene Selbstverständnis ist Thema dieser erziehungswissenschaftlichen Arbeit. Ausgehend von der Beobachtung, daß historisch verschiedene Generationen ihr spezifisches Bewußtsein von Zeit haben, wird gefragt, wie die Zeit der Uhren im historischen Prozeß gelernt und vermittelt wurde. Eine solche Fragestellung geht weit über den eher technischen Aspekt, wie ein Werkzeug der Zeitmessung zu handhaben ist, hinaus, sie berührt unmittelbar die Erfahrung von Zeit. Denn Zeit als solche kann man nicht sehen, sie bedarf wahrnehmbarer, sprachlich erschlossener Geschehensabläufe, die - gesellschaftlich vereinbart und überindividuell gültig - Zeit repräsentieren, damit diese als Ordnungsfaktor sozial wirksam werden kann. Dies gilt unabhängig vom Typus der verwendeten Zeitrepräsentanten, also ob die Zeit anhand des Sonnenstandes abgelesen wird oder vom Verlauf des Mondes, ob sie erfahren wird im Wechsel zwischen Ebbe und Flut oder aufgrund der physiologischen ›Uhr‹ in der Aufeinanderfolge von Hunger und Sättigung, von Wachheit und Müdigkeit oder ob sie wahrgenommen wird anhand von Sand- und Wasseruhren oder eben einer Räderuhr, deren Ziffern und Zeiger die Zeit symbolisieren.

»Der einzelne Mensch lernt beim Heranwachsen, die in seiner Gesellschaft gebräuchlichen Zeitsignale zu verstehen und sich im Verhalten an ihnen zu orientieren. Das Erinnerungsbild von der Zeit, die Vorstellung von ihr, die ein einzelner Mensch besitzt, hängt also von dem Entwicklungsstand der die Zeit repräsentierenden und kommunizierenden sozialen Institutionen ab und von den Erfahrungen, die der Einzelne mit ihnen von klein auf gemacht hat.«[1]

Entscheidend ist, daß mit dem Wechsel von einem Typus der Zeitrepräsentanz zum einem anderen die Erfahrbarkeit von Zeit neu gestaltet wird und damit das Wissen um Zeit neue Aspekte, gelegentlich auch andere Dimensionen erhält. So lassen z.B. die historischen Quellen darauf schließen, daß dort ein Denken in Zyklen vorherrscht, wo die jahreszeitlichen Vorgänge und andere Rhythmen der Natur das dominante Zeitmodell bilden[2], während mit der Verbreitung der modernen Räderuhr - und im Zusammenspiel mit dem neuzeitlichen Kalender - ein lineares Zeitbewußtsein die Oberhand gewinnt.

Man muß sich vergegenwärtigen, welch grundsätzlich andere Erfahrung von Zeit durch die Räderuhr bewirkt wird; denn nun bestimmen die Menschen ihre Zeit nicht mehr nach den Abläufen der Natur oder nach der Dauer einer bestimmten Tätigkeit, sondern messen Zeit formal und quantifizierend auf einer linearen Zeitleiste. Somit kann jede Tätigkeit mit einer anderen Tätigkeit verglichen und in Zusammenhang gebracht werden. Es ist ein Unterschied, ob - modern gesprochen - ein Telefongespräch drei Vaterunser lang dauert oder 45 Sekunden. Mit dem entqualifizierenden Referenzmittel Uhr lassen sich die unterschiedlichsten Tätigkeiten und Abläufe in Beziehung setzen und synchronisieren. In der erziehungswissenschaftlichen Diskussion hat Mollenhauer auf diesen lerngeschichtlich bedeutsamen Vorgang hingewiesen:

»Die Bewegungen der Lebendigkeit meines Körpers sind in physikalischen Zeitmaßen, deren Prinzip der unbedingt gleiche Abstand einer Zähleinheit von der anderen ist, nicht meßbar; was auf diese Art gemessen wird, ist etwas grundsätzlich anderes als die lebendige Bewegung meines Leibes/meiner Seele/ meines Geistes. Das ist der Grund dafür, daß die Erfindung der Räderuhr und ihre Geschichte für Zeit-Theoretiker so faszinierend ist: ein kulturell durchaus relatives Ereignis - Jahrtausende und viele große und keineswegs, im Vergleich mit der unseren, weniger humane Kulturen kamen ohne diesen Typus von Zeit-

---

[1]Norbert Elias: Über die Zeit. Arbeiten zur Wissenssoziologie II. Frankfurt/M. 1984. S. XXI.

[2]Vgl. Rudolf Wendorff: Zeit und Kultur. Geschichte des Zeitbewußtseins in Europa. Opladen [3]1985. S. 174 ff.

messungen aus - hat für den Menschen ein Problem hervorgebracht, deren Lösung einer Sisyphus-Arbeit gleicht: wie ist das seine eigene Lebendigkeit erlebende und dieses Erleben auf die ›ungenauen‹ Zeitmaße von vorher/nachher, hell/dunkel, Morgen/Mittag/Abend, warm/ kalt, auf den Wechsel der Jahreszeiten, aber auch der Situationen, Stimmungen, Tätigkeitsarten beziehende Ich in der Lage, sich außerdem oder gar zugleich dem Zeitmaß der Uhr zu fügen?«[1]

Beginnend bei der ersten nennenswerten Verbreitung der Räderuhr an Kirch- und Rathaustürmen der großen Städte um 1500 bis zur endgültigen Individualisierung durch die Armbanduhr in den zwanziger Jahren dieses Jahrhunderts soll im folgenden die Geschichte der Uhr als eine Geschichte individueller und gesellschaftlicher Lernprozesse rekonstruiert und interpretiert werden. Aufgrund der Universalität der Zeit kann diese Untersuchung nur exemplarisch verfahren, sie wird Schwerpunkte setzen innerhalb dieser Lerngeschichte in der Erwartung, Relaisstellen zu entdecken und möglichst phänomennah aufzuhellen. Die Technikgeschichte der Uhr wird nur insoweit zur Geltung kommen, als dies Rückschlüsse auf die Erfahrbarkeit der Zeit zuläßt; ebenso werden die großrahmigen Zeitraster wie der Kalender und das Verhältnis der Menschen zu Vergangenheit, Gegenwart und Zukunft nur dort berücksichtigt, wo dies für die Interpretation der Lerngeschichte der Uhrenzeit selbst zwingend erforderlich scheint. Über die Auswahl und Gewichtung der verwendeten Quellen wird jeweils unmittelbar im Argumentationszusammenhang Auskunft gegeben.

Für diese Untersuchung kann auf keine erziehungswissenschaftlich fundierte Zeitforschung zurückgegriffen werden. Zwar läßt sich seit 1960 ein Interesse an Zeit als einer zentralen Kategorie innerhalb von Erziehungs- und Bildungsprozessen feststellen, aber angesichts ihrer Bedeutung für pädagogische Sachverhalte wisse man, so Mollenhauer, hierüber viel zu wenig; prinzipiell lasse sich in jeder beliebigen (pädagogischen) Situation deren Zeitstruktur ermitteln, auch wenn an der (Text-)Oberfläche selbst keine eindeutigen Zeitbegriffe wie Minuten oder Stunden in Erscheinung treten.[2] Forschungsdefi-

---

[1]Klaus Mollenhauer: Umwege. Über Bildung, Kunst und Interaktion. Weinheim/München 1986. S. 89.

[2]Klaus Mollenhauer: Die Zeit in Erziehungs- und Bildungsprozessen. Annäherungen an eine bildungstheoretische Fragestellung. In: Die Deutsche Schule. 73. Jg. H. 2/ 1981. S. 68 u. 71.

zite beklagen auch andere Autoren, z.B. Kamper und Wulf, Becker, Geißler.[1] Im wesentlichen befassen sich die erziehungswissenschaftlichen Beiträge mit den *Folgen* der erworbenen Zeitmuster; so fragen sie zum Beispiel nach den Wirkungen, die das im entqualifizierten Zeittakt tönende Klingelzeichen auf die Qualität von Bildung und individueller Lernzeit hat.[2] Andere verweisen auf die Differenz zwischen der Meßzeit der Erwachsenen und der Zeit des Kindes, die ein »erlebtes Gerichtetsein auf Zukünftiges« sei.[3] Aus existenzphilosophischer und anthropologischer Sicht wird das »richtige« Verhältnis zur Zeit gesucht.[4] Auch die schulische Förderung des kindlichen Zeitbewußtseins und die Vermittlung der Uhr wird didaktisch erschlossen und in Unterrichtsentwürfen und didaktischen Empfehlungen für die Grundschule exemplifiziert.[5] Die Untersuchungen

---

[1]Dietmar Kamper/Christoph Wulf: Die Zeit, die bleibt. In: D. Kamper/C. Wulf (Hrsg.): Die sterbende Zeit. Zwanzig Diagnosen. Darmstadt/Neuwied 1987. S. 8. - Hellmut Becker: Fragen zum Problem der Zeit in Erziehung und Bildung. In: Christian Link (Hrsg.): Die Erfahrung der Zeit. Gedenkschrift für Georg Picht. Stuttgart 1984. S. 172. - Karlheinz A. Geißler: Zeit leben. Vom Hasten und Rasten, Arbeiten und Lernen, Leben und Sterben. Weinheim/Basel 1985. S. 11 ff.

[2]Z.B. Horst Rumpf: Die übergangene Sinnlichkeit. Drei Kapitel über die Schule. München 1981. S. 153 ff.
Diese und alle im folgenden genannten Arbeiten stehen nur exemplarisch für ihren Themenschwerpunkt. Eine Literaturübersicht zum Forschungsstand bietet Karl-Heinz Sahmel: Momo oder: Pädagogisch relevante Aspekte des Problems der Zeit. In: Pädagogische Rundschau. 42. Jg. H. 4/1988. S. 403-419. Weitere Quellenangaben im Literaturverzeichnis meiner Arbeit.

[3]M. J. Langeveld: Die Schule als Weg des Kindes. Versuch einer Anthropologie der Schule. Braunschweig [3]1966. S. 45. - Ursula Rabe-Kleberg/Helga Zeiher: Kindheit und Zeit. Über das Eindringen moderner Zeitorganisation in die Lebensbedingungen von Kindern. In: Zeitschrift für Sozialisationsforschung und Erziehungssoziologie. 4. Jg. H. 1/1984. S. 29-43. - Andreas Flitner: Zeit sparen - Zeit nehmen - Zeit schenken. In: Neue Sammlung. 29. Jg. H. 4/1989. S. 488-497.

[4]Otto Friedrich Bollnow: Das Verhältnis zur Zeit. Ein Beitrag zur pädagogischen Anthropologie. Heidelberg (1972).

[5]Günther Schorch: Kind und Zeit. Entwicklung und schulische Förderung des Zeitbewußtseins. Bad Heilbrunn 1982. - Dietrich Benner: Erziehender Unterricht. In: Wilhelm Wittenbruch (Hrsg.): Das pädagogische Profil der Grundschule. Überarbeitete Richtlinien in Nordrhein-Westfalen. Impulse für die Weiterentwicklung der Grundschule. Heinsberg 1984. S. 80 ff.

Piagets können ebenfalls keine systematischen Anregungen für die hier verfolgte Fragestellung bieten. Mit seinem überhistorischen Erklärungsmodell naturalisiert Piaget den Erwerb des Zeitverständnisses zu einem etwa dem Laufenlernen analogen Vorgang; die situativen Gegebenheiten, ihre Inhalte und die Verschränkung individueller und gesellschaftlicher Lernprozesse bleiben somit ausgeklammert.[1] Forschungsdefizite werden auch in den anderen Sozialwissenschaften beklagt. Zeit sei zwar, so die Soziologin Nowotny, inzwischen zu einem zentralen Thema der Wissenschaften geworden, aber Untersuchungen, die die längerfristigen Prozesse in ihrer individuellen und gesellschaftlichen Dimension erfassen, stünden weiterhin aus.[2] Symptomatisch hierfür ist, daß zahlreiche Autoren ihre Leser auf eine Erkenntnis von Augustinus verweisen: »Was ist Zeit? Wenn niemand mich fragt, weiß ich es. Will ich es einem Fragenden erklären, so weiß ich es nicht.«[3] Ursache für dieses Nicht-Wissen ist einerseits die (bisher) vergebliche Suche nach dem Wesen der Zeit, andererseits die Tatsache, daß sich Zeit aufgrund ihrer Komplexität als ein gesellschaftliches Totalphänomen wissenschaftlich nur parzelliert, exemplarisch erschließen läßt.

Der Zugang zur Geschichte der Uhrenzeit erfolgt hier aus der Perspektive ›gesellschaftlicher Lernprozeß‹. Daß das jeweilige historische Zeitbewußtsein das Ergebnis von Lernen ist, setzen alle bisher zitierten Autoren voraus. Um sich allerdings der Zeit als einer zentralen Kategorie, die das Verhältnis der Menschen zu sich und den Mitmenschen wesentlich mitbestimmt, lerntheoretisch nähern zu können, bedarf es eines Lernbegriffs, der nicht nur die individuelle, sondern auch die gesellschaftliche und historische Dimension erfaßt. Denn die Zeit der Uhren kann der einzelne nur mit anderen realisieren, wenn Uhren ihre ordnungsstiftende und synchronisierende Funktion erfüllen sollen. Diese Zeit, anders als die subjektiv erlebte

---

[1]Vgl. Horst Rumpf: Belebungsversuche. Ausgrabungen gegen die Verödung der Lernkultur. Weinheim/München 1987. S. 100.

[2]Helga Nowotny: Eigenzeit. Entstehung und Strukturierung eines Zeitgefühls. Frankfurt/M. 1989. S. 8.

[3]Z.B. Jeremy Rifkin: Uhrwerk Universum. Die Zeit als Grundkonflikt des Menschen. München 1988. S. 10. - David S. Landes: Revolution in Time. Clocks and the Making of the Modern World. Harvard 1983. S. 1. - N. Elias: Über die Zeit, S. VII.

Zeit der Dauer, basiert als eine historisch gewachsene, kulturelle Konstruktion auf dem Übereinkommen einer Generation oder gesellschaftlichen Gruppe, sie wird überindividuell erfahren und gelebt. Die von Uhren ausgehenden Zeitschemata gehören zum Habitus einer Epoche, sie sind nicht das Lernergebnis ausschließlich pädagogischer Einrichtungen, sondern werden erworben in der Interaktion mit anderen, mit Institutionen und Rollen, sie resultieren aus dem Geflecht gesellschaftlicher Gegebenheiten und deren Zwänge.

Um dies noch genauer zu fassen: Die Konstellation der Zeiger auf dem Zifferblatt von Uhren symbolisieren die Zeit; wie der einzelne nun diese Symbole interpretiert, sich ihrer kommunizierend bemächtigt und sie in Verhalten überträgt, ist eingebunden in das Wissen seiner Mitmenschen und in das seiner Vorfahren. Die Darstellung einer Minute auf einem Zifferblatt kann nur derjenige sehen und verstehen, der eine sprachlich erschlossene Vorstellung von ›Minute‹ hat; sie muß kommunikativ vermittelt sein. Sein Wissen basiert auf einem anfanglosen Lernprozeß, dessen Inhalte, Strukturen und Verläufe nur aus ihrer historischen Genese heraus verstanden werden können.

Mit dem hypothetischen Leitbegriff ›gesellschaftlicher Lernprozeß‹ soll dieser Vernetzung von individuellen, gesellschaftlichen und historischen Elementen Rechnung getragen werden; im Zentrum der Aufmerksamkeit steht dabei stets das interpretierende Handeln der Subjekte mit dem Ziel, Lerngeschichten zu rekonstruieren und zu interpretieren. Beispiele hierfür hat u.a. Henningsen benannt:

> »Die wichtigste Frage der Erziehungswissenschaft (bitte gestatten Sie einige wenige Zeilen Dogmatik) ist, *wie Menschen anders werden dadurch, daß sie anders gemacht werden.* Die zentrale theoretische Vorstellung ist ›gesellschaftlicher Lernprozeß‹. Das reicht vom Einüben des Heil-Hitler-Sagens bis zum Auf- und Abbau von Vorurteilen, vom Wandel der Mode bis zur Akzeptanz von Staatsformen, vom Gebrauch der Gabel bis zur Identifikation mit dem Auto. Alles das sind gesellschaftliche Lernprozesse, ist People Processing durch verhaltensrelevante Informationsumsetzung. Kindheit, Jugend, Weiblichkeit: das ist nicht Natur, sondern Geschichte. Wer macht das? Wie entsteht und verläuft es? Was sind die Folgen? Woher weiß man das?«[1]

---

[1]Jürgen Henningsen: Die Impotenz der Schule. In: Günther Groth (Hrsg.): Horizonte der Erziehung. Zu aktuellen Problemen von Bildung, Erziehung und Unterricht. Festgabe für Theodor Wilhelm zum 75. Geburtstag. Stuttgart 1981.

Auch die Überlegungen Theodor Schulzes zielen auf einen Lernbegriff, der die gesellschaftliche und historische Dimension des Lernens erfaßt: Wenn Lernen das Medium sei, in dem Gesellschaft sich entfalte, dann bedürfe es eines Lernbegriffs, der nicht nur das von pädagogischen Institutionen ausgehende intentionale Handeln berücksichtige, sondern gerade auch das selbsttätige Lernen der Menschen in ihrem Lebensvollzug erfasse. Es müsse folglich nach Anlässen, Konstellationen, Mechanismen und Prinzipien gefragt werden. Was mit einem solchen Lernbegriff gemeint sei, lasse sich an historischen Untersuchungen zur Ausbildung und Veränderung dominierender Einstellungen, an der Etablierung neuer Sicht- und Verhaltensweisen und der Eröffnung neuer Handlungsspielräume zeigen.[1] Es gehe um

> »die Entstehung und Entwicklung von nicht nur individuell, sondern auch zugleich gesellschaftlich wirksamen, inhaltlich gefüllten Lernzusammenhängen oder ›Lernsystemen‹«.[2]

Um solche »Lernzusammenhänge« - bezogen auf Uhrenzeit - entdecken zu können, müssen zunächst die Phänomene selbst dokumentarisch erfaßt und beschrieben werden - konkret: In welchen Situationen konnten Uhren erfahren werden, welche individuelle und gesellschaftliche Relevanz hatten sie für bestimmte Lebensumstände, vor allem: mit welchem Zeit-Wissen blickten die Menschen auf die Uhr.

Anregungen für den hier verfolgten lerntheoretischen Zugang erfährt diese Arbeit durch die wissenssoziologischen Studien *Über die Zeit* von Norbert Elias. In seinen vorwiegend systematisch und methodologisch akzentuierten Skizzen, die eine »Theorie des mensch-

---

S. 107. - Siehe auch ders.: Die linke Lüge und ein paar gewöhnliche Widersprüche. In: Rainer Winkel (Hrsg.): Deutsche Pädagogen der Gegenwart. Ihre Erziehungs-, Schul- und Bildungskonzeptionen. Bd. 1. Düsseldorf 1984. S. 101 f. - Ders.: Erfolgreich manipulieren. Methoden des Beybringens. Ratingen/Kastellaun/Düsseldorf 1974. S. 11 f.

[1]Theodor Schulze: Kann Erziehung die Gesellschaft verändern? In: Zeitschrift für Pädagogik. 13. Beiheft. Weinheim/Basel 1977. S. 61 f.

[2]Ebd. S. 63 f. - Vgl. hierzu auch Anton Austermann: Kurt Tucholsky. Materialien zu einer noch ausstehenden Theorie gesellschaftlicher Lernprozesse. Habil.-Schr. Münster 1982. S. 15 ff.

lichen Wissens« im Blick auf »generationenübergreifendes Lernen«[1] vorbereiten wollen, versucht Elias, die Beziehung zwischen individuellen und gesellschaftlichen Phänomenen zu klären. Er geht davon aus, daß

> »der Makrokosmos der Gruppe und der Mikrokosmos des einzelnen Individuums in ihrer Struktur voneinander abhängig und - mehr oder weniger - aufeinander abgestimmt sind«.[2]

Wenn im Vorangegangenen gesagt wurde, daß die Symbole der Zeit kommunikativ vermittelt sein müssen, um für den einzelnen verhaltensrelevant werden zu können, dann läßt sich auch die Korrelation zwischem Individuellem und Gesellschaftlichem prägnanter fassen:

> »Die Sprache einer Gruppe wird beim Heranwachsen zum erlernten Mittel der Kommunikation des einzelnen Menschen; sie wird zu seiner oder ihrer Sprache, also zu einem integralen Bestandteil der individuellen Person. Zu den Eigentümlichkeiten der menschlichen Gesellschaft der ›Vielen‹ gehört es, mit anderen Worten, daß ihre Manifestationen nicht allein etwas außerhalb des einzelnen Menschen Existierendes sind, nicht nur eine ›Außenwelt‹, sondern zugleich persönliche Struktureigentümlichkeiten des ›Einzelnen‹. Die immer erneute Transformation der sozialen Sprache in eine individuelle Sprache ist nur eines von vielen Beispielen für diese ständige Individualisierung sozialer Gegebenheiten. Sie wird häufig verkannt oder verdeckt durch ihr perspektivisches Korrelat, die Sozialisierung des Individuums.«[3]

Aus der Perspektive ›Sozialisation‹ wird traditionell von den sozialisierenden Institutionen und ihren Lernangeboten her gedacht. So läßt sich z.B. sagen, daß das Fernsehen seine Zuschauer sozialisiert, wie aber der *Prozeß* dieser Vermittlung abläuft, wie die Zuschauer dieses ›Lernangebot‹ in ihre Wissenszusammenhänge integrieren, mit welchen Bruchstellen und Verknüpfungen, all dies bleibt ausgeklammert. Elias denkt von den lernenden Subjekten her, wenn er von der »Individualisierung sozialen Wissens« spricht. Am Beispiel des Spracherwerbs verdeutlicht er diesen Vorgang:

---

[1]N. Elias: Über die Zeit, S. XII, XL f. u. 1 f.
[2]Ebd. S. XIV.
[3]Ebd. S. XXVI.

»Die Tatsache, daß der einzelne Mensch erst durch das Lernen von anderen, durch die Aneignung sozial vorgegebener Muster der Selbstregelung die Möglichkeit erhält, sich zu einer relativ autonomen Person mit einer individuell ausgeprägten, also in bestimmter Hinsicht mehr oder weniger einzigartigen Persönlichkeitsstruktur zu entwickeln, läßt sich beim gegenwärtigen Stand der Begriffsbildung nicht ohne einige Mühe in Worte fassen. Man kann es wohl verstehen, wenn gesagt wird, die Sprache sei ein Mittel der Sozialisierung. Aber man wird damit dennoch der Eigenart dieses Lernprozesses nicht ganz gerecht. Bei Menschen ist die natürliche Ausstattung mit ungelernten Kommunikationsmitteln in weit höherem Maße zurückgetreten als bei anderen Lebewesen. Dem entspricht eine weit größere Angewiesenheit des Einzelnen auf den biologisch vorbereiteten Erwerb eines sozialen Kommunikationsmittels, einer Sprache, durch Lernen. Als Kommunikationsmittel von Vielen ist eine Sprache immer bereits vorhanden, wenn der Einzelne sie lernt. Es ist also nicht ganz unangemessen, in diesem Fall zu sagen, die Sprache individualisiert sich.«[1]

Mit der Vorstellung einer Individualisierung sozialer Gegebenheiten löst sich Elias von einem traditionellen, ideengeschichtlich begründeten Denkmodell, in dem von einem Gegensatz zwischen Individuum und Gesellschaft ausgegangen wird. Stattdessen geht er davon aus, daß die Vielfalt gesellschaftlicher Beziehungen Individualität erst ermöglicht: Je differenzierter die gesellschaftlichen Beziehungen sind, desto vielfältiger sind in diesem ständigen Geben und Nehmen die Erfahrungsmöglichkeiten des einzelnen und desto höher sind die Chancen, daß sich in diesem Zusammenspiel von Erfahrungsvielfalt, individuellen Dispositionen und Entscheidungsspielraum ein unverwechselbares ›Selbst‹ realisiert. Die Vorstellung von einer Wechselwirkung zwischen Individuum und Gesellschaft lehnt Elias ab, da sie zu physikalisch orientiert sei auf ein bloßes additives Zu- und Auseinander, ähnlich einem Reiz-Reaktion-Schema. Er favorisiert ein erkenntnisleitendes Modell, das er aufgrund fehlender Denktraditionen und zu starrer Begrifflichkeiten nur in der Metapher »Netzgeflecht« veranschaulichen zu können glaubt:

»Es gibt in einem solchen Geflecht viele einzelne Fäden, die miteinander verbunden sind. Dennoch ist weder das Ganze dieses Geflechts noch die Gestalt, die der einzelne Faden darin erhält, von einem Faden allein oder auch von allen einzelnen Fäden für sich zu verstehen, sondern ausschließlich von ihrer Verbindung her, von ihrer Beziehung zueinander. Aus dieser Verbindung ergibt

---

[1]Ebd. S. XXVIII f.

sich ein Spannungssystem, dessen Ordnung sich jedem einzelnen Faden mitteilt, und zwar jedem Faden in einer mehr oder weniger verschiedenen Weise, je nach seiner Stelle und Funktion im Ganzen dieses Geflechts. Die Gestalt des einzelnen Fadens ändert sich, wenn sich Spannung und Aufbau des ganzen Geflechts ändern. Dennoch ist dieses Geflecht nichts anderes als eine Verbindung von einzelnen Fäden; und innerhalb dieses Ganzen bildet jeder Faden zugleich eine Einheit für sich; er hat darin eine einzigartige Stelle und Gestalt...Es ist die Ordnung dieser unaufhörlichen Verflechtung ohne Anfang, es ist die Geschichte seiner Beziehungen, die Wesen und Gestalt des einzelnen Menschen bestimmt.«[1]

Wenn im folgenden gesellschaftliche Lernprozesse nachgezeichnet und interpretiert werden sollen, dann müssen Personen zu Wort kommen, die der Lerngeschichte der Zeit ihre Stimme verliehen haben. Zumeist sind es herausragende Persönlichkeiten der Geschichte, oft die gesellschaftliche Avantgarde, deren Äußerungen diesen historischen Prozeß erschließen lassen. Nur selten dokumentiert sich die Mehrheit der Bevölkerung selbst in einer Weise, die späteren Generationen als Quelle zugänglich ist. Freilich darf dies nicht den Eindruck erwecken, als seien diese einzelnen Personen und die hinter ihnen stehenden Institutionen die alleinigen maßgeblichen Kräfte dieser Lernprozesse. In ihren Aussagen spiegeln sich gesellschaftliche Lernprozesse, sie versprachlichen in einer konkreten historischen Situation die Erfahrungen mit Uhrenzeit und beeinflussen mit ihren Vorstellungen, je nach Publizität und gesellschaftlicher Macht, die Erfahrbarkeit von Zeit für andere - sie sind »Münze und Prägstock zugleich«[2].

Sicherlich birgt dieser Zugang die Gefahr, daß die Lernprozesse einzelner zu einem erworbenen Standard von vielen stilisiert werden. Und dennoch: Im Sinne des hier skizzierten »Netzgeflechts« teilen die einzelnen als exponierte historische Persönlichkeiten etwas von dem mit, was viele Zeitgenossen ohne diese Brillanz und Schlüssigkeit in ihrem alltäglichen Lebensvollzug dachten und erfuhren; sie sind Kinder ihrer Zeit und gleichzeitig deren bevorzugte Sprecher.

---

[1]Norbert Elias: Die Gesellschaft der Individuen. Frankfurt/M. 1987. S. 54 f.

[2]Ebd. S. 84. - In der Argumentation identisch Konrad Wünsche: Die Endlichkeit der pädagogischen Bewegung. In: D. Kamper/C. Wulf (Hrsg.): Die sterbende Zeit, S. 102 f.

Innerhalb des gesellschaftlich normierten Habitus ›Uhrenzeit‹ bleiben die individuellen Eigentümlichkeiten auf eine - je nach historischer Situation - enge Bandbreite begrenzt. Aber auch die individuellen Varianten zwischen ständiger Unpünktlichkeit und Überpünktlichkeit sind gerade in ihrer extremen Form ein aufschlußreiches Material für den Pädagogen: sie zeugen von den Schwierigkeiten dieses Lernprozesses, sie belegen, welche Mühe es von Fall zu Fall dem einzelnen bereitet, gesellschaftliche Normen zu erlernen, soziale Gegebenheiten zu individualisieren.

Unbefriedigend mögen die Ergebnisse dieser Untersuchung für denjenigen sein, der am Ende eine Theorie gesellschaftlicher Lernprozesse erwartet im Sinne von monokausalen Wenn-Dann-Beziehungen oder Gesetzen. Genau dies kann eine auf den *Prozeß* generationenübergreifenden Lernens gerichtete Arbeit nicht leisten, wenn sie ihrer Prämisse von der Verflechtung gesellschaftlicher und individueller Anteile folgt. Aber diese Untersuchung will auf die Phänomene hinweisen, sie will Verläufe, ihre Strukturen und Regelmäßigkeiten skizzieren und somit zu einer materialen und strukturellen Erschließung gesellschaftlicher Lernprozesse beitragen. Mehr als Plausibilität kann ihre Argumentation nicht beanspruchen, aber diese Plausibilität hängt nicht in einem luftleeren Raum: Sie wird daran gemessen, ob die gegenwärtigen, gelebten Zeitmuster und ihre Genese mithilfe der gewonnenen Erkenntnisse und Instrumentarien sinnvoll erschlossen und besser verstanden werden können. Aufgrund der phänomennahen Rekonstruktion dieser Lerngeschichte bleibt die Argumentation stets überprüfbar, sie kann innerhalb der wissenschaftlichen Diskussion anhand anderer Quellen erhärtet oder revidiert werden.

Kapitel 1

Die lineare Zeit der Uhr im Selbstverständnis des 16. Jahrhunderts

Begriffe der Uhrenzeit im Übergang zur modernen Stundenrechnung

Zweifelsfreie Belege über die Existenz der Räderuhr lassen sich seit Beginn des 14. Jahrhunderts finden. Die Unsicherheit in der exakten Datierung der ersten mechanischen Uhr resultiert u.a. daraus, daß die Quellen nicht eindeutig erschließen lassen, ob es sich um eine Uhr handelt, die die drei folgenden Merkmale erfüllt, denn nur diese erlauben im neuzeitlichen Verständnis den Begriff Räderuhr: ein Kraft speichernder Antrieb (Gewicht oder Feder), ein Räderwerk und vor allem eine Hemmung mit Gangregler, die das gleichmäßige Ablaufen des Räderwerkes bewirkt. Einzelne Elemente wie das Räderwerk fanden schon weit früher etwa in Wasseruhren Verwendung.[1] Aufgrund der Nachweise in zahlreichen Stadt- und Kirchenchroniken gilt es als sicher, daß bereits um 1380 in einigen der großen Städte eine Turmuhr installiert war; nach der Reformation dürften die deutschen Länder, insbesondere die Städte, mit öffentlichen mechanischen Uhren ausgestattet gewesen sein.[2]

---

[1]Siehe D. S. Landes: Revolution in Time, S. 53 ff. - Igor A. Jenzen (Hrsg.): Uhrzeiten. Die Geschichte der Uhr und ihres Gebrauches. Historisches Museum Frankfurt/M. 1989. S. 11 ff.

[2]Siehe Gerhard Dohrn-van Rossum/Rolf Westheider: Die Einführung der öffentlichen Uhren und der Übergang zur modernen Stundenrechnung in den spätmittelalterlichen Städten Niedersachsens. In: Cord Meckseper (Hrsg.): Stadt im Wandel. Kunst und Kultur des Bürgertums in Norddeutschland 1150-1650. Ausstellungskatalog Bd. 4. Stuttgart-Bad Cannstatt 1985. S. 318 ff. - Gustav

Die Verbreitung der Räderuhr ist ein Indiz und zugleich ein Motor für einen gesellschaftlichen Lernprozeß, in dem die Zeitrechnung und das Zeitbewußtsein anderen Regeln und Voraussetzungen unterworfen wurde, als dies traditionell üblich war. Die moderne Stundenzählung mit ihren gleichlangen Stunden begann das antike und mittelalterliche System der Temporalstunden abzulösen; deren Dauer wurde entsprechend der Jahreszeit auf den lichten Tag berechnet, so daß die einzelne Stunde - modern gesprochen - zwischen 30 und 90 Minuten betragen konnte.

Auch die mittelalterlichen Horen, also die »kanonischen Stunden«, zielten nicht auf eine exakte Zeitmessung im modernen Sinne, sondern auf die Verteilung konkreter, inhaltlich bestimmter sakraler Tätigkeiten und Gebetsverrichtungen innerhalb des Tages. Und dies wurde immer wieder angepaßt an den jahreszeitlichen Wechsel, an regionale Bräuche, insbesondere an die Veränderungen der Essenszeiten aufgrund des Nüchternheitsgebots vor dem Messgang. Daß mit den Horen nicht die gleichen, immer wiederkehrenden Punkte auf einer numerischen Zeitleiste fixiert wurden, beweist u.a. das Verschwinden der Sext und das allmähliche Vorrücken der Non auf den Mittag.[1] Das englische »Noon« für Mittag ist bis heute als Relikt dieser Zeit geblieben.

Aber auch die moderne Stundenzählung mit ihren gleichlangen Stunden führte nicht zu einem einheitlichen Zeitsystem. Bis ins 19. Jahrhundert hinein wurde die Räderuhr nach der Sonnenuhr des Ortes gestellt, so daß sich allein schon aufgrund der geographischen Lage Zeitverschiebungen ergaben. Nicht überall war die Teilung in zweimal zwölf Stunden, von Mitternacht an berechnet, selbstverständlich. Bis ins 18. Jahrhundert hinein orientierte man sich z.B. in Nürnberg und Regensburg an der »großen Uhr«, die zwar innerhalb des 24-Stundensystems blieb, die längsten Tage und Nächte aber mit jeweils 16 Stunden und die kürzesten mit 8 Stunden anzeigte, stets berechnet vom Sonnenaufgang. In Italien, Böhmen und Schlesien

---

Bilfinger: Die Mittelalterlichen Horen und die Modernen Stunden. Ein Beitrag zur Kulturgeschichte. Stuttgart 1892. S. 171 ff.

[1]Siehe G. Bilfinger: Die Mittelalterlichen Horen und die Modernen Stunden, S. 105 u.ö. - Gerhard Dohrn-van Rossum: Die Geschichte der Stunde. Uhren und moderne Zeitordnung. München 1992. S. 35 ff. Diese Arbeit lag mir erst nach Abschluß meines Manuskripts vor.

begann man anhand der »ganzen Uhr« die 24-Stundenzählung eine halbe Stunde nach Sonnenuntergang, und in Basel zählte man offiziell bis 1798 die beginnende Stunde und nicht die abgelaufene, was lange Zeit zu der irrigen Annahme führte, in Basel ginge die Uhr eine Stunde vor.[1]

Das Zeitwissen der Menschen im 15. und 16. Jahrhundert war - gemessen an unseren Vorstellungen - auf ein grobes Raster begrenzt. Sofern Begriffe der Uhrenzeit verwendet wurden, nannte man die volle und halbe Stunde; in Kirchen- und Schulordnungen taucht gelegentlich auch die Viertelstunde auf. Als kürzeste Zeitangabe ist mir in der Cellischen Kirchenordnung von 1545 die halbe Viertelstunde begegnet:

> »Wan nun der gesang, und das gebet (welchs sich alles kaum auf eine halbe viertel stunde verzeucht) sein ende hat, so hebe der celebrant die prefacien an.«[2]

Aber diese Wendung belegt, daß hier nicht eine exakte, meßbare Dauer gemeint ist, sondern daß ein vage terminierter Handlungsablauf vorgegeben werden sollte, dessen Dauer der »Celebrant« bestenfalls mit Hilfe der an der Kanzel angebrachten Sanduhr abschätzen und steuern konnte, sofern er überhaupt bereit war, sich an diese Vorgabe zu halten.

Kurze Zeitspannen wurden nicht an Begriffen der Uhrenzeit erfahren und mitgeteilt, sondern durch konkrete, inhaltlich bestimmte Handlungsverläufe quantifiziert. So ›bezifferte‹ der Stralsunder Bürgermeister Sastrow die Dauer des musikalischen Ständchens anläßlich seiner Hochzeitsfeier auf »einige Vaterunser«.[3] Als Referenzmittel für kurze Intervalle dienten immer noch konkrete, erlebbare Vorgänge, die den Menschen aus ihrem Alltag vertraut waren

---

[1]Einen gerafften Überblick hierzu bietet H. Grotefend: Taschenbuch der Zeitrechnung des deutschen Mittelalters und der Neuzeit. Für den praktischen Gebrauch und zu Lehrzwecken. Hannover/Leipzig 1898. S. 19 ff. - Ausführlich mit Quellen G. Bilfinger: Die Mittelalterlichen Horen und die Modernen Stunden, bes. S. 246 (Nürnberg) und S. 262 (Basel).

[2] In: Emil Sehling (Hrsg.): Die evangelischen Kirchenordnungen des 16. Jahrhunderts. Bd. 1. Leipzig 1902. S. 300.

[3]In: Alexander Heine (Hrsg.): Deutsches Bürgertum und deutscher Adel im 16. Jahrhundert. Essen o.J. S. 164.

wie hier die Gebetsdauer - eine gängige Praxis, die sich vor allem in ländlichen Gebieten bis in die jüngste Vergangenheit beobachten läßt.[1]

Das Fehlen differenzierter Zeitangaben im Sinne der modernen Stundenrechnung überrascht nicht, wenn man sich vergegenwärtigt, daß die überwiegende Mehrheit der Bevölkerung die Uhrzeit nur über die Glockensignale der Turmuhren erfahren konnte. Anders als heute war die Uhr ein akustisches Medium; die Standortwahl wurde ausschließlich nach der Hörbarkeit ihrer Glocken getroffen. So besaßen viele Turmuhren kein Zifferblatt oder lediglich einen Stundenzeiger, wenn man von den wenigen Exemplaren absieht, an denen ein kleinerer Zeiger die Viertelstunden markierte.[2]

Eine Vorstellung von »Minuten« oder gar »Sekunden« hatte nur ein Teil der Gelehrten erworben. Der Augsburger Lucas Rem datierte in seinem Tagebuch, geschrieben zwischen 1494 und 1541, Geburt und Tod seines Sohnes äußerst exakt für die Verhältnisse des 16. Jahrhunderts:

> »Berchtold, mein Son, ward geporn Montag 11 Jenner 1529, nachmittags ¼ ur nach zwayen ... was der nui mond 1 tag darvor 9 ur 2 minuten gwest Im widder ... Er starb adi 14 October 1530 aubens um 9 Ur. Was den tag darvor des mons lest quartiert 2 stond 44 minuten nachmitag, im Leo 12, die Sonn im Scorpion.«[3]

---

[1]Das Zeitmessen mit Hilfe des Vaterunsers scheint insbesondere beim Kochen dienlich gewesen zu sein; ein Kochbuch von 1837 gibt in einem Rezept die Bratdauer mit zwei Vaterunser an. Geläufig ist auch, die Dauer, um Eier hart zu kochen, mit 3 Vaterunser zu veranschlagen. Diese und weitere Belege bei Nina Gockerell: Zeitmessung ohne Uhr. In: Klaus Maurice/Otto Mayr (Hrsg.): Die Welt als Uhr. Deutsche Uhren und Automaten 1550-1650. München 1980. S. 133 ff; hier bes. S. 142.

[2]Bis ins 18. Jahrhundert hinein waren Zifferblätter an öffentlichen Uhren, vor allem in ärmeren Gegenden, keine Selbstverständlichkeit. Siehe G. Dohrn-van Rossum/R. Westheider: Die Einführung der öffentlichen Uhren, S. 321 f. - G. Dohrn-van Rossum: Zeit der Kirche - Zeit der Händler - Zeit der Städte. In: Rainer Zoll (Hrsg.): Zerstörung und Wiederaneignung von Zeit. Frankfurt/M. 1988. S. 105.

[3]Zit. n. Sigrid u. Klaus Maurice: Stundenangaben im Gemeinwesen des 16. und 17. Jahrhunderts. In: K. Maurice/O. Mayr (Hrsg.): Die Welt als Uhr, S. 147.

Nicht mit Blick auf das Zifferblatt einer Räderuhr hatte Rem seine Minutenangaben gewonnen, sie waren vielmehr, wie der Text belegt, das Ergebnis astronomischer Berechnungen. Der amerikanische Historiker Landes zeichnet in seiner Wirtschafts- und Technikgeschichte der Uhr nach, seit wann der dänische Astronom Tycho Brahe von Minuten und Sekunden spricht:

»From 1563 to 1570 he mentions minutes in his journals only twice; in 1577 he speaks of a new, more accurate clock showing minutes; in 1581 he speaks of seconds. But in 1587 he complains about the discord among his four clocks (there is nothing harder than making clocks agree) and says he cannot get closer than plus or minus four seconds; and he uses some version of the clepsydra (Wasseruhr, N.N.), with mercury or other fluid, for his finest measures of time elapsed between two star transits.«[1]

Tycho Brahes differenziertes Zeitwissen stand ausschließlich in Zusammenhang mit seinen astronomischen Forschungen. Minuten und Sekunden waren für die Elite der Astronomen mathematische Größen, die sie mit Hilfe wissenschaftlicher Instrumente ermittelten. So benutzte Brahe für seine Experimente nicht eine Räderuhr, sondern eine Wasseruhr mit einem Zahnrad von über einem Meter Durchmesser, an dessen über tausend Zähnen er die Sekunden auszählte.[2]

Daß der Übergang von der mittelalterlichen Stundenrechnung zum modernen Uhrenzeitsystem das Ergebnis eines langwierigen, oft mühsamen gesellschaftlichen Lernprozesses war, wird im folgenden noch zu zeigen sein. »Zeit«, so die These der Soziologin Helga Nowotny, »wird von Menschen gemacht und hat mit Macht zu tun, die Menschen übereinander mit Hilfe von Strategien der Zeit ausüben.«[3] Allerdings können Uhren aus sich heraus diese Zeit niemals herstellen; ihre optischen und akustischen Signale müssen als Zeitsymbole interpretiert und gelernt werden, sie müssen in Handlungen und Verhalten übertragen werden. Die weltliche und kirchliche Obrigkeit war sich dieser Macht offensichtlich bewußt, wie die verschiedenen Ordnungen belegen, mit denen sie das Zusammenleben

---

[1]D. S. Landes: Revolution in Time, S. 104.
[2]Ebd.
[3]H. Nowotny: Eigenzeit, S. 146.

der Menschen regelte. Ihre Zeithoheit drückte sich in ihrer alleinigen Zuständigkeit für die Glockenzeichen der Stadt aus.

Aber warum favorisierte sie zur Regulierung des alltäglichen Lebens die Räderuhr? An inhaltlich qualifizierten Glockenzeichen hatte es in den Städten nicht gemangelt: die Gemeindeglocke rief die Ratsmitglieder zusammen, die Werkglocke kündigte vom Arbeitsbeginn und -ende, die Feuerglocke signalisierte das Ende des bürgerlichen Tages, die Wein- oder Bierglocke verkündete die Polizeistunde. Andere Glocken markierten bestimmte Termine, so die Wachtglocke, Zinsglocke, Wehrglocke, Marktglocke, Kornglocke.[1] Auch der - aus heutiger Sicht - technische Vorteil der Räderuhr gegenüber der Sonnenuhr, nämlich unabhängig von Tageszeit und Wetter die Zeit mitteilen zu können, dürfte nicht der alleinige, ausschlaggebende Grund gewesen sein, denn weiterhin blieb die Sonnenuhr zeitbestimmend. An Exaktheit in der Zeitmessung war die Räderuhr, konstruktionsbedingt, den anderen Systemen bestenfalls ebenbürtig, wenn nicht gar unterlegen, wie am Beispiel Tycho Brahes deutlich wird.

Welches Selbstverständnis die weltliche und kirchliche Obrigkeit bezogen auf Uhrenzeit erworben hatte, wie sie dieses Wissen in administrative Vorgaben umsetzte und warum sie gerade mit Hilfe der Räderuhr den gesellschaftlichen Lernprozeß ›Zeit‹ steuern wollte, soll im folgenden exemplarisch an Schul- und Kirchenordnungen rekonstruiert werden.

Die Uhr als Ordnungs- und Synchronisationsinstrument

... am Beispiel von Schulordnungen

Anhand von 193 Schulordnungen aus der Zeit zwischen 1296 und 1523 läßt sich erschließen, seit wann und in welcher Weise Uhren in der Verständigung über das Schulehalten an Bedeutung gewannen. Der früheste Beleg stammt aus der Landauer Schulordnung von

---

[1]Ausführlich bei S. u. K. Maurice: Stundenangaben im Gemeinwesen des 16. und 17. Jahrhunderts. In: K. Maurice/O. Mayr (Hrsg.): Die Welt als Uhr, S. 146 ff, bes. S. 150.

1432, die die Pflichten und Rechte des Schulmeisters gegenüber dem Rat der Stadt regelte. Den größten Raum nimmt eine detaillierte Aufstellung über den Lohn ein, den die Schüler - zumeist in Naturalien - zu entrichten hatten. So sollten zwischen Martini und Weihnachten je 6 Schüler wöchentlich die Beleuchtung versorgen:

»Die Lichte sollen des Morgens um 6 Uhr angezündet werden und bis zum hellen Tage, des Abends aber nur von 4-5 Uhr, da die Schule beendiget wird, brennen.«[1]

Daß die Brenndauer der Kerzen vertraglich geregelt wurde, erscheint aus heutiger Sicht völlig plausibel, da die verbleibenden Kerzenstummel in den Besitz des Schulmeisters übergingen und Teil seines Lohnes waren. Man übersieht jedoch dabei, daß dieser Umrechnungsprozeß eine historisch nicht selbstverständliche Denkleistung voraussetzt, nämlich die Fähigkeit, den qualitativen Wert einer Kerze auch als eine quantitativ bestimmbare Brenndauer zu begreifen und diese Dauer mit Hilfe des formalen Referenzmittels Uhr zu fixieren. Über die zitierten Zeilen hinaus beinhaltet diese Ordnung keine weiteren Uhrzeitangaben, auch über die Dauer des Unterrichts wird keine Aussage gemacht. Lediglich zu den liturgischen Pflichten des Lehrers und der Schüler heißt es:

»Auch soll er (der Schulmeister, N.N.) die schuler lassen zu kore geen vnd er mit jne, wann sich daz geburet, als dann herkomen ist, vnd er soll den closterherren auch jnn denselben sachen vndertenig gehorsam sein, ane widderede.«[2]

Allerdings kann diese Quelle nicht als sicherer Beleg gewertet werden, daß 1432 in Landau schon nach dem modernen Stundensystem gezählt wurde. Da das Original dieser Ordnung nicht mehr aufzufinden war, hat der spätere Herausgeber Johannes Müller die

---

[1]Johannes Müller (Hrsg.): Vor- und frühreformatorische Schulordnungen und Schulverträge in deutscher und niederländischer Sprache. 1. Abteilung: 1296-1505. Zschopau 1885; 2. Abteilung: 1505-1523, nebst Nachträgen vom Jahre 1319 an. Zschopau 1886. (Sammlung selten gewordener pädagogischer Schriften früherer Zeiten. Hrsg. v. August Israel u. Joh. Müller, 12 u. 13). S. 48.

[2]Ebd.

fehlenden Passagen - und hierzu gehören die zitierten Zeilen - aus anderen Quellen rekonstruiert. Nicht auszuschließen ist deshalb, daß es anstelle von »Uhr« dort »Hora« geheißen hat, womit sowohl die Uhrzeit im modernen Sinne als auch die mittelalterliche Temporalstunde gemeint sein kann. Die Zeiteinteilung nach »Horen« findet sich nämlich auch in anderen Schulordnungen dieser Epoche, z.B. in der Ordnung für den Stadtschulmeister zu Gerolzhofen von 1445:

»Der schulmeister sol allewege zw v [5] horen fruwe jn der schule seyn, so es die zeyt erfordert vnd sich geburt, auch vm v horen nach der vesper die knaben wider zu haus lassen.«[1]

Vielfach wurde die Unterrichtsdauer aufgaben- oder tätigkeitsbezogen festgelegt, indem als Eckwerte für Beginn und Ende des Schulehaltens die Essenszeiten oder die zu verrichtenden kanonischen Gebete genannt wurden, was in der Praxis des 15. Jahrhunderts auf dasgleiche hinauslief, da auch die Mahlzeiten an den kanonischen Stunden ausgerichtet waren.[2] Die Wiener Ordnung von 1446 mischt beide Maßeinheiten, indem sie die Unterrichtszeit regelt zwischen »Frauenambt«, Essen »in der zwelften stund«, »non« und »complet«.[3] Solche Zeitangaben verdeutlichen, daß die Menschen noch einem traditionell gängigen Zeitbewußtsein verhaftet waren, in dem sie das Zeitbestimmen auf sich selbst und ihre Tätigkeiten bezogen und nicht einer außerhalb von ihnen liegenden, formalen Zeitleiste überließen.

Angesichts der Traditionsverbundenheit der frühen Neuzeit überrascht es nicht, immer wieder Topoi zu finden, mit denen man sich der überlieferten Praxis vergewisserte. Konkret: Ob die Zeiten für das Schulehalten bereits nach den Schlägen der Uhr oder noch im Kontext sozialer Vorgänge wie Essens- und Gebetszeiten festgelegt waren, läßt sich aus Formulierungen wie zum Beispiel in der Landshuter Schulmeisterordnung um 1492 nicht ermitteln:

»Item er (der Schulmeister, N.N.) soll sich zu gewöhnlicher und billiger zeit des morgens und nach dem essen, so die schüler zu schul sind, in die schul fügen.«[4]

---

[1]Ebd. S. 281.
[2]Z.B. Emmerich 1453, ebd. S. 292; Wien 1460, ebd. S. 75 f.
[3]Ebd. S. 61.
[4]Ebd. S. 114.

Er habe »zu gewöhnlicher zeit« zu unterrichten und darauf zu achten, daß die Schüler »zu allen zeiten zu schul und chor gehen, wie ziemlich ist«.[1] Ähnliche oder gleiche Wendungen benutzen auch u.a. die Schulordnungen von Bayreuth (1464) und Deventer (1470).[2] Aus den zeitgenössischen Schulordnungen ragt die für den Stadtschulmeister der niederländischen Stadt Wijk bei Duurstede von 1450 heraus, was die kleinschrittige Einteilung der Unterrichtszeit angeht. Sie regelt die Rechte und Pflichten des Schulmeisters und schreibt detailliert vor, wann dieser sich in der Schule aufzuhalten hatte:

»So wollen sie (Bürgermeister und Gemeinderat, N.N.), daß der Schulmeister allezeit in der Schule sein soll, nämlich werktags des Morgens von 6 Uhr bis 8 Uhr, von 9 bis 10, nachmittags von 12 bis 2, von 3 bis 6, also daß er den meisten Teil der Zeit in der Schule sein soll, es wäre denn, daß ihn eine sonderliche Krankheit oder Verhinderung belästigen möchte, und dann soll er einen anderen an seine Stelle bei den Kindern setzen.«[3]

In Inhalt und Gestus unterscheidet sich diese Schulordnung nicht von anderen, zeitgenössischen Versionen. So wird die differenzierte Zeiteinteilung auch nicht pädagogisch begründet etwa mit der Verteilung des Lehrstoffes auf den Unterrichtstakt, wie es nach 1500 üblich wurde. Aber der Kontext, in dem die Uhrzeiten verwendet werden, läßt erkennen, wie man sich in Wijk die Uhr sprachlich erschlossen hatte, mit welchem ›Sinn‹ die Uhr belegt war: sie wurde verstanden als ein Instrument, mit dem sich Ordnung herstellen ließ, indem ihre Zeitsignale Beginn und Ende des Unterrichts diktieren und zwar unabhängig von der Disposition des Lehrer und der Schüler und unabhängig vom Unterrichtsstand. Die Uhrzeit konnte als ein von außen jederzeit kontrollierbarer Ordnungsrahmen dienen, innerhalb dessen der Lehrer seinen Dienstpflichten »um so eifriger«[4] nachzukommen hatte. Gleiches galt auch für das Spiel der Kinder:

»Und allezeit sollen sie spielen gehen auf den Kirchhof und nicht davon gehen, es sei denn mit Erlaubnis des Meisters und zwar dann von 12 bis 2 Uhr,

[1]Ebd. S. 115.
[2]Ebd. S. 81 u. S. 308.
[3]Zit. nach der Übertragung ins Hochdeutsche ebd. S. 288.
[4]Ebd.

und von 2 bis 4 in der Schule sitzen [um] zu lernen, und dann von 4 Uhr weiter spielen bis zu der zeit, da der Meister wieder in die Schule ruft.«[1]

Ein für die Lerngeschichte der Zeit entscheidender Wandel wurde hier vollzogen: Zeit wird nicht mehr unmittelbar von den Aufgaben und Tätigkeiten der Menschen bestimmt, als Bezugsrahmen gilt nicht mehr der Rhythmus von konkreten, erlebbaren Vorgängen wie Mahlzeiten und Gottesdiensten, Zeit wird zu einer Zeit der Uhren, die als eine vom Menschen abgelöste Instanz ihre Signale setzt, ohne dabei auf die Erlebnisqualität einer Situation Rücksicht zu nehmen, wie hier beim Spiel der Kinder.

Hatten sich bisher die Autoren der Schulordnungen nur vereinzelt exakter Zeitangaben bedient, um einen grobmaschigen Ordnungsrahmen abzustecken, so änderte sich dies nach 1500 grundlegend. Aus der historischen Distanz mag es überraschen, daß innerhalb weniger Jahrzehnte die Strukturierung des Unterrichtsablaufs mittels der Uhrzeit an vielen Orten selbstverständlich wurde. Anhand der Quellen zur Schulgeschichte der Städte Nördlingen und Memmingen läßt sich dieser nahezu plötzliche Wandel nachvollziehen: Von 1400 bis 1499 bestätigen die Quellen den oben skizzierten Befund. Die ersten Uhrzeitnennungen tauchen in Nördlingen 1499 auf, werden 1512 differenzierter; die Schulordnung von 1521 durchzieht ein dichtes Netz von Stunden- und Halbstundenangaben. Ebenso verhält es sich in Memmingen, dessen Schulordnung von 1513 auf einem ähnlich engmaschigen Zeitraster basiert, während alle vorangegangenen zwischen 1400 und 1511 keine Uhrzeitangaben enthalten.[2]

Dieses Hineinzwängen des Schulehaltens in den Rhythmus der Uhr war Ausdruck eines allgemeinen *Rationalisierungsprozesses*, der von den humanistisch gebildeten Intellektuellen und Magistratsmitgliedern und Teilen der Kaufmannschaft, die an der Planbarkeit ihrer Geschäfte interessiert waren, befördert wurde. Die Schule durfte nicht mehr den lokalen und personellen Zufälligkeiten überlassen bleiben, wenn sie ihrer vorrangigen Aufgabe, zum individuellen und

---

[1]Ebd. S. 289.

[2]In der Zeitregulierung ähnlich: Ulm ca. 1500 (S. 125 ff.), Brugg ca. 1505 (S. 136 ff.), Nürnberg ca. 1505 (S. 145 ff.), Amsterdam 1521 (S. 204 ff.), Zwickau 1523 (S. 244 ff.); alle Quellen abgedruckt bei J. Müller (Hrsg.): Vor- und frühreformatorische Schulordnungen, 1. u. 2. Abt.

gesellschaftlichen Nutzen beizutragen, gerecht werden sollte. Mit eben diesem Argument beginnt die Nördlinger Schulordnung von 1521: Der Stadtrat habe sich diese Ordnung gegeben zu

> »gemainem nutz der burgerschafft vnd derselben kind, knaben vnd pluenden jugent zu wolfart vnnd furdrung«.[1]

Auch habe Müßiggang und liederlicher Lebenswandel zu unterbleiben, damit die Eltern nicht um ihre »costen ... vnnd ... plutenden schwais gebracht« werden.[2] Die Zwickauer Ordnung von 1523 bezeichnet Kinder als »aller edelsten schatz«[3], dem man besondere Sorgfalt widmen müsse. Der Bildungsprozeß von Kindern wurde nun in der Vorstellung der Humanisten zu einem gesellschaftspolitischen Vorhaben, das ordnungs- und planbewußt betrieben werden sollte. Als zentrales Hilfsmittel hierzu diente ihnen die Uhr, deren Zeitraster sich als formale, grundlegende Schablone anbot, in die hinein die Klassen- und Stoffverteilung eingepaßt werden konnte - ein Verfahren, das sich situations- und personenunabhängig generalisieren und bei Bedarf mit neuen Inhalten auffüllen ließ. Je differenzierter diese Zeitleiste gestaltet wurde, je kürzer die Metrik des jeweiligen Schultages getaktet war, desto präziser ließen sich Inhalte und Methoden vorgeben und deren Realisierung durch die hierfür vorgesehenen Aufsichtsgremien überwachen.

Gruppierte die Memminger Ordnung von 1513 noch ihre Zeitangaben um die einzelnen Lehrenden herum (»von finfe zu sechsen macht der locat in der anderen leczyen prime partis genant ...«[4]), so folgte die Nördlinger Ordnung von 1521 dem Vorbild Nürnbergs (1505), indem sie den Stundenplan entpersonalisierte und ihn nach dem formalen Kriterium Klasse (»session«) ordnete, wie es bis heute praktiziert wird. Signifikanter Ausdruck dieser Planungs- und Ordnungsabsichten sind schließlich auch die Tabellen in der Zwickauer Ordnung von 1523, in denen die einzelnen Unterrichtsstoffe den jeweiligen Klassen übersichtlich zugeordnet sind.[5] All den genannten

---

[1]Ebd. S. 212 f. - Siehe auch Zwickau 1523, ebd. S. 245 u.ö.
[2]Ebd. S. 223 f.
[3]Ebd. S. 246.
[4]Ebd. S. 181.
[5]Zum Planungs- und Ordnungsbewußtsein dieser Epoche siehe ausführlich

Schulordnungen liegt die Idee zugrunde, den Bildungsprozeß des Kindes als stetiges Fortschreiten zu begreifen, dessen Strukturierung, Erfolg und Kontrolle mittels möglichst engmaschiger Zeitregulierungen gewährleistet werden sollte. Daß den Schülern eine enorme Lernleistung zugemutet wurde, indem diese ihre individuell benötigte Lern-Zeit, ihren Lernrhythmus, einer ausschließlich formal begründeten Metrik unterwerfen mußten, wird nirgends reflektiert - und dies in einer Situation, in der - wie noch zu zeigen sein wird - die Uhr noch längst nicht in allen Lebensbereichen selbstverständlich war.

Bis ins Detail wurden Inhalte und Methoden im Stundentakt vorgeschrieben, zum Teil in halbstündiger Gliederung, gelegentlich auch mit Viertelstundenangaben. Exemplarisch für die Diktion dieser Quellen kann eine Passage aus der Memminger Schulordnung von 1513 gelten:

»Der schulmeyster in der grossen leczyen lisd in die feder vß ainem buch genant *Nicolaus de Orbellis* vnd zu zitten vß dem *Bartholomeo Vsing*. Die czway geacht werden fir die iungen die nuczlichesten herklerer vnd vssleger des texts *Arestotelis* vber die loyck genant *Petri Hispanj*. Das selbig lesen treibt der schulmaister ongefarlich zu ainer halben stund. Dar nach lat er die iungen den selbigen tail deß texts, dar vber er gelesen hat, von wort zu wort vswendig sagen, vnd so in yeder iunger in sonder vswendig gesagt hat, so sagt in der schulmeyster och vnd verglicht in gen dem forgendigen mit vnderwisung des verstands des selbigen texts. Haist *continueret ad precedencia*. Darnach lat er im ainen schuler widerum lesen ... Aloso vertribt er die stund von finfe zu sechsen.«[1]

Selbst der Gang zur Toilette sollte mittels eines »kolbens« reglementiert werden, den der Schüler mitzunehmen und wie eine Staffette an den nächsten weiterzugeben habe, damit der Unterricht nicht durch zu viele abwesende Schüler aufgehalten werde.[2] Auch das Spiel der Kinder wurde pädagogisch erschlossen und in die Zeitleiste des Tages integriert:

Josef Dolch: Lehrplan des Abendlandes. Zweieinhalb Jahrtausende seiner Geschichte. Darmstadt 1982. S. 198 ff.

[1]J. Müller (Hrsg.): Vor- und frühreformatorische Schulordnungen, S. 181.

[2]Ebd. S. 187.

»Nach mittag / solle es allen frey seyn zu baden / waschen / oder mit andern erlichen spiln sich zubelustigen / alß lauffen / ringen / springen / und fechten / wen wir yn vnser schuln zu gleich die übung des gemüts / vnd leibs yn steter übung vnd gebrauch / wie es auch vortzeyten gewest zuerhalten gesint / Umb die dritten vr aber sollen alle knaben widerumb im Collegio versamelt erscheynen.«[1]

Obwohl gefordert wird, genügend Lehrpersonal einzustellen, »domit zu keinen zeitten jn der schul oder kirchen kain saumnus beschehe«[2], oder von »saumsali«[3] (Bummelei) und »steter übung ... ein stundt vmb die ander«[4] gesprochen wird, liegen den Autoren der Schulordnungen im 16. Jahrhundert noch Überlegungen fern, die auf eine optimale Nutzung der Zeit zielen oder die den Lernprozeß der Kinder durch methodische Varianten zu beschleunigen versuchen. Solche Absichten wurden später erst artikuliert, z.B. in der Nürnberger Schulordnung von 1698:

»Damit das Aufsuchen keine Zeit verderbe, soll jeglicher die Lektion in seinem Buch zeigen.«[5]

Im Wissenszusammenhang der Humanisten war die Uhr ein formales, quantifizierendes Instrument, mit dem sie ihre Reformbemühungen ordnen, entsubjektivieren und kontrollieren konnten. Mittels der scheinbar inhaltsleeren, linear aufgebauten Zeitleiste ließen sich Lehrer, Schüler und Lehrplan miteinander *synchronisieren*, ohne dabei jedesmal neu über konkrete Personen und Stoffe verhandeln zu müssen. Man muß sich vergegenwärtigen, daß in den Plänen der Humanisten die Schule durch Einteilung der Schüler in mehrere Klassen zu einem differenzierten sozialen Gebilde wurde. Im Nach- und Nebeneinander von Klassen, ihren Lehrern und den verschiedenen Unterrichtsstoffen und -fächern bot die Uhr ein standardisiertes Bezugsmuster, mit dem das Zeitbestimmen zu einem formalen In-

---

[1]Zwickau 1523, ebd. S. 252.

[2]Nördlingen 1521, ebd. S. 213.

[3]Ebd. S. 215.

[4]Zwickau 1523, ebd. S. 254.

[5]Theo Dietrich/Job-Günter Klink (Hrsg.): Zur Geschichte der Volksschule. Bd. I. Volksschulordnungen 16. bis 18. Jahrhundert. Bad Heilbrunn [2]1972. S. 128.

An die Radherrn aller stedte deutsches lands: das sie Christliche schulen auffrichten vnd halten sollen.

Martinus Luther. Wittenberg. M. D. X X iiij.

Lasst die kynder zů mir komen vnnd weret yhnen nicht Mat. 19.

Unterricht getrennt nach Jungen und Mädchen; rechts neben dem Schulmeister die Sanduhr

Aus: H. Schiffler/R. Winkeler: Tausend Jahre Schule, S. 63.

Beziehung-Setzen wurde. Konkret gesprochen, wurde nun mithilfe der Uhrzeit das Lesenlernen der untersten Klasse mit dem Griechischunterricht einer höheren Klasse in Beziehung gesetzt und als gleiche und gleichwertige Zeiteinheit im Stundenplan erfaßt. Mit der Synchronisierung im Schulalltag verfolgten die Humanisten zwei Ziele: zum einen trugen sie damit den organisatorischen Erfordernissen Rechnung, die sich durch die Differenzierung in Klassen ergeben hatte; zum anderen ließen sich dadurch individuelle Vorgänge sozial standardisieren und zur generellen Norm erklären. Beide Aspekte kommen in der Württembergischen Schulordnung von 1559, einer der bedeutendsten des 16. Jahrhunderts und Vorbild für viele andere, unter dem Terminus »Gleichheit« prägnant zum Ausdruck:

»Und nach dem wir befinden, daß bißanher in vnsern Schulen mit der Leer, Autoribus vnd modo docendi etwz vngleicheit gebraucht, wölches den Knaben mehr verhinderlich dann fürderlich geachtet, seien wir der Jugent zu gutem vnd gnaden bewegt vnd verursacht worden, ein gleichmessige SchulOrdination, mit vnderschidlichen abtheilung in Classes, Decurias, gewisse Autores, Horas, Repetitiones, vnd dergleichen, darnach sich die Praeceptores alle richten ... So sollen fürohin in allen Schulen nun einerley Bücher, vnd kein anders, dann die in diser vnser Ordnung hernach verzeichnet, gelesen, die auch keins wegs verendert, sondern *zu bestimpter zeit* (Hervorhebung, N.N.)außgelesen, vnd nachmals vornen wider angefangen werden.«[1]

... am Beispiel von Kirchenordnungen

Das Wissen um die Bedeutung der Uhr und um ihre Aufgabe innerhalb des Rationalisierungsprozesses blieb nicht auf den Bereich der Schule begrenzt. Überall dort, wo Reformen mit administrativen Mitteln durchgesetzt und gesichert werden sollten, bediente man sich der linearen Zeitleiste der Uhr. Was im Vorangegangenen am Beispiel der Schulordnungen gezeigt werden konnte, läßt sich in gleicher Weise anhand der evangelischen Kirchenordnungen des 16. Jahrhunderts nachvollziehen. Aufgrund des gut erschlossenen, umfang-

[1]Reinhold Vormbaum (Hrsg.): Evangelische Schulordnungen. Bd. 1: Die evangelischen Schulordnungen des 16. Jahrhunderts. Gütersloh 1860. S. 69 u. 74.

reichen Quellenmaterials können die Reformabsichten bis ins Detail rekonstruiert werden.[1] Die Verfasser dieser Texte hatten sich inzwischen die Uhr als Ordnungsinstrument derartig nachhaltig angeeignet, daß sie auch einen Selbstwiderspruch innerhalb ihrer Argumentationslogik hinnahmen oder nicht bemerkten. So wird zwar in der Mecklenburger Klosterordnung von 1572 der zentrale Reformationsgedanke betont, echte Christlichkeit zeige sich in der *Gesinnung* und nicht in der attitüdenhaften Befolgung verordneter Regeln, auch sei »die wahre christliche anrufung und gebet ... nicht an gewisse zeit und städte gebunden«, aber genau dies wird nur wenige Zeilen später konterkariert, indem die Gebetszeiten »täglich uff bestimte stunden«[2] fixiert werden; es folgt dann die Ordnung des täglichen Gottesdienstes mit festen Uhrzeitangaben. Man solle »darzu gewisse zeit und stunde, sonderlich in den stedten halten«, damit »alles fein ordelichen ... zugehe«, heißt es in der Kirchenordnung für das Herzogthum Preussen von 1568.[3]

Wie bei den Schulordnungen liegt auch hier die Idee zugrunde, die personenzentrierten Zeitsignale durch verordnete, allgemein gültige Uhrzeitangaben zu ersetzen. Während es in der Visitationsordnung für Schneeberg von 1534 noch heißt, es solle »in der pfarrer gefallen stehen, das geleut zu verendern, damit desto weniger erschwerung daraus erwachse«, schreibt die Ordnung von 1575 für den gleichen Ort feste Uhrzeiten für den Gottesdienst vor.[4] Auch wenn nicht alle Kirchengemeinden diesen Wandel im Gleichschritt vollzogen haben, so ist doch unverkennbar, daß die kirchliche Obrigkeit in der Uhr ein Symbol und ein Instrument der Ordnung und Reglementierung sah. Dies äußerte sich in nahezu pedantischen Wochenplänen für die Gottesdienstzeiten[5] bis hin zu expliziten Glocken- und Läutordnungen[6].

---

[1]Emil Sehling (Hrsg.): Die evangelischen Kirchenordnungen des 16. Jahrhunderts. 15 Bde. Leipzig 1902 ff.

[2]Ebd. Bd. 5, S. 257.

[3]Ebd. Bd. 4, S. 100.

[4]Ebd. Bd. 1, S. 666 f.

[5]Z.B.: Ebd. Bd. 1, S. 693 f. (Weissenfels 1578); Bd. 2, S. 337 ff. (Marisfeld 1566); Bd. 3, S. 166 f. (Berlin 1574); Bd. 4, S. 550 f. (Stralsund 1555); Bd. 5, S. 288 f. (Rostock 1560-1576).

[6]Z.B.: Ordnung/de Seyer tho stellende van den Pastoren den 31 October 1577. gemacht. [Hamburg] In: Christian Ziegra: Sammlung von Urkunden,

Wie in den Schulordnungen, so wurde auch hier die Uhr als Instrument der Standardisierung und Generalisierung sozialer Vorgänge gesehen und benutzt. Auf die »Gleichheit« in den verschiedenen Kirchengemeinden zielten die obrigkeitlichen Vorgaben, so z.B. für die Grafschaft Hohenlohe von 1596, hier mit der Intention, die Gottesdienstdauer verbindlich festzulegen:

»Dieweyl der wolgeborne herr, herr Wolffgang, grave von Hohenloe etc. und herr zue Langenburg etc., unser gnediger herr, I.G. gern sehen wolten, das der heylig gottesdhinst in ihrer graveschaft von ihren pfarrherrn in gleichheit und also verrichtet wurde, das ihre undertanen dardurch nit zu langem aufhalten nicht ohnnöttig beschweret, ... haben I.G. in etlichen puncten ein verbesserung, deren ihre zugetone pfarrherr sich hinfuro underteniges gehorsambs stricte zu verhalten, selbst gnedig anbevollen und schriftlich begreifen lassen, wie volget.«[1]

Vorgeschrieben wird dann - neben anderem - »einerley gesang und psalmen« mit Nennung der Texttitel, die Predigtdauer mit verbindlichem Zeitlimit, der Termin und Ablauf des sonntäglichen Katechismusunterrichts für Kinder und - 1607 ergänzt - feste Uhrzeiten für das tägliche Schlagen der Gebetsglocke. Wenn zuvor gesagt wurde, die Obrigkeit bediene sich der »scheinbar« inhaltsleeren Zeitleiste der Uhr, dann kann dies nun präzisiert werden: ihre Zeitvorgaben zielten nicht nur auf die äußeren, formalen Eckdaten sozialer Abläufe, sondern waren zentraler Bestandteil eines komplexen Verhaltensarrangements, innerhalb dessen die Uhrenzeit auch benutzt wurde, um Inhalte substantiell zu beeinflussen. Einige Autoren der Kirchenordnungen stellten ausdrücklich den Zusammenhang her zwischen Zeitvorgaben und erwünschten Predigtinhalten:

»Sonderlich aber sollen sie (die Pfarrer, N.N.) sich inhalts unsers gnedigsten herrn visitationordenunge befleissigen, die scripta doctoris Lutheri fleissig zu lesen, daraus etwas gewisses zu proponirn, die predigten zu distribuiren und ein stucke nach dem andern ordentlich und deutlich zu erkleren, auch im beschluss der predigten den inhalt derselben fein kurz zu repetirn, dagegen aber sich der andern vordechtigen alten und neuen scripta, daraus ire predigten zu colligirn, mussig gehen, desgleichen sich der leichtfertigen reden und historien, die doch

---

theologischen und juristischen Bedenken...zur hamburgischen Kirchenhistorie...Hamburg 1767. Bd. 1, S. 577 ff.

[1]E. Sehling: Die evangelischen Kirchenordnungen, Bd. 15, S. 660.

mehr ergern den bauen, ufm predigstul eusseren und ire predigten also fassen, das sie die in einer stunde endigen mogen.«[1]

Der Grundgedanke ist in allen genannten Quellen gleich: Durch die Kombination von inhaltlichen Vorgaben und Zeitlimit können mißliebige Stoffe verhindert oder zumindest eingeschränkt werden; wer keine Zeit hat, muß sich auf das Wesentliche konzentrieren und kann sich nicht in vermeintlich Nebensächlichem oder Falschem verlieren. Allerdings setzt dies voraus, daß die Geistlichen das Regiment der Uhr akzeptiert und nachhaltig gelernt haben; die Selbstbindung der Pfarrer wurde dann auch zu einem rigide verfolgten Ziel und zu einem, wie noch zu zeigen sein wird, oft mühsamen pädagogischen Unterfangen.

Und schließlich kam der Uhr aus Sicht der Reformatoren auch eine synchronisierende Aufgabe zu. Angesichts des fortschreitenden Verstädterungsprozesses mußte dem differenzierten sozialen Gebilde der Kommune Rechnung getragen werden, in dem nicht nur die Menschen untereinander, sondern diese wiederum auch mit den liturgischen Abläufen im Tages- und Wochenplan zu koordinieren waren. Was im dörflichen Milieu aufgrund von tradierten Lebensformen und geringer Einwohnerzahl keiner ausdrücklichen Regelung bedurfte, wurde in der Stadt mit ihrer Bevölkerungsdichte und ihren diversen Kirchengemeinden zu einer zentralen organisatorischen Aufgabe. Vor allem aber galt es, religiöse Pflichten und Arbeitspflicht miteinander ins historisch für richtig befundene Lot zu bringen. Zahlreiche Kirchenordnungen dieser Epoche begründeten ihre Zeitvorgaben für den Werktag mit den nicht-kirchlichen Terminverpflichtungen der Gläubigen, so z.B. die Kirchenregimentsordnung für Regensburg von 1572/1588:

»In den wochenpredigten aber sollen die ministri sich nicht weniger, sondern auch vielmehr der kürze befleißigen und ihre predigten also anstellen, daß sie aufs längste über drei viertelstund nit gehalten, damit die rats- und amtspersonen auf ihre gewisse stunden zu rat kommen und der arme handwerksmann

[1]Ebd. Bd. 3, S. 254 (Perleberg 1581); nahezu textgleich: ebd. S. 274 f. (Salzwedel 1579) und S. 322 (Stendal 1578). Siehe auch ebd. Bd. 15, S. 661 f. (Hohenlohe 1596).

nit über die zeit von seiner arbeit abgehalten, auch alle zuhörer in die kirchen zu kommen und des segens zu erwarten, desto lustiger werden.«[1]

Ein pietistisch motiviertes Arbeitsethos erlaubte nicht mehr den uneingeschränkten Vorrang der sakralen Tätigkeiten im Alltag der Menschen; christlicher Lebenswandel äußerte sich in den Vorstellungen der Reformatoren auch in einer Bereitschaft zur Arbeit. Insofern diente ihnen die zeitliche Limitierung der Gottesdienstpraxis - insbesondere der Predigtdauer am Werktag - als Vehikel innerhalb der allgemeinen Verfleißigungsbemühungen. Zudem hatte sich der Alltag der Menschen in den Städten verändert: Die sich stetig ausbreitende Geldwirtschaft bedurfte kalkulierbarer Termine, Kaufleute und Handwerker waren an der Planbarkeit ihrer Geschäfte interessiert; wer das Schulehalten als gesellschaftspolitische Aufgabe ansah, konnte nicht zulassen, daß die Schüler zu viel Zeit als Chorsänger in der Kirche verbrachten. Alles hat »seine gewisse zeit und stunde«[2] - das war die große Vermittlungsaufgabe, der sich die Reformatoren verschrieben hatten und die sie unter anderem mit eindeutigen Zeitvorgaben für den Alltag der Menschen betrieben.

Die bisher verwendeten Quellen verdeutlichen, in welcher Weise sich die weltliche und kirchliche Obrigkeit die Räderuhr sprachlich erschlossen und angeeignet hatte; ihr Wissen um die Uhr konzentrierte sich auf deren ordnungspolitische Funktion. Indem die Uhr Eingang in Gesetzestexte erhielt, kam ihren Zeitsignalen eine gesetzgeberische Kraft zu; die Hörbarkeit ihrer Glocken markierte den Geltungsbereich der jeweiligen Ordnung.[3] Die Rathausuhr wurde verstanden als Zierde und Ausdruck wohlgeordneter Verhältnisse:

---

[1]Ebd. Bd. 13, S. 510. - Daß diese Aussage generalisiert werden kann, belegen exemplarisch neun weitere Quellen allein aus Bd. 1 für Sachsen und Thüringen: S. 370 u. 438 (Albertinisches Sachsen 1580); S. 468 (Freiberg 1538); S. 510 (Allstedt 1533); S. 534 (Dresden 1574); S. 621 (Oelsnitz 1582); S. 659 (Schandau 1577); S. 660 (Schlieben 1529); S. 723 (Zwickau 1533).

[2]Ebd. Bd. 4, S. 100.

[3]Siehe G. Dohrn-van Rossum: Zeit der Kirche - Zeit der Händler - Zeit der Städte. In: R. Zoll (Hrsg.): Zerstörung und Wiederaneignung von Zeit, S. 106 f.

»Ein richtig Vhrwerck in der Stadt / Zeigt an, daß da ein weiser Raht / Ein richtigs Regiment fuehr eben / Auch gute Policey darneben / Die Burger regier mit Weißheit / Ertheil nach Grechtigkeit die Bescheid.«[1]

»Zwei sieben Dinge ein Republic stabiliren,
Den Rath, Stadt und Gemein sie überaus schön zieren.
Zwey sieben Zeugen frey ein löblich Regiment,
Daß alles weißlich sey gemacht mit Fundament.
Gerechter Rathes-Stuhl; die Kirchen-Lehre reine,
Gelehrte Jugend-Schul, Uhr richtig, fromm Gemeine [...]«[2]

Die eingangs gestellte Frage, warum die Obrigkeit die Räderuhr favorisierte trotz ihrer hohen Gangungenauigkeit und ihrer Abhängigkeit von der Sonnenuhr, läßt sich nun differenzierter beantworten: Mit den Glockenzeichen der Räderuhr ließ sich der Tag in gleich lange und gleich bedeutende Sequenzen *für alle hörbar* gliedern, und dies unabhängig von Sonnenstand und Wetter; statt der situationsbezogenen inhaltlichen Glockensignale wurde der Tag auf der Folie eines feinmaschigen und unspezifischen, formalen Zeitrasters strukturiert. Die Uhr erlaubte eine ausschließlich quantitative Konstruktion der Zeit - eine Perspektive, die dem aufkommenden naturwissenschaftlichen und mathematischen Denken entsprach.[3] In seinen *Emblemata* von 1566 bringt Johannes Sambucus dies auf eine knappe, präzise Formel: »Alles hat seine feste Ordnung durch die Zahlen.«[4] Anstelle einer personengebundenen Autorität, die über den

---

[1]Johann Geyger: Horologium politicum ... Nürnberg 1621. S. 39. Zit. n. S. u. K. Maurice: Stundenangaben im Gemeinwesen des 16. und 17. Jahrhunderts. In: K. Maurice/O. Mayr (Hrsg.): Die Welt als Uhr, S. 157.

[2][Anonym 1675] Zit. n. I. A. Jenzen (Hrsg.): Uhrzeiten, S. 62.

[3]Während des 15./16. Jahrhunderts bürgerte sich auch in Deutschland das Ziffernrechnen und eine hieran ausgerichtete kaufmännische Buchführung ein; s. hierzu Werner Sombart: Der Bourgeois. Zur Geistesgeschichte des modernen Wirtschaftsmenschen. (Erstveröff. 1913). Reinbek 1988. S. 129 ff. - Zum Aufkommen mathematischen Denkens und zur Popularität und Verbreitung der Schriften Adam Rieses im 16. Jahrhundert s. J. Dolch: Lehrplan des Abendlandes, S. 211 ff. - Zum Verhältnis von Zeit und Naturwissenschaft am Beispiel Galileis s. N. Elias: Über die Zeit, S. 83 ff.

[4]Zit. n. Paul Münch (Hrsg.): Ordnung, Fleiß und Sparsamkeit. Texte und Dokumente zur Entstehung der »bürgerlichen Tugenden«. München 1984. S. 77.

richtigen Zeitpunkt befindet, sollte die Autorität der Uhr treten, also die Logik und Zwangsläufigkeit einer *Maschine*, die ohne Ansehen der Person und unbestechlich ihre Zeitzeichen setzt; der Zwang durch Personen konnte durch den Zwang einer Apparatur ersetzt werden. Die Uhr ermöglichte »Gerechtigkeit«, da ihre Signale für alle verbindlich gedacht waren und soziale Vorgänge in ihrer Zeitdimension von allen Beteiligten kontrolliert werden konnten. Die Selbstbindung der Obrigkeit mittels der Uhr wurde zu einem wesentlichen Element einer modernen Verwaltung. Mit der Herrschaft der Räderuhr begann ein langwieriger Lernprozeß, der auf die Entindividualisierung und Entpersonalisierung des Zeitbestimmens zielte und ein Verständnis von Zeit ermöglichte, das die von der Uhr symbolisierte Zeit als naturgegeben und nicht als von Menschen gemacht ansieht.

Die theologische Überhöhung der Uhr

Besonderes Gewicht erhielt das Bestreben der Obrigkeit noch dadurch, daß sowohl ›Ordnung‹ als auch die ›Uhr‹ in den Vorstellungen der intellektuellen Avantgarde theologisch überhöht wurden. Da Gott die Natur und alle natürlichen Körper hinsichtlich des Ortes, der Zeit und ihrer Wirkungen »gleichförmiglich« geordnet habe, müsse der Mensch dies auch in der Gestaltung des Gemeinwesens nachbilden.[1] In zahlreichen Metaphern wurde Gott als der große Uhrmacher bezeichnet: wie die einzelnen Räder des Uhrwerks harmonisch ineinandergreifen und sich ergänzen, wie die Gewichte der Uhr Kraft spenden, wie die Hemmung den Gang regelt, so habe Gott die Welt geordnet und mit seiner Kraft beseelt und in Gang gebracht. Aufgrund der von Gott verliehenen Harmonie und Regelhaftigkeit lasse sich der Stand der Sterne berechnen und vor allem prognostizieren. Was viele Zeitgenossen des 15./16. Jahrhunderts aus ihrer mechanistischen Weltsicht heraus an der Uhr faszinierte, war - neben der Bewunderung einer herausragenden handwerklichen Leistung - die Regelhaftigkeit und Gleichförmigkeit, mit der die Uhr Zeit sym-

---

[1]So z.B. in der Kirchenordnung für Hessen von 1566; E. Sehling (Hrsg.): Die evangelischen Kirchenordnungen, Bd. 8, S. 179.

bolisierte. Die Uhr war in ihrem leitenden mechanischen Prinzip dem von Gott geschaffenen Kosmos nachempfunden, sie verkörperte die bis dahin überzeugendste Antwort der Menschen auf das von Gott vorgegebene Modell der Welt. Die herausragenden Uhrwerke jener Zeit an Kathedralen wie etwa dem Straßburger Münster waren nicht als Zeitmesser gedacht, sondern als ein Lobpreis Gottes und als eine Konkretisierung dieser Idee von der Welt als Uhr.[1]

Wie sehr gerade diese theologisch begründete Verknüpfung von Ordnung und Uhr das nachfolgende (pädagogische) Denken bestimmte, läßt sich an Comenius *Didactica magna* nachvollziehen. Immer dann, wenn Comenius Sichtweisen vermitteln will, die komplex und seinen Zeitgenossen nicht ohne weiteres selbstverständlich waren, ›beweist‹ er mit dem rhetorischen Mittel der Analogie, häufig mit der Analogie zur Uhr. Die Möglichkeit, allen alles zu lehren, also seine bildungstheoretische Vorgabe »Pansophie«, erläutert und belegt er am Beispiel der Uhr.[2] An ihr kann er nämlich verdeutlichen, wie die richtige Anordnung der einzelnen Teile und die daraus resultierende Harmonie ein funktionierendes, organisches Ganzes ergibt. Oder anders formuliert: Wie das Ganze nur aus dem richtigen, naturgemäßen In-Beziehung-Setzen der Einzelteile verstanden werden kann.[3] Solche Analogien gewinnen ihre Überzeugungskraft aber nur dann, wenn das Bild, in das hinein übersetzt wird, bereits gelernt ist; das Neue soll anhand des Vertrauten erschlossen werden. Comenius war offenbar der Ansicht, durch den Rückgriff auf die Uhr mit dem Wissen seiner zeitgenössischen Leser zu argumentieren.

Wer - wie auch Comenius - davon ausgeht, daß Sprache Vorstellungen über die Dinge erzeugt, der kann aus diesen Analogien unmittelbar oder durch den jeweiligen Kontext erschließen, mit

---

[1]Ausführliche Darstellung anhand zeitgenössischer Quellen zu »Welt als Uhr« und »Gott als Uhrmacher« siehe u.a. Otto Mayr: Die Uhr als Symbol für Ordnung, Autorität und Determinismus. In: K. Maurice/O. Mayr (Hrsg.): Die Welt als Uhr, S. 1-9; R. Wendorff: Zeit und Kultur, S. 143 f. u. 172 f.; I. A. Jenzen: Uhrzeiten, S. 97 ff.

[2]Johann Amos Comenius: Große Didaktik. In neuer Übersetzung hrsg. v. Andreas Flitner. Düsseldorf/München 1954. S. 76 f. u.ö.

[3]Zum »enzyklopädischen Zusammenhang« bei Comenius s. Jürgen Henningsen: "Enzyklopädie". Zur Sprach- und Bedeutungsgeschichte eines pädagogischen Begriffs. In: Archiv für Begriffsgeschichte. Bausteine zu einem historischen Wörterbuch der Philosophie. Bd. 10. Bonn 1966. S. 298 ff.

welchen zeitgenössischen Ideen die ›Uhr‹ aufgeladen war, was also jeweils unter dem Begriff Uhr mitgedacht wurde bzw. mitgedacht werden konnte. Aufgrund der zahlreichen Uhrenanalogien bietet Comenius *Didactica magna* hierzu aufschlußreiche Hinweise.

Comenius ging von der alles entscheidenden Voraussetzung aus, daß die Welt nach einem göttlichen Ordnungsplan geschaffen sei. So habe Gott den Himmel mit Sonne, Mond und Sternen versehen, um »nach ihrem Kreislauf die Stunden, Tage, Monate und Jahre messen« zu lassen.[1] Die Aufgabe des Menschen bestehe darin, sich in diese gottgegebene Ordnung einzufügen und sich damit in den Dienst Gottes zu stellen. Der Mensch als Mikrokosmos sei imstande, die göttliche Ordnung des Makrokosmos nachzuvollziehen und in sich selbst abzubilden, wenn er sich der Welt als »Spiegel der unendlichen Macht, Weisheit und Güte Gottes« und als »Schule« bediene.[2] Diesen Zusammenhang von Mikrokosmos und Makrokosmos veranschaulicht Comenius mittels der Uhr:

> »Aber auch der Mensch selbst ist nichts als Harmonie, im Hinblick sowohl auf den Körper als auch auf die Seele. Denn wie das Weltall selbst einem mächtigen Uhrwerk gleicht, das aus vielen Rädern und Glocken so kunstvoll zusammengesetzt ist, daß im ganzen Werk zur Harmonie und zum dauernden Fortgang alle Teile ineinander greifen: so auch der Mensch.«[3]

Nachfolgend werden Körper und Seele des Menschen analog zu den mechanischen Komponenten der Uhr gesetzt und innerhalb dieses Bildes näher erläutert. Auch dieser Analogie liegt die Vorstellung von Gott als dem großen Uhrmacher und Weltingenieur zugrunde; demnach gleicht auch der Mensch als Schöpfung Gottes und als exponierter Bestandteil der Natur einem Automaten, dessen prästabilierte Harmonie allerdings, wie bei jedem anderen Automaten, gestört sein kann:

> »Der Mensch ist also wahrhaftig in sich selbst nichts andres als Harmonie. Und wie wir von einem Uhrwerk oder von einem Musikinstrument, welches aus der Hand eines erfahrenen Künstlers stammt, nicht gleich erklären, es sei nichts mehr nütze, wenn es verstimmt ist und schlecht tönt - denn es kann doch

---

[1] J. A. Comenius: Große Didaktik, S. 32.
[2] Ebd.
[3] Ebd. S. 42.

wiederhergestellt und ausgebessert werden - so muß auch vom Menschen, so sehr er durch den Sündenfall verdorben sein mag, gesagt werden, daß er durch die Kraft und Tugend Gottes mit Hilfe zuverlässiger Mittel in seiner Harmonie wiederhergestellt werden kann.«[1]

In der Art und Weise, wie Comenius die Uhr sprachlich erschließt und sie in Verbindung mit dem göttlichen Schöpfungsprozeß bringt, dokumentiert (und vermittelt) er eine Vorstellung, in der die Uhr durch die Hand des Menschen gleichsam zu einem Instrument Gottes wird. Der Mensch habe die Uhr konstruiert, indem er - das Firmament beobachtend - die Natur als Lehrmeisterin genommen habe. Sofern der Mensch seine Kunst der Ordnung der Natur entlehnt, sind für Comenius Fehler ausgeschlossen: »Unter der Leitung der Natur kann man unmöglich irren.«[2] Die von Uhren symbolisierte Zeit wird somit unabhängig vom Menschen verstanden, ihre Zeit wird objektiviert und zu einem der Natur adäquaten Vorgang deklariert: Uhren entsprechen dem von Gott in die Welt gelegten Zeitmuster. Hinter ihren Zeitsignalen steht nicht nur die kirchliche und kommunale Autorität, sondern auch der Schöpfungsplan Gottes. Angesichts der tief verwurzelten Religiosität dürfte die theologisch begründete Verknüpfung von Gott und Uhr bei den Menschen zur Akzeptanz der Uhr und zur Loyalität ihr gegenüber beigetragen und das Erlernen der Uhrenzeit befördert haben.

Comenius beließ es allerdings nicht bei der metaphorischen Verwendung der Uhr als Modell für Ordnung und Harmonie; er bewunderte sie auch konkret als Instrument der Zeitmessung und verwies auf ihren alltäglichen Nutzen im Vergleich zur - offenbar mitgedachten - Sonnenuhr:

---

[1]Ebd. - Die Vorstellung vom Menschen als einem der Uhr vergleichbaren Automaten, dessen Harmonie wiederherzustellen ist und der eines Anstoßes von außen bedarf, um dann selbsttätig »weiterzulaufen«, findet sich 200 Jahre später auch bei dem dänischen Volksbildner Christen Kold wieder, hier allerdings in säkularisierter Form; in einem Gespräch mit einem Bauern erklärt Kold: »Wie oft ziehst Du Deine Uhr auf? ... Der Mensch ähnelt einem Uhrwerk, das es gilt, gut ans Laufen zu bekommen. Aber komm Du zu mir, dann werde ich Dich aufziehen, daß Du nie mehr stehen bleibst.« Zit. n. Peter Berker: Christen Kolds Volkshochschule. Eine Studie zur Erwachsenenbildung im Dänemark des 19. Jahrhunderts. Münster 1984. S. 67.

[2]J. A. Comenius: Große Didaktik, S. 79.

»Wie kommt es schließlich, daß in dem Werkzeug für Zeitmessung, in der Uhr, das hin und her schwingende und seinen Standort wechselnde Metall sich von selbst bewegt? Dazu gleichmäßig Minuten, Stunden, Tage, Monate und vielleicht auch Jahre zählt und sie nicht bloß den Augen anzeigt, sondern auch den Ohren kündet, indem es aus der Ferne und im Dunkeln Zeichen gibt? Ja ein solches Werkzeug weckt sogar den Menschen zu einer bestimmten Stunde aus dem Schlaf auf und zündet ein Licht an, damit der Erwachte gleich etwas sieht. Es gibt sogar den Wechsel der Feste nach dem Kalender, Neumond und Vollmond und den Lauf aller Planeten und die Finsternisse an. Was, frage ich, verdient noch Bewunderung wenn nicht dieses, daß ein an sich lebloses Ding wie das Metall so lebendige, beständige und regelmäßige Bewegungen vollzieht?«[1]

Wesentlich rigider als die Humanisten des 15./16. Jahrhunderts bezog Comenius die Uhr als Hilfsmittel in die Unterrichtsplanung ein, um die Lernzeit der Schüler zu rationalisieren. Die Ordnung der Welt, ihre Harmonie und Regelhaftigkeit mußte sich auch in der Didaktik selbst widerspiegeln.[2] Durch falsche Methoden sei Zeit »vergeudet«[3] worden, Eltern hätten aufgrund ihrer vielen Verpflichtungen keine Zeit, ihre Kinder zu unterrichten, und selbst wenn ihnen die Zeit nicht fehlte, so sei es im Sinne der Arbeitsteilung vernünftiger, dies Leuten zu übertragen, die sich dieser Aufgabe beruflich widmen: »Das kürzt die Arbeiten auf vortreffliche Weise ab.«[4]

Die Didaktik des Comenius gründete auf einer Zeittheorie, in der ausschließlich die Uhr den Takt schlug, da der gesamte Unterrichtsstoff verbindlich festgelegt und vorab in die Zeitleiste der Uhr eingepaßt werden mußte:

»Deshalb soll künftig I. der gesamte Unterrichtsstoff genau auf Klassen verteilt werden, so daß das Vorangegangene überall dem Nachfolgenden den Weg bereitet und das Licht anzündet; II. soll die Zeit sorgfältig eingeteilt werden, so daß jedes Jahr, jeder Monat, jeder Tag und jede Stunde ein eigenes Pensum hat; III. muß diese Zeit- und Arbeitseinteilung strikte innegehalten werden, damit nichts übergangen und nichts verkehrt wird.«[5]

---

[1]Ebd. S. 76 f.

[2]Siehe hierzu auch die Schule als »Maschine« (ebd. S. 215) und die ausführliche Analogie zur Buchdruckerpresse (S. 208 ff.)

[3]Ebd. S. 25.

[4]Ebd. S. 54.

[5]Ebd. S. 95; s.a. S. 129 u. 211.

Auf den ersten Blick mag es widersprüchlich erscheinen, daß Comenius einerseits bereits im Titel darauf verweist, die Jugend könne nach seiner Didaktik »rasch« in den Wissenschaften gebildet werden und im Verlaufe der Schuljahre könne »Zeit gewonnen« werden[1], während er andererseits immer wieder betont, der Unterrichtsprozeß habe »langsam« zu erfolgen, es dürfe nichts übereilt werden.[2] Dieser Gegensatz löst sich leicht auf, wenn man sich vergegenwärtigt, mit welchem ›Blick‹ Comenius auf die Uhr sah: Anders als heute war für ihn die Uhr nicht ein Ansporn zu Hetze oder ein Symbol des Zeitdrucks, sondern der Inbegriff der Harmonie und Regelmäßigkeit, ihre Zeiger auf dem Zifferblatt verkörperten Ausdauer, Stetigkeit und Berechenbarkeit. Aus eben dieser Perspektive gewann er sein stärkstes Argument:

»Wir haben jährliche, monatliche, tägliche und stündliche Pensen. Wenn diese eingehalten werden, so *muß* jede Klasse ihren *Kreislauf* vollenden und ihr jährliches Ziel erreichen. Mit gutem Grund läßt sich empfehlen, täglich nur vier Stunden dem öffentlichen Unterricht zu widmen, zwei am Vormittag und zwei am Nachmittag. Wenn dazu noch der Samstag-Nachmittag frei bleibt und der Sonntag ganz dem Gottesdienst geweiht wird, so kommen wöchentlich 22 Stunden zusammen; das macht, wenn man die notwendige Ferienzeit abrechnet, jährlich etwa 1000 Stunden. Und wieviel kann in diesen gelehrt und gelernt werden, wenn man nur immer methodisch vorgeht!«[3]

Der Schulerfolg wird mit Hilfe der linearen Zeitleiste der Uhr planbar und prognostizierbar. Das im 15. und 16. Jahrhundert eingeleitete naturwissenschaftliche Denken, insbesondere die Hinwendung zur Mathematik, kommt hier in aller Konsequenz zur Geltung: Eine geradezu kaufmännische Rechenhaftigkeit wird an den Tag gelegt, indem das Qualitative des Bildungsprozesses in Quantitatives übersetzt wird: wer in Stunden quantifiziert, bedient sich unwiderlegbar der Mathematik als »Wahrheit der Welt«[4].

---

[1]Ebd. S. 131.
[2]Ebd. S. 97, 103 u. 140.
[3]Ebd. S. 213 (Hervorh. N.N.)
[4]Fritz Blättner: Geschichte der Pädagogik. 14. Aufl., durchges. u. erw. v. Hans-Georg Herrlitz. Heidelberg 1973. S. 50.

LXXVII.

Horologia.

Uhrwerke.

Johann Amos Comenius: Orbis sensualium pictus (1658), S. 158

Fremdzwang und Zeitwachheit: Die noch fehlende Vorstellung von Pünktlichkeit

Die Diktion der Kirchen- und Schulordnungen kann beim heutigen Leser den Eindruck erwecken, als setzten deren Autoren und die hinter ihnen stehenden gesellschaftlichen Gruppen bei den Menschen eine Zeitwachheit voraus, die der heutigen in ihrem Anspruch an Exaktheit und Pünktlichkeit nahe kommt.[1] Doch eine solche Interpretation geht am Selbstverständnis der Menschen im 16. Jahrhundert und an ihrem erworbenen Zeitmuster vorbei. Der Terminus ›Pünktlichkeit‹ ist in den zeitgenössischen Quellen nicht nachgewiesen, das Wörterbuch der Brüder Grimm belegt ihn als Zeitbegriff erst für das 18. Jahrhundert.[2] Daß aber auch ein Verhaltensmuster, das unserer Vorstellung von Pünktlichkeit ähnelt, noch längst nicht gelernt war, daß dies - für die überwiegende Mehrheit der Bevölkerung - nur innerhalb eines sehr diffusen Rahmens intendiert war, läßt sich anhand zahlreicher Indizien erschließen.

Sicherlich, es gibt vereinzelt jene Wendungen, die den Eindruck von Exaktheit und strengen Pünktlichkeitserwartungen nahelegen: »Frü vmb sechs Ur / soln vnd müssen alle knaben zu gleich vorhanden sein«[3], oder: »Die metten soll winters und sommerszeit, in puncto sextae angefangen werden.«[4] Aber aus dem Kontext innerhalb der Quelle wird deutlich, daß nicht um 6 Uhr die Liturgie beginnen sollte, sondern das Läuten zur Messe. Für die Schüler als obligatorische Chorsänger blieb noch genügend Zeit: Nach dem Läuten folgte ein Lied, erst dann erhielten sie durch den Küster ein Glockenzeichen, das sie mit ihren Lehrern zur Kirche rief. In seinem

---

[1]Siehe K. Mollenhauer, der von »Pünktlichkeitserwartungen« an die Schüler im 16. Jahrhundert spricht; ders.: Umwege, S. 81. - S. a. Adolf Rude: Die bedeutendsten evangelischen Schulordnungen des 16. Jahrhunderts nach ihrem pädagogischen Gehalte. Pädagogisches Magazin. H. 32. Langensalza 1893. S. 40.

[2]Deutsches Wörterbuch. Hrsg. v. Jacob u. Wilhelm Grimm. 7. Bd. Leipzig 1889. Sp. 2240 f.

[3]Zwickauer Schulordnung 1523 in J. Müller (Hrsg.): Vor- und frühreformatorische Schulordnungen, S. 250.

[4]Aschersleben 1575 in E. Sehling (Hrsg.): Die evangelischen Kirchenordnungen, Bd. 2, S. 477.

Visitationsbericht erklärte der Pfarrer von Vachdorf 1562, er lasse morgens um 7 Uhr zur Messe läuten und beginne »one gefeher eine halbe oder drei virtel stund darnach«.[1] Gleiches berichtete der Pfarrer von Dingsleben 1566:

»Erstlich auf den sontag und sonsten auf alle fest, so lass ich meinen kirchner umb 7 uhr die glocken leuten dreimal nacheinander. Als dan wan das volk beieinander ist, so fahe ich mit dem volk ein teutschen psalmen zu singen.«[2]

Auch der Schulbeginn in Berlin (1574) mußte durch lang anhaltende Glockensignale organisiert werden:

»[Der Küster soll] des morgens allewege eine halbe stunde nach 5 schlägen des sommers anfangen und mit der glocke bis um 6, des winters aber halbweg 7 und bis um 7, also auch eine halbe stunde nach eilf bis um 12 läuten, damit die schüler es hören und zur rechter zeit zur schule gehen mögen.«[3]

Termine können in der Regel nur dann wahrgenommen werden, wenn man die Menschen durch Glockenläuten dazu auffordert - das ist die Quintessenz, die in diesen Quellen zum Ausdruck gebracht wird. Man muß sich vergegenwärtigen, welcher Status innerhalb der Lerngeschichte der Uhrenzeit damit beschrieben wird: Obwohl in den Städten kontinuierlich, zum Teil viertelstündlich, durch die Schlaguhr die Zeit mitgeteilt wurde, fehlte es den Menschen an Zeitwachheit, die es ihnen ermöglicht hätte, einen Termin durch ihr Verhalten zu antizipieren. Konkret: Die Autoren der zitierten Ordnungen verließen sich nicht darauf, daß die Menschen die Schläge der öffentlichen Uhr mitzählten, so daß es ihnen möglich gewesen wäre, etwa beim Halbstundenschlag loszugehen, um rechtzeitig zur vollen Stunde anwesend zu sein; mittels spezieller Glockenzeichen forderte man die Menschen zum Kommen auf. Solange neben den regelmäßigen Zeitzeichen der Uhr noch explizite Glocken»befehle« nötig waren, kann von einer über den Tag verteilten, kontinuierlichen Zeitwachheit noch keine Rede sein.

Für den Kirchenbesuch gilt dieser Befund uneingeschränkt; die Quellen zur Schulgeschichte lassen nicht eindeutig darauf schließen,

---

[1]Ebd. Bd. 2, S. 337 f.
[2]Ebd. Bd. 2, S. 331.
[3]Ebd. Bd. 3, S. 167.

daß der Schulbeginn an allen Orten durch eigene Glockensignale neben denen der Schlaguhr eingeleitet wurde. Das mag daran liegen, daß der Unterricht zumeist mit den Gottesdienstzeiten synchronisiert war und sich daher eigene Zeitzeichen erübrigten.[1] Zweifelsfrei ist allerdings die Perspektive, mit der man auf die wahrzunehmenden Zeitpunkte, etwa den Schulbeginn, blickte: Man erwartete nicht, daß ein Termin durch rechtzeitigen Aufbruch von zu Hause antizipiert wurde, sondern man hatte loszugehen nach Aufforderung durch ein Signal. Hierzu einige Beispiele: »So bald die glock vj geschlecht, so gat der schulmeister in die schul«[2]; »wann die glock zwelffe schlegt, sollen die knaben abermals alle bey ainannder versamlet«[3]; »wans achte schlecht, gat man widerum in die schul«[4].

Nicht die Uhr war das entscheidende Medium der gesellschaftlichen Kommunikation über Zeit und Termine, sondern die Glocke. Noch hatten die Menschen nicht gelernt, Termine aus eigenem Antrieb wahrzunehmen und Zeitpunkte zu antizipieren, sie bedurften des Fremdzwanges durch die Glocke. In einer seiner sogenannten Glockenpredigten leitete der Superintendent Johann Gottfried Olearius das Wort ›Glocke‹ etymologisch von »Locken des Volks« her, was zwar wortgeschichtlich falsch ist, aber die Sache trifft.[5] Zugespitzt kommt dies im *Froschmeuseler* zum Ausdruck, einem lehrhaften Tierepos des Magdeburger Gymnasialrektors Georg Rollenhagen, in dem dieser Fehlverhalten der Menschen kritisierte und Ratschläge zu einer besseren Lebensführung erteilte:

»ENdlich lieff hin der Küster Hund /
Spert sein Augen auff vnd den Mund /
Sahe die Glock von vnden an /
Vnd sprach / das wolt mich wunder han /
Das Jch daß Geleut het verschlaffen /

---

[1]Z.B. die Schulordnung für Wittenberg 1533, ebd, Bd. 1, S. 706 f. - Siehe auch die Württembergische Schulordnung von 1559 in R. Vormbaum (Hrsg.): Evangelische Schulordnungen Bd. 1, S. 92.

[2]Ulm ca. 1500 in J. Müller (Hrsg.): Vor- und frühreformatorische Schulordnungen, S. 125.

[3]Nördlingen 1521, ebd. S. 218.

[4]Memmingen 1513, ebd. S. 182.

[5]Gehalten um 165o in Halle, zit. n. Paul Jacob Marperger: Horologiographia. [...]. Dresden/Leipzig 1723. S. 222.

[...]
Wolt jhr vns Hunden Ordnung deuten /
Vnd regieren mit Glocken leuten /
Vnd wist nicht / was zur Glock gehort /
Das sie ohn Kneppel spricht kein Wort?
Das sie weder klappet / noch klinget /
Der schall auch nicht zu Ohren dringet /
Viel wenigr folg bey vns erlangt /
Wenn sie ledig ohn Kneppel hangt.«[1]

Wortwahl und Metaphorik lassen die Assoziation zu, daß man nur mit dem Knüppel (der Glocke) den »Hunden« Ordnung beibringen und Gehorsam erzwingen kann - trefflicher läßt sich der Fremdzwang der Glocke und ihre disziplinierende Funktion nicht charakterisieren. Hieraus allerdings zu folgern, das Zeit-Verhalten der Menschen im 16. Jahrhundert sei ausschließlich fremdbestimmt, liefe auf eine simplifizierende Sicht des Zivilisationsprozesses hinaus.[2] Es ist die spezifische Art, in der Muster des Selbst- und des Fremdzwanges miteinander verknüpft waren: Der Kirchenbesuch war als gesellschaftliche Norm gelernt, man wollte zum Gottesdienst, nur der Zeitpunkt des Aufbruchs mußte ›befohlen‹ werden; anders beim Schulbesuch, der noch nicht als selbstverständlich galt. Entsprechend bemühte sich auch die Obrigkeit, die Akzeptanz der Schule vor allem bei den Eltern herzustellen, den Fremdzwang ›Schulbesuch‹ in die Subjekte zu verlagern und als eigenen Willen zur Geltung kommen zu lassen.[3]

Solange Termine nur eingehalten werden konnten, wenn hörbare Zeitsignale dazu aufforderten, solange blieb die Möglichkeit versperrt, Pünktlichkeit zu erlernen. Aber darum ging es im 16. Jahrhundert auch gar nicht, wenn man von einer kleinen Personengruppe absieht, nämlich den Geistlichen, Lehrern und Küstern, die noch

---

[1]Georg Rollenhagen: Froschmeuseler (1608). Hrsg. v. Dietmar Peil. Frankfurt/M. 1989. S. 363.

[2]Vgl. N. Elias: Über die Zeit, S. XXXIV.

[3]Beispielsweise Zwickau 1523, in: J. Müller (Hrsg.): Vor- und frühreformatorische Schulordnungen, S. 245 f.; Württembergische Schulordnung 1559, in: R. Vormbaum (Hrsg.): Evangelische Schulordnungen Bd. 1, S. 92.; Visitationsbefehl für Öhringen 1581, in: E. Sehling (Hrsg.): Die evangelischen Kirchenordnungen, Bd. 15,1. S. 428.

gesondert zu behandeln sind. Ein Verhalten, das man heute als strenge Pünktlichkeitserwartung verstehen könnte, galt dem *Grobianus* zur Folge als geradezu anstößig. Satirisch überdreht beschreibt der Autor, wie man mit Erfolg seine Gäste vergraulen kann. Ich zitiere aus der - für die Verhältnisse des 16. Jahrhunderts - populären und mehrfach aufgelegten Übertragung ins Deutsche von 1551:

»Brauch aber allzeit disen fundt/
Daß wer nit kompt zu rechter stundt/
Wie du jm hast die zeit befohlen/
Den laß auch nit zum essen holen/
Vnd sey fro daß er aussen bleib/
Vnd dich nit offt in keller treib.
So bald die vr hat auß geschlagen/
So heiß als bald die speiß auff tragen/
Vnd setz dich an den disch on sorgen/
Du müssest warten sunst biß morgen/
[...]
Vnd gleich so bald du sicher bist/
Daß nun die zeit für vber ist/
So bschleuß gar eben thor vnd thür.
Vnd stoß die starcken rigel für/
Daß/wer zu spat komt auff die strassen/
Außbleib/vnd werd nicht eingelassen/
Ob er schon thut so manchen buff/
So thu jm doch die thür nicht vff/
[...].«[1]

Wer im geselligen Umgang ein rigides Zeitmaß an den Tag legt, verletzt die für richtig befundenen Formen des Anstandes. Differenziert wird zwischen zwei Varianten des Normverstoßes: Grobianisch verhält sich derjenige, der bereits das Schlagen der Uhr als Startzeichen zum Essen mißversteht, weil er nicht berücksichtigt, daß seine Gäste erst beim Zeitzeichen von zu Hause aufbrechen (können); unhöflich ist es aber auch, nur die für den Weg benötigte Zeit vorzuhalten und hier keinen größeren Spielraum zuzulassen. Auffäl-

---

[1]Friedrich Dedekind: Grobianus. De Morum Simplicitate. Dt. Fassung v. Caspar Scheidt. (1551). Mit e. Vorw. zum Neudr. d. Texte v. Barbara Könneker. Darmstadt 1979. S. 214 f. - Zur Popularität und Verbreitung s. ebd. S. V.

lig ist bei allem, daß der Autor nur das Zeiteinhalten des Gastgebers thematisiert, nicht aber, was im Sinne der Anstandsformen eine unhöfliche Verspätung der Gäste ist. Mußten sie sofort beim Glockenschlag aufbrechen, durften sie unterwegs ›trödeln‹ oder anderweitige Geschäfte erledigen? Pünktlichkeit meint, um im Bild zu bleiben, einen definierbaren Punkt auf einer Zeitskala. Nun ließe sich argumentieren, daß die Vorstellung von einem Punkt historisch ist, daß wir heute gelernt haben, diesen Punkt mit spitzer Feder zu markieren, während die Menschen im 16. Jahrhundert ihn großflächig kennzeichneten. Aber innerhalb welchen Zeitmaßes hatte man sich bei »Terminen« einzufinden?

So geben die Schulordnungen zwar dezidiert vor, wann der Unterricht zu beginnen hatte und bis wann er dauern sollte, aber bei näherem Hinsehen wird deutlich, daß hinter diesen exakten Daten keine oder nur äußerst vage Pünktlichkeitserwartungen an die Schüler standen. Nur in wenigen Ordnungen wird hierzu überhaupt Stellung bezogen, indem von den »Absentes« oder »Vßbelibenden« die Rede ist. Die Stuttgarter Ordnung von 1501 verpflichtete den Lehrer lediglich darauf, »täglichs pro absentibus (zu) fragen vnd die vsz vernunfft wie sich gepürt (zu) straffen«; gleiches galt für Memmingen (1513) und Nordhausen (1522).[1] Diese Regelungen zielten aber nur auf diejenigen, die den ganzen Tag über die Schule schwänzten. Wie aber sollte man sich denen gegenüber verhalten, die lediglich zu spät kamen?

Die wenigen, hierauf zutreffenden Wendungen sind allesamt so weich gehalten, daß sich kein exaktes Maß bestimmen läßt, was als Verspätung galt und was noch toleriert wurde. Auch die Schulordnung für Nürnberg von 1505 gibt hierzu keine eindeutige Auskunft:

> »Zu erst soll ein jeder schulmaister durch sich selbs oder seinen verweser alle sein schuler beschreiben vnd jedes tags auf das wenigst einmal verlesen vnnd auf die absentes vleißig acht vnnd merckung haben, vnnd die schüler die sich also on wißen vnnd vrlaub des schulmaisters oder seins verwesers absentiren vnnd *zu gepurlicher zeit* (Hervorh., N.N.) nicht erscheynen, darumb zimlich straffen vnnd also zu vleißiger besuchung der schul vnd lere anhalten.«[2]

---

[1] J. Müller (Hrsg.): Vor- und frühreformatorische Schulordnungen, S. 130, 180 u. 233.

[2] Ebd. S. 145 f.

Zweifellos ging es hierbei gegenüber den Schülern darum, ein vorgegebenes Zeitschema durchzusetzen, statt daß sie sich ihrer individuellen Befindlichkeit hingeben. Es ging darum, sie durch Strafandrohung an den regelmäßigen Schulbesuch zu gewöhnen, aber das Raster, in dem gedacht wurde und zu dem es eindeutige Vorgaben gab, war der Tag; nur auf ihn bezogen wurde Regelmäßigkeit eingefordert. Was ein Abweichen von der »gepurlichen zeit« war, blieb dem Zeitempfinden des Lehrers überlassen. Aber welches Zeitmaß hatte er gelernt? Galt eine Verspätung von einer Viertelstunde bereits als strafbar, oder war der erlaubte Zeitrahmen weitaus großzügiger gesteckt?

Auf diese Frage gibt keine der verwendeten Quellen zur Schulgeschichte eine Auskunft. Zwei der differenziertesten und präzisesten Schulordnungen, die Württembergische und die Zwickauer, erlaubten den Schülern der ersten Klasse ausdrücklich, »ettwas späters« zur Schule zu kommen bzw. den Schulbeginn »one gefer« einzuhalten.[1]

Nun ließe sich einwenden, die Bereitschaft, sich mit dem »ungefähren« Zeiteinhalten abzufinden, sei lediglich eine Konzession an die Schüler, die die Zeit der Erwachsenen noch nicht hinreichend gelernt hätten. Allerdings zeigt ein Blick in andere Quellen, daß zwar durchgängig exakte Zeitpunkte genannt wurden, daß diese aber nur als vage Orientierung gemeint waren und auch nur so verstanden wurden. Aufschlußreich ist in diesem Zusammenhang die Gerichtsordnung für Braunschweig von 1553, in der festgelegt wurde, wie mit administrativen Mitteln ein geregeltes Verfahren so abgewickelt werden sollte, daß die miteinander streitenden Parteien in einem zeitlich überschaubaren Rahmen befriedet werden konnten. Kernstück dieser Verfahrensordnung waren die »Termine«, die von allen Beteiligten unbedingt einzuhalten waren und bei deren Überschreitung Geldstrafen oder Urteile gegen die Verspäteten oder Nicht-Erschienenen ausgesprochen werden sollten. Was allerdings unter »bestimmten Terminen« verstanden wurde, läßt aus heutiger Sicht eher den Eindruck einer prozessualen Gemütlichkeit zu denn den einer strikten Verhandlungsführung:

---

[1]R. Vormbaum (Hrsg.): Evangelische Schulordnungen Bd. 1, S. 75. - J. Müller (Hrsg.): Vor- und frühreformatorische Schulordnungen, S. 250.

»Dieweil auch aus dem viel vnordenunge vnd verzugk erfolget, daß die parte nicht zu rechter zeit sondern allererst vmb oder nach zehen schlegen, wen man balde abgehen wil, auf dem rathause erscheinen, sol hinfurder darauf auch gesehen werden, also daß ein jeder der dar furbescheiden ist, alsbaldt vmb achte schlege oder je zwischen achten vnd neun auf dem hause sey vnd erwarte bis die ordenunge an ihne gelange.

Wer aber vmb neun schlege nicht vorhanden ist vnd wirdt von seinem jegenteil als vngehorsamb beschuldiget, ob er gleich hernach denselben morgen erschiene, sol er doch dem gerichte einen matthier zur straffe geben. Wo er aber vmb zehen schlege gefurdert vnd noch nicht gefunden wurde, sol er einen mariengroschen [zur straffe] verfallen sein. Bliebe er aber gantz außen, so erginge vber ihne was hieroben vom vngehorsamb gesaget ist.«[1]

Mit einer straffen Zeitplanung haben solche Vorgaben nichts gemein, aus diesen Zeilen sprechen weder Pünktlichkeitserwartungen noch ein Denken in exakt meßbaren Zeitpunkten. Zwar wird der Stundenschlag der Uhrglocke als Orientierungsmarke genommen: Verspätungen zwischen 8 und 9 Uhr werden toleriert, danach greifen gestaffelt die Strafmaßnahmen, aber die Zeit zwischen den Glockensignalen um 8 und um 10 Uhr erscheint wie ein Intervall, das ein Moratorium des Prozesses gestattete. Zeit, das jedenfalls legt diese Textstelle nahe, wurde eher wellenförmig, denn als kontinuierliches Ablaufen erlebt; erst mit dem Anbranden der nächsten Welle, mit dem Stundenschlag, wurde die nächste Stufe innerhalb des sozialen Zeitrasters erreicht.

Im Gegensatz zum Fremdzwang der Glocke ist Pünktlichkeit ein Ausdruck des Selbstzwanges, sie setzt den Willen und die Fähigkeit voraus, sein Leben an der Uhr auszurichten. Dieser Lernprozeß, die Verinnerlichung der Uhr mit einer ständigen Zeitwachheit, war im 16. Jahrhundert - bezogen auf die Mehrheit der Bevölkerung - weder erfolgreich abgeschlossen noch war er unmittelbar beabsichtigt. Von der Erfahrung, zu spät zu kommen und durch den ›Zwang der Verhältnisse‹ zum strikten Zeiteinhalten angespornt zu werden, dürften die meisten Menschen aufgrund der diffusen Pünktlichkeitserwartungen in der Regel verschont geblieben sein.

---

[1]Ludwig Hänselmann (Hrsg.): Urkundenbuch der Stadt Braunschweig. Bd. 1: Statute und Rechtsbriefe MCCXXVII-MDCLXXI. Braunschweig 1872. S. 358 f.

Die Förderung der Zeitwachheit

Die bisherige Interpretation bedarf einiger Ergänzungen hinsichtlich der Aussagekraft ihrer Quellen. Zunächst: Bei den Schulordnungen von Ulm, Nürnberg, Memmingen oder Nördlingen handelt es sich um Zeugnisse herausragender Schulorte, deren Konzepte und Leitlinien nicht generalisiert werden können. Ambitionierte Patrizier und humanistisch gesinnte weltliche und geistliche Fürsten hatten eine Elite von Gebildeten um sich versammelt, die das städtische Schulwesen reformieren sollten. Die Zwickauer Ordnung von 1523 habe, so Paulsen, mehr der Selbstdarstellung des Autors als der tatsächlichen Realisierung gedient.[1] Einige Quellen lassen darauf schließen, daß auch in den städtischen Schulen Unterbrechungen eher die Regel als die Ausnahme waren.[2] Die kirchendienstlichen Pflichten der Lehrer als Küster, Chorleiter und Glockenwart, die saisonalen und witterungsbedingten Aufgaben auf den ihnen überlassenen Äckern und weitere Nebenbeschäftigungen als unverzichtbare Geldquelle dürften den verordneten Zeitrahmen der Schule häufig gesprengt haben.[3] Die regelmäßige Teilnahme der Schüler am Unterricht war ein politisches und pädagogisches Ziel, aber noch längst nicht gelebte Norm.[4] Und doch bieten diese Schulordnungen wie auch die Kirchenordnungen ein aufschlußreiches Material für die Lerngeschichte der Uhrenzeit: Sie sind zwar keine Photographie der Wirklichkeit, aber als Textsorte ›Ordnung‹ fixieren sie *geforderte* Normen und Ziele, sie spiegeln wider, welches Selbstverständnis die politische und intellektuelle Elite mit Blick auf die Uhr erworben hatte, welche soziale Funktion sie ihr zudachte und wie sie die Uhr kommunikativ erschlossen hatte.

---

[1] Friedrich Paulsen: Geschichte des gelehrten Unterrichts auf den deutschen Schulen und Universitäten vom Ausgang des Mittelalters bis zur Gegenwart. Bd. 1. Leipzig 1919. S. 170.

[2] Siehe Paul Barth: Die Geschichte der Erziehung in soziologischer und geistesgeschichtlicher Bedeutung. Leipzig 1920. S. 223.

[3] Siehe E. Sehling (Hrsg.): Die evangelischen Kirchenordnungen, Bd. 5, S. 383.

[4] Siehe Thomas Platter. Ein Lebensbild aus dem Jahrhundert der Reformation. Hrsg. v. Horst Kohl. Leipzig (1912). S. 22 u.ö.

Vor allem aber war die Uhr ein Instrument der städtischen Kultur. Die ländliche Bevölkerung und Teile der Handwerkerschaft hatten keinen Bedarf an einer linearen Zeit. Sie dachten in Tagen und Wochen, wie es sich auch in den Begriffen ›Tagelohn‹ oder ›Morgen‹ niederschlug; mit dem auch heute noch gängigen ›Morgen‹ wurde die Ackerfläche bezeichnet, die man am lichten Tag bearbeiten konnte. Sonnenaufgang und -untergang bestimmten die verfügbare Arbeitszeit, wobei die Arbeitsintensität sich nicht nach der Uhr und dem von ihr symbolisierten Ebenmaß richtete, sondern nach naturbedingten Notwendigkeiten und individueller Bereitschaft; Phasen höchster Arbeitsanspannung wechselten mit Phasen der Untätigkeit. Die Zeiteinteilung war aufgabenorientiert und nicht linear. Die Arbeitsauffassung basierte auf einem zyklischen Zeitmuster, das sich am jahreszeitlichen Wechsel, am Rhythmus der Natur orientierte.[1] In einer agrarischen und handwerklichen Kultur, die von einem eher qualitativen Verhältnis zur Arbeit und ihren Produkten geprägt war, konnte sich, so Sombart, nicht jene Rechenhaftigkeit entwickeln, die die Grundlage des städtischen Handels wurde.[2]

Hierzu ein lerngeschichtlich aufschlußreiches Beispiel: Der Schulmeister Thomas Platter berichtet aus der Zeit Mitte des 16. Jahrhunderts von zwei Frauen aus dem Wallis, die nicht wußten, wie alt sie waren, und deren Alter auch nicht die sie umgebenden Menschen nennen konnten.[3] Andere Quellen belegen, daß bis ins 17. Jahrhundert hinein ein Teil der ländlichen Bevölkerung sein Lebensalter nicht bestimmen konnte. Man datierte seine Geburt ereignisbezogen etwa anhand eines Kriegsbeginns oder mit Verweis auf ein fruchtbares Jahr (»im reichen Herbst«).[4] Die Fähigkeit zur Altersangabe und damit zur Quantifizierung einer Dauer beruht darauf, daß man sein eigenes Lebenskontinuum in Beziehung setzt zu einer anderen Sequenz, deren Meßskala zur Fixierung von Anfang und Ende beliebiger Abläufe dient. Zunächst waren es, wie die Beispiele zeigen,

---

[1]Vgl. Hans-Willy Hohn: Die Zerstörung der Zeit. Wie aus einem göttlichen Gut eine Handelsware wurde. Frankfurt/M. 1984. S. 105 ff. - E. P. Thompson: Zeit, Arbeitsdisziplin und Industriekapitalismus. In: Rudolf Braun/ u.a. (Hrsg.): Gesellschaft in der industriellen Revolution. Köln 1973. S. 84.

[2]W. Sombart: Der Bourgeois, S. 22 ff. u. 322.

[3]Thomas Platter, S. 62.

[4]Siehe H.-W. Hohn: Die Zerstörung der Zeit, S. 42.

sinnlich-konkrete Ereignisabfolgen; der Kalender als menschengeschaffenes Symbol und formal quantifizierendes Referenzmittel war offenbar noch nicht gelernt. Im Zusammendenken verschiedener und voneinander unabhängiger Sequenzen, des eigenen Lebenskontinuums und des Kalenders, sieht Norbert Elias eine Leistung der intellektuellen Synthese, die weder einfach noch historisch selbstverständlich sei.[1] In seiner Konstruktion gleicht der moderne Kalender dem Zeitmuster der Uhr, es ist ihr großrahmiges Äquivalent. Statt ereignisbezogener Vergewisserung bietet er eine inhaltsleere, in Ziffern darstellbare lineare Zeitleiste und damit die Möglichkeit, Zeitpunkte formal zu bestimmen, die Dauer von Vorgängen zu quantifizieren und somit zeitliche Proportionen schärfer zu fassen.

Die Übersetzung der Glockenwachheit in Zeitwachheit

Die Herrschaft der Uhr verlangte von den Menschen eine enorme Lernleistung: das zyklische Zeitverständnis mußte durch ein lineares ersetzt werden, an die Stelle einer aufgabenorientierten Arbeitsauffassung trat das Arbeiten nach der Uhr, erlebte Zeit wurde zur gemessenen Zeit. Daß dieser lerngeschichtlich so bedeutsame Vorgang das Ergebnis eines langwierigen Prozesses war, daß er mit einem hohen, auch kostenintensiven Aufwand betrieben wurde, belegen die historischen Quellen besonders anschaulich dort, wo die kirchliche und politische Macht auf Widerstand stieß, wo trotz intensiver Bemühungen die Erfolge eher kleinschrittig zu bemessen sind.

Wenn in diesem Zusammenhang von Förderung der Zeitwachheit die Rede ist, so sind damit nicht nur die intentionalen pädagogischen Akte gemeint; sie wären wohl als isolierte Faktoren ohne Verklammerung mit dem bestehenden ›Zeitgeist‹ und dem gesellschaftlichen Bedarf auf fruchtlosen Boden gestoßen. Es war die Verflechtung von strukturellen Vorgaben - wie der nachhaltig betriebenen Installation von Turmuhren und der Fixierung sozial relevanter Termine mit Hilfe der Uhr - mit den Gesetzmäßigkeiten des städtischen Marktes, der einen anderen Lebensrhythmus erforderte und produzierte, sowie

[1] Über die Zeit, S. 42.

mit anderen lerngeschichtlich bedeutsamen Veränderungen, wie etwa der zunehmenden Rechenhaftigkeit der Menschen.

In den historischen Quellen gibt sich die kirchliche und kommunale Obrigkeit als Motor dieses gesellschaftlichen Lernprozesses zu erkennen. Anfänglich jedoch war dies ein Kampf zwischen Kirche und Kommune um die Zeithoheit und damit um die Köpfe der Menschen und um die Steuerung sozialer Vorgänge.[1] Konkret äußerte sich dieser Konflikt im Streit um den Ort der städtischen Schlaguhr; denn hierzu bot sich wegen der erforderlichen Hörbarkeit der Zeitzeichen der Kirchturm an, sofern die Kommune nicht über ein entsprechend dimensioniertes Rathaus verfügte. Zumeist verständigte man sich auf einen Kompromiß, demzufolge der Kirchturm pachtweise dem Rat überlassen wurde oder man einen zweiten Kirchturm errichtete, der ausschließlich der städtischen Schlaguhr mit ihren Glocken vorbehalten blieb.[2] Im Laufe des 16. Jahrhunderts scheint dieser Streit ausgestanden zu sein.[3] Die Bedeutung der Zeithoheit für die Ausübung von Herrschaft war offensichtlich auch einigen kirchlichen und politischen Oppositionellen bewußt, wie das Beispiel der Wiedertäufer in Münster zeigt, die den Domturm erstürmten und dabei »dat kunstlich urwerck gantz toschlagen und in grundt vordorven« haben.[4]

Die vorrangige pädagogische Aufgabe bestand darin, die schon vorhandene Glockenwachheit in eine allgemeine Zeitwachheit zu übersetzen. Wie im vorangegangenen Kapitel gezeigt, behielt man den Aufforderungscharakter der Glocke bei, knüpfte also an das bereits Gelernte an; die entscheidende Neuerung bestand darin, die

---

[1]Le Goff bewertet diesen »Konflikt zwischen der Zeit der Kirche und der Zeit des Händlers als eines der wichtigsten Ereignisse in der mentalen Geschichte«; die beiden Zeiten seien entgegengesetzt, da die kirchliche Zeit nur Gott gehöre und nicht Gegenstand von Gewinnsucht seien könne. Jacques Le Goff: Zeit der Kirche und Zeit des Händlers im Mittelalter. In: Claudia Honegger (Hrsg.): Schrift und Materie der Geschichte. Vorschläge zur systematischen Aneignung historischer Prozesse. Frankfurt/M. 1977. S. 394.

[2]G. Bilfinger: Die Mittelalterlichen Horen, S. 168 f.

[3]Vgl. E. Sehling (Hrsg.): Die evangelischen Kirchenordnungen, Bd. 1. S. 544. (Coburg 1554/55).

[4]Zit. n. Julius Ficker (Hrsg.): Die Geschichtsquellen des Bisthums Münster. Bd. 1. Münster 1851. S. 332. - Ähnliches berichtet von Arbeiterrevolten Michel Mollat: Die Armen im Mittelalter. München 1984. S. 188 f. u. 195.

Zeitzeichen der Glocke nicht mehr als inhaltliche, sondern als den Tag formal gliedernde Signale verstehen zu lassen. In speziellen Glocken- und Läutordnungen wurde der Gebrauch der Glocken festgelegt, der im wesentlichen auf eine Einschränkung der zahlreichen inhaltlichen Glockenzeichen hinauslief oder auf eine Ausgliederung inhaltlicher Signale auf einen speziellen Glockentyp, z.B. die »Sterbeglocke«, zielte. Wenn die Schlaguhr ihre formal strukturierende und koordinierende Funktion erfüllen sollte, mußte der Tag von anderweitigen Glockenschlägen weitgehend befreit werden, um Irritationen in der Kommunikation über Zeit zu vermeiden. Als störend erwies sich dabei, daß zwar die Autorität der Glocke gelernt war, daß sie aber thematisch besetzt war: In der zeitgenössischen volkstümlichen Vorstellung trennte man zwischen heiligen (»getauften«) und heidnischen (»ungetauften«) Glocken, man sah sie als beseelte Wesen, denen man bestimmte Eigenschaften und Fähigkeiten zuschrieb.[1]

Welche Mühe es bereitete, gegen die Beharrungstendenz eines über Generationen hinweg nachhaltig Gelernten Neuerungen durchzusetzen, und dies in einem so elementaren Bereich wie dem des Zeitbewußtseins, lassen die zeitgenössischen Diskussionen um das Ave Maria-Läuten erkennen. Mit diesem Läutzeichen wurden die Menschen bei Sonnenaufgang und -untergang zum Gebet und zum Beginn bzw. Ende ihrer Arbeit aufgefordert. Um sich vom »Papsttum« abzusetzen, hatten viele evangelische Kirchengemeinden dieses Läutzeichen verboten oder, wo dies gegen den Widerstand der Bevölkerung nicht durchsetzbar war, in ein »pacem-Läuten« umbenannt. Für den hier verfolgten lerngeschichtlichen Wandel bemerkenswert ist der Versuch, dieses inhaltliche Läuten in ein formales Zeitzeichen umzudefinieren:

»Viel pfarherr zanken sich auch mit den pfarrleuten umb unnötige und kindische sachen, als vom pacem leuten, und der gleichen. An solchen sachen sollen billich die pfarherr, als die vernunftigen, umb friedens willen, den leuten weichen, und sie unterrichten, wo solchs leuten unrecht gebraucht ... So ist das pacem leuten an viel orten dazu geordent, das die leute wissen, welch zeit es

---

[1]Ausführliche Belege siehe: Handwörterbuch des deutschen Aberglaubens. Hrsg. v. Hanns Bächtold-Stäubli. Bd. 3. Berlin/Leipzig 1930/31, unter ›Glocke‹.

am morgen ist, auch zu welcher zeit sie des abends vom felde zu haus gehen sollen.«[1]

Ähnlich argumentiert die Kirchenordnung für Wolfenbüttel von 1569:

»Man helt im bapsthumb morgends, mittags und abends einen sonderlichen glockenschlag, dardurch das volk vermahnet solle werden, die jungfrau Marien anzuruffen. Weil aber die hochgelobte jungfrau Maria solch ehre, die Gott allein gebüret, nicht haben wil und auch widder Gottes wort ist, soll davon das volk unterrichtet werden. Es kan aber der glockenschlag an ihm selber, wie auch in den benachbarten reformirten kirchen, behalten werden, unterscheid des morgends, mittags und abendstunde dem volk damit anzuzeigen, und das dadurch das volk erinnert und vermanet werde, das sie morgends, mittags und abends für gemeinen frieden und gut regiment bitten sollen.«[2]

Deutlich wird hier der Versuch, einen anderen ›Sinn‹ zu stiften, von inhaltlichen Glockenzeichen auf inhaltsleere, formale Zeitsignale umzupolen; die Argumentationsführung erinnert an das Bonmot, daß man beim Beten zwar nicht auf die Uhr, aber beim Auf-die-Uhr-Sehen beten darf. Ihre pädagogische Unterfütterung erhielten diese Bemühungen auch durch die bereits erwähnten Glockenpredigten, in denen die Bibelexegese und die Aufforderung zum Zeiteinhalten miteinander verknüpft wurden. Darüber hinaus wurde an zahlreichen Orten den Pfarrern auferlegt, viertel- oder halbjährlich die Kirchen- und Schulordnung von der Kanzel zu verlesen, um damit auch auf die verordneten Uhrzeiten aufmerksam zu machen.[3] Der *Grobianus* forderte in seinem Verhaltenskodex ausdrücklich dazu auf, jemandem, der den Stundenschlag nicht mitbekommen hat, die richtige Uhrzeit zu nennen.[4]

Je mehr der Tag von inhaltlichen Zeitangaben entlastet war oder diese auf spezielle Glocken ausgegliedert waren, desto markanter konnte der Zeitteppich der Uhr in Erscheinung treten. Der Vorteil

---

[1]Kurfürstenthum Sachsen 1528. In: E. Sehling (Hrsg.): Die evangelischen Kirchenordnungen, Bd. 1. S. 170 f.

[2]Ebd. Bd. 6,1. S. 180. - Nahezu identisch ebd. Bd. 1. S. 511 und 544.

[3]Z.B. ebd. Bd. 15. S. 518. - J. Müller (Hrsg.): Vor- und frühreformatorische Schulordnungen, S. 227.

[4]F. Dedekind: Grobianus, S. 161.

der Turmuhr bestand lerntheoretisch gerade darin, daß ihr Stunden- und Halbstundenschlag zwar relativ unaufdringlich, aber in seiner Gleichmäßigkeit und Allgegenwärtigkeit auf die Dauer für die Menschen auch unentrinnbar war. Wenn etwa der Fisch auf dem Markt bis um 10 Uhr morgens verkauft sein mußte[1] oder das Betteln nur innerhalb bestimmter Stunden erlaubt war[2], dann machte es für die Betroffenen Sinn, auf die Zeitsignale der Uhr zu achten. Je zahlreicher die zeitlichen Bindungen im Tagesverlauf für die Menschen wurden, desto größer wurde für sie der Zwang, eine kontinuierliche Zeitwachheit zu erwerben.

Norbert Elias sieht in der Geschichte der Uhr auch ein Indiz für die differenzierter und länger werdenden gesellschaftlichen Interdependenzketten. Wenn schon, wie im Vorangegangenen gezeigt, in dem relativ kleinen sozialen Gebilde Schule die Erfordernis bestand, mittels der Uhrzeit Lehrer, Klassen und Unterrichtsstoffe miteinander zu synchronisieren, so galt dies für die Stadt mit ihrer zunehmenden Kommerzialisierung umso mehr: Je komplexer die sozialen Systeme wurden, desto dominanter wurde die ereignisunabhängige Zeit der Uhr. Die Vielzahl menschlicher Tätigkeiten bedurfte zu ihrer Koordinierung eines zeitlichen Bezugsrahmens, der sich nicht mehr auf konkrete Kontexte einließ, sondern ein übergreifendes, gleichmäßiges Raster bot.[3]

Für das Erlernen der Uhrzeit dürfte dies die stärkste Triebfeder gewesen sein: Wer im Umgang mit anderen Menschen immer wieder die Erfahrung macht, daß er seine Ziele und Absichten nur erfolgreich realisieren kann, wenn er sich auf die gesellschaftlich geforderte Konstruktion von Zeit einläßt, der wird sich dem Fremdzwang der Uhr beugen, sofern er nicht aus seinen sozialen Bindungen aussteigen will. Je dichter das soziale Netz wird, im dem der einzelne lebt und je länger seine Abhängigkeitsketten aufgrund von Arbeitsteilung und einer sich differenzierenden Gesellschaft werden, desto einflußreicher, weil unausweichlicher, wird das Diktat der Uhr. Wer, um erfolgreich leben zu können, Termine einhalten muß, der lernt auch im

---

[1]Marktmeisterordnung für Braunschweig 1549, in: L. Hänselmann (Hrsg.): Urkundenbuch der Stadt Braunschweig, S. 348.

[2]Vgl. G. Dohrn-van Rossum/R. Westheider: Die Einführung der öffentlichen Uhren, S. 327.

[3]Über die Zeit, S. 21, 99 f. u.ö.

Laufe der Zeit, Termine einhalten zu wollen. Die Förderung des Selbstzwanges durch einen starken Fremdzwang ist im 16. Jahrhundert noch in ihrem Anfangsstadium, die Förderung dieses Lernprozesses durch die wachsende Interdependenz zwischen den Menschen wird in späteren Jahrhunderten noch wesentlich deutlicher in Erscheinung treten.

Arbeitsamkeit, Stetigkeit, Berechenbarkeit

Als »Inkubationszeit der Moderne«[1] schaffte die Frühe Neuzeit die Voraussetzungen für einen Verhaltenskodex, der dann im 18. Jahrhundert zum Kanon ›bürgerlicher Tugenden‹ avancierte. In zahllosen politischen, pädagogischen und theologischen Trakten, die sich an ein breites Publikum wandten, wurde der »Müßiggang« als gottloses Verhalten verurteilt. An die Stelle unregelmäßiger Arbeitsintensität sollte stete Arbeitsamkeit treten.[2] Innerhalb dieser Verfleißigungsbemühungen spielte die Uhr selbst eine zwar noch verborgene, aber die von ihr repräsentierte Zeitauffassung eine schon entscheidende Rolle:

> »Es ist ja warlich eine ebene ehr / wenn man den edlen schatz / die zeit / also vnnützlich verschwendet vnd zubringet / ... denn fürwar die zeit vnd fleissiger brauch vnd achtung derselbigen / ist ein treflicher Lehrer vnd Schulmeister / ... Sintemal die zeit dahin fleußt wie ein wasser / wer darauß schöpffet / der hats / das ander gehet seiner wege.«[3]

Hier ist zwar nicht ausdrücklich von Uhrenzeit die Rede, aber die Kennzeichnung der Zeit als »fließend wie ein Wasser« macht deut-

---

[1]P. Münch (Hrsg.): Ordnung, Fleiß und Sparsamkeit, S. 15.

[2]Diese neue Arbeitsauffassung blieb nicht, wie die Untersuchungen Max Webers zur protestantischen Ethik nahelegen, religionsspezifisch begrenzt; sie läßt sich ebenso in den katholischen Regionen nachweisen. Vgl. P. Münch (Hrsg.), ebd. S. 34. - S. u. K. Maurice: Stundenangaben im Gemeinwesen des 16. und 17. Jahrhunderts. In: K. Maurice/O. Mayr (Hrsg.): Die Welt als Uhr, S. 153. - R. Wendorff: Zeit und Kultur, S. 281.

[3]Joachim Westphal: Faulteuffel. Wider das Laster des Müssigganges [...]. 1569. Zit. n. P. Münch (Hrsg.), ebd. S. 98.

lich, daß eine lineare Konstruktion von Zeit gemeint ist und nicht mehr ihre zyklische Wiederkehr; nur aus dieser Perspektive kann Zeit »verdorben« werden.[1] Starke Worte bietet der Verfasser auf, um die Zeitverschwendung der Müßiggänger zu brandmarken: Sie lebten wie die »allerbesten Schwein / die ... bringen die zeit vnnützlich zu«, nämlich nur mit »fressen sauffen vnd mit schlaffen«.[2] Zeit muß von den Menschen als »edler Schatz« begriffen werden, wer auf sie achtet, dem wird die Zeit zum »Lehrer und Schulmeister«. In knappen Worten entwirft der Autor damit ein Lernprogramm: Erst wenn die Menschen Zeit als wertvoll und vor allem als dahinfließend verstehen, kann Zeit ihre disziplinierende Wirkung ausüben und schließlich zur Selbstbindung der Menschen an die Zeitvorgaben führen.

Noch wird in diesen zeitgenössischen Traktaten nicht im kleinschrittigen Raster der Uhr gedacht; als Instrument zur Förderung der Arbeitsdisziplin spielt sie erst in den nachfolgenden Jahrhunderten eine herausragende Rolle. Die Aufmerksamkeit richtet sich auf das Ebenmaß der Arbeit, und zwar bezogen auf den ganzen Tag und nicht auf einzelne Stunden: Wer nicht arbeitet, solle auch nicht essen.[3] Es geht um die Regelmäßigkeit und Gleichmäßigkeit der Arbeit, häufig versinnbildlicht am Fleiß der Ameisen und Bienen[4], deren Emsigkeit und Stetigkeit den Menschen als Vorbild für ihr Arbeitsverhalten dienen soll; denn auch die Natur arbeite stetig.[5] Alles müsse zur rechten Zeit getan werde: »Was du am abend thuon magst / spar nit biß ann morgen.«[6] Hinter all diesen Wendungen und Metaphern steckt der Versuch, zugleich mit den Verfleißigungsbemühungen den Menschen eine neue Konstruktion von Zeit zu vermitteln und deren Zeitwachheit zu fördern. Von Stetigkeit und Regelmäßig-

---

[1]Ebd. S. 92. - Vom Verlust der Zeit (»vorliesung der tzeyt«) handelt auch der »Xenophon von der haußhaltung« (1525), einem Traktat für junge Eheleute. Zit. n. P. Münch (Hrsg.), ebd. S. 46.

[2]Ebd. S. 82.

[3]Ebd. S. 83. - S. a. Georgius Viuiennus: Weiberspiegel [...]. 1565. In: P. Münch (Hrsg.), ebd. S. 65 u. 73.

[4]Xenophon von der haußhaltung (1525), ebd. S. 44. - J. Westphal: Faulteufel (1569), ebd. S. 94. - Nicolas Reusner: Emblemata [...]. 1581, ebd. S. 103.

[5]G. Viuiennus: Weiberspiegel (1565), ebd. S. 67.

[6]Heinrich Bullinger: Der Christlich Eestand. 1548. Zit. n. P. Münch (Hrsg.), ebd. S. 60.

keit der Arbeit kann nur derjenige sprechen, der eine entqualifizierte, lineare Vorstellung von Zeit hat. Anstelle des natürlichen Tages und der wechselnden Arbeitszyklen tritt der von Menschen geschaffene Tag, in dem alle Stunden gleichwertig sind. Deutlich wird dies vor allem in den Vorgaben für die Dauer des Schlafes:

»Dann der natürliche schlaff erfordert ein wenig mehr dann den vierten teil der tagzeit / dann weil tag vnd nacht 24 stunden in sich halten / so lest jhr die vornünfftige natur an sieben stunden zum schlaff begnügen.«[1]

Nicht der Grad der Ermüdung, nicht die physiologische Uhr bestimmt die Dauer des Schlafes, sondern eine von Inhalten abgelöste quantifizierende Zeitnorm. Man dürfe sich nicht verhalten wie eine faule Magd, »die man des Morgens zehen mal muß auffwecken / ob man jhr schon eine Glocke vbers Heupt henget«; es sei ein Ausdruck von Müßiggang, wenn man »des Morgens im Bette ligt biß vmb Neune«.[2] Noch bediente man sich nicht der Uhr, um die Aufstehzeit zu definieren, aber in die Negation, in die Darstellung des abschreckenden Beispiels, floß die Uhrzeit bereits ein.

Den bisherigen Befund bestätigt auch die Zuchthausordnung von Amsterdam (1599-1603), die als Vorbild diente für zahlreiche weitere Ordnungen in Europa, so auch für die Ordnung des Zuchthauses in Bremen von 1609.[3] Diese Zucht- und Arbeitshäuser verstanden sich als Vorreiter in der Förderung der Arbeitsdisziplin, sie waren auch als Demonstrationsobjekte gedacht, in denen eine gesellschaftliche Norm mit besonderer Härte verfolgt und vermittelt werden sollte. Dabei kam ihnen eine doppelte Aufgabe zu, nämlich eine disziplinierende, strafende Funktion nach innen und eine didaktische, abschreckende nach außen: wer sich dem Müßiggang hingab, mußte damit rechnen, aufgegriffen und mit Kerker und ständiger harter Arbeit zur Arbeitsamkeit umerzogen zu werden. Gerade dieser didaktischen Wirkung nach außen rühmte man sich in Amsterdam, das

---

[1]G. Viuiennus: Weiberspiegel (1565), ebd. S. 66.

[2]Johannes Mathesius: Syrach Mathesij Das ist/Christliche Lehrhaffte/Trostreiche vnd lustige Erklerung vnd Außlegung des schönen Haußbuchs [...]. 1589. Zit. n. P. Münch (Hrsg.), ebd. S. 107 u. 109.

[3]Diese und weitere Ordnungen sind als Faksimile wiedergegeben in: Christian Mahrzahn/Hans-Günther Ritz (Hrsg.): Zähmen und Bewahren. Die Anfänge bürgerlicher Sozialpolitik. Bielefeld 1984. S. 137 ff.

Zuchthaus bewirke geradezu »Wunderwerke«; nicht ohne Ironie kolportierte man, allein die Erwähnung seines Namens führe dazu, daß Krüppel und Lahme nicht nur gehend, sondern »lauffend« gemacht werden könnten.[1] Wie in den zuvor zitierten Trakten spielte die Uhr als Instrument zur Förderung der Arbeitsdisziplin noch keine entscheidende Rolle. Zwar sind Haftstrafen im Gegensatz zur körperlichen Züchtigung immer auch Zeitstrafen, aber noch diente die Uhr nicht als ein formales Korrektionsmittel. Anders als in den Zuchthäusern des 19. Jahrhunderts, in denen ein pedantisches, militärisch kurzes Zeitraster eine ständige Unterwerfung unter eine formale Zeitnorm verlangte, bezog man sich hier in der Zuweisung des Arbeitsquantums auf den Tag und nicht auf einzelne Stunden. Allerdings basierte auch hier die Disziplinierung zu einer kontinuierlichen, regelmäßigen Arbeitshaltung auf einer linearen, entqualifizierten Konstruktion von Zeit. Und doch blieb manches noch der traditionellen, aufgabenorientierten Zeitauffassung verhaftet, so z.B. bei einer der härtesten Strafe, dem »Wässern« bei totaler Arbeitsverweigerung: dem Delinquenten pumpte man Wasser in die Zelle, bis es ihm zum Hals stand und er befürchten mußte zu ertrinken, sofern er nicht eifrig und beständig die installierte Pumpe betätigte.[2] Seine Arbeitszeit und -intensität wurde durch die ›Sache‹ definiert und nicht durch eine formal bestimmte Zeitspanne. In ihren Stundentafeln für die Zuchthauskinder und in den übrigen Terminvorgaben für den Tagesablauf wirken diese Ordnungen nicht strenger als die zeitgenössischen Schulordnungen - ein Hinweis darauf, daß auch hier die Uhrzeit vorrangig als Ordnungs- und Koordinierungsmittel angesehen wurde, um die verschiedenen sozialen Vorgänge miteinander zu synchronisieren.

Mitte des 16. Jahrhunderts zeigte die Idee des von Menschen geschaffenen Tages in den pädagogischen Bemühungen, die sich an ein breites Publikum richteten, ihre ersten, zarten Konturen. Rund

---

[1]Miracula San Raspini Redivivi (1617). Zit. n. C. Mahrzahn/H.-G. Ritz (Hrsg.), ebd. S. 149. - Zur »Sozialdisziplinierung« durch Zucht- und Arbeitshäuser siehe ausführlich Christoph Sachße/Florian Tennstedt: Geschichte der Armenfürsorge in Deutschland. Vom Spätmittelalter bis zum Ersten Weltkrieg. Stuttgart/u.a. 1980. S. 36 ff.

[2]Miracula San Raspini Redivivi (1617). In: C. Mahrzahn/H.-G- Ritz (Hrsg.), ebd. S. 150.

100 Jahre später trat dieses Zeitbewußtsein wesentlich dezidierter in Erscheinung, so zum Beispiel bei Comenius:

»Der natürliche Tag hat 24 Stunden. Wenn wir diese in drei teilen, so fallen acht dem Schlaf zu und ebensoviel den äußeren Besorgungen (ich meine die Sorge für die Gesundheit, die Ernährung, das An- und Auskleiden, wohlverdiente Erholung, Gespräch mit Freunden usw.). So bleiben schließlich für ernstliche Arbeit, die nun munter und ohne Überdruß angegriffen werden kann, ebenfalls acht. In jede Woche fallen also (wenn der siebte Tag völliger Ruhetag ist) 48 Arbeitsstunden, das macht jährlich 2496; wieviel erst in zehn, zwanzig oder dreißig Jahren!«[1]

Eine solche Rechnung kann nur jemand erstellen, der gelernt hat, den Tag als eine Summe von gleichwertigen Stunden zu verstehen, und zwar unabhängig von der sich im jahreszeitlichen Zyklus verändernden Dauer des lichten Tages. An die Stelle des natürlichen Tages tritt der durch die Uhr strukturierte Tag, wobei es dann nur noch eine Frage des Maßstabes ist, das Pensum der Arbeit auch in Stunden zu quantifizieren.

Selbstverständlich verlief die hier skizzierte historische Entwicklung nicht in allen gesellschaftlichen Schichten gleichmäßig. An einigen europäischen Höfen gab es bereits im 15. und 16. Jahrhundert feste Stundenpläne für die Erziehung der Fürsten und Prinzen, in denen neben den Unterrichtszeiten u.a. auch Aufsteh- und Essenstermine vorgeschrieben wurden. Gleiches wird auch aus einem Baseler Patrizierhaushalt berichtet.[2] Der Florentiner Leon Battista Alberti (1404-1472), Abkömmling einer renommierten Wollhändlerfamilie, empfiehlt seinen Lesern, täglich einen Zeit- und Arbeitsplan aufzustellen und diesen abends zu kontrollieren.[3] Arbeitszeiten, die in Stundenschichten fixiert wurden, gab es bereits in den europäischen

---

[1]J. A. Comenius: Große Didaktik, S. 85.

[2]Siehe S. u. K. Maurice: Stundenangaben im Gemeinwesen des 16. und 17. Jahrhunderts. In: K. Maurice/O. Mayr (Hrsg.): Die Welt als Uhr, S. 153 ff.

[3]Ausführlich zit. bei W. Sombart: Der Bourgeois, S. 113 f. Ergänzend sei hinzugefügt, daß die öffentliche Räderuhr in Italien weit früher verbreitet war als in den deutschen Städten, s. G. Bilfinger: Die mittelalterlichen Horen, S. 171 ff.

Zentren des Textilhandwerks[1] und im Bergbau. Die Bergbauordnung des Herzogs Georg von Sachsen (1589) schrieb täglich zwei achtstündige Schichten vor, deren Beginn eine Stunde vorher durch Läutzeichen angekündigt wurde, »damit sich die Arbeiter darnach zu richten und destoweniger ihrer verseumlichkeit zu entschuldigen haben«.[2] Möglicherweise hatte die arbeitsteilige und stundenorientierte Arbeitspraxis im Bergbau auch auf die äußerst zeitdifferenzierte Zwickauer Schulordnung abgefärbt; denn Zwickau gehörte in den deutschen Ländern zu den aufstrebenden Bergbauzentren.

Daß in den pädagogischen Traktaten über die rechte Haushaltsführung Uhrzeiten so selten präsent sind, hat seine Bewandtnis im zeitgenössichen Verständnis der Uhr. Sie war als ein Instrument der Obrigkeit gelernt, sie diente den administrativen und ordnungspolitischen Absichten und regelte das öffentliche Leben. Sieht man von wenigen Ausnahmen ab, so hatte die Uhr den privaten Raum noch nicht erobert. Aber in ihrer Argumentation zeigen die Autoren, daß sie bereits weiter dachten und dies auch den Menschen vermitteln wollten: Indem sie Arbeitsamkeit, Stetigkeit und Regelmäßigkeit forderten, folgten sie der Zeitlogik der Uhr. Das Verhalten der Menschen sollte planbar und berechenbar werden, und dies nicht nur als Ausdruck des Fremdzwanges durch die Obrigkeit, sondern als selbstgewollte Lebenshaltung des einzelnen. Die in immer neuen Varianten wiederholte Lektion hieß, Zeit als »edlen Schatz« zu begreifen, den man nicht verderben lassen dürfe.

Die Disziplinierung der Zeit-Multiplikatoren

Die Organisation des Gemeinwesens mittels der Uhr konnte nur gelingen, wenn diejenigen, die für das Zeigerstellen zuständig waren oder die die Glocken nach der Uhr zu betätigen hatten, auch eine entsprechende Zeitdisziplin erworben hatten. Insofern verwundert es nicht, daß die Obrigkeit gegenüber den Küstern und Lehrern, denen

---

[1]Vgl. D. S. Landes: Revolution in Time, S. 72 f.

[2]Diese und weitere Quellen bei S. u. Klaus Maurice: Stundenangaben im Gemeinwesen des 16. und 17. Jahrhunderts. In: K. Maurice/O. Mayr (Hrsg.): Die Welt als Uhr, S. 151 f.

zumeist die Wartung und Bedienung der Uhr bzw. der Glocken zukam, aber auch gegenüber den Pfarrern besonders nachhaltig auf das Zeiteinhalten drängte. Sie waren die Multiplikatoren der Uhrzeit und bestimmten mit ihrem Verhalten die Zeiterfahrung der Menschen. Nur wenn sie sich nach der Uhr richteten, indem sie die Menschen durch das Schlagen der Uhr oder das Glockengeläut rechtzeitig versammelten, machte es nicht nur Sinn für die anderen, sich ebenfalls an der Uhr zu orientieren, es entstand auch gleichzeitig ein Zwang dazu, wollte man nicht wiederholt die Erfahrung machen, Termine verpaßt zu haben.

Die entscheidende ›technische‹ Voraussetzung bestand darin, die öffentliche Uhr regelmäßig zu stellen, damit sie halbwegs exakt ging und nicht der Beobachtung - etwa anhand des Sonnenstandes - widersprach. Eine der Überlegungen ging dahin, die Küster mit einer tragbaren Uhr auszustatten, damit sie ständig die Zeit vor Augen haben:

> »Der cantor und organist soll ein ieder ein stundenzeiger bei sich haben, darnach sie sich mit den singen und schlagen richten sollen, damit die predigt zu einer gewissen stund mög angefangen werden.«[1]

Ob dieser Vorschlag auch realisiert wurde, geht aus den Quellen nicht hervor. Gemeint war vermutlich ein kleiner, tragbarer »Sonnenring«, durch dessen Loch das Sonnenlicht fiel und auf einer Skala die Zeit markierte, allerdings mit einer Ablesbarkeit nicht unterhalb etwa einer Viertelstunde; an die Ausstattung des Küsters mit einer tragbaren Räderuhr dürfte wohl wegen der unerschwinglich hohen Kosten niemand gedacht haben. Entscheidend war aber hier die Idee, durch die Individualisierung des Uhrenbesitzes, durch die Uhr am Körper, die Voraussetzung für eine permanente Zeitwachheit zu schaffen.

Daß viele Küster und Pfarrer ihre Lektion noch nicht gelernt hatten, geht aus den sogenannten Visitationsberichten hervor, die die Kirchenaufsicht anläßlich ihrer regelmäßigen Kontrollbesuche in den Gemeinden verfaßte. Zu den Prüfungskriterien gehörte auch die Frage, ob die Pfarrer und Küster die Glocken zeitgerecht schlagen

---

[1]E. Sehling (Hrsg.): Die evangelischen Kirchenordnungen, Bd. 1. S. 621. (Oelsnitz 1582). Ähnlich ebd. Bd. 5, S. 423. (Herzogthum Lauenburg 1585).

ließen, die Kirchentüren rechtzeitig aufschlössen und sich an die vorgeschriebenen Gottesdienstzeiten hielten.[1] Über freundliche Ermahnungen und massive Beschwerden bis hin zur Androhung von Geldstrafen bei erheblichen Zeitüberschreitungen reichten die Versuche, nachhaltig auf das Zeiteinhalten hinzuwirken. Die Pfarrer der vier Hamburger Kirchengemeinden verständigten sich 1577 auf eine »christliche und richtige Ordnung« für die »Seyer- und Klockensteller«, nachdem sich die Klagen gehäuft hatten »van wegen der Seyers, also dat se so oft unrichtig gestellet werden, und ungliek schlahn«.[2] Da sich der Stadtrat an der Uhr der Nicolai-Kirche orientierte, wurde diese zur Hauptuhr bestimmt, auf die der Küster »flietige Achtinge« haben sollte und nach der sich die drei anderen Küster mit dem Stellen ihrer Uhr zu richten hatten, und zwar indem sie ihre Uhr unmittelbar im Anschluß an die Hauptuhr schlagen ließen. Aufgrund der hohen Gangungenauigkeit der Uhren und der mangelnden Wartung bestand das Hauptproblem darin, Uhren halbwegs synchron laufen zu lassen. Unterschiedliche Zeitangaben aber widersprachen dem Rechtsverständnis der Stadt als einem einheitlichen Hoheitsgebiet. Und wie auch sollte man der Bevölkerung den Nutzen der Uhr vermitteln, wenn die eine Uhr diese und eine andere jene Zeit schlug?[3] Eine Regelung wurde auch gefunden für den Fall, daß aufgrund schlechter Witterung die Sonnenuhr nicht mehr als Kontrollinstrument zur Verfügung stand:

»Im Fall averst de Sunne nicht schene, und de Klocken aver en Quarter ener Stunde tho fröh, effte tho lat schlöge, und de Köster tho St. Nicolai, umme daruth folgende Aergernisse tho vermieden, synen Seyer (Zeiger, N.N.) vorthen

[1]Z.B. ebd. Bd. 1. S. 395 (Kirchenordnung des Herzogs August zu Sachsen 1580). - Ebd. Bd. 4, S. 532 (Stettin 1573). - Ebd. Bd. 15. S. 123 (1558), S. 610 (1589) u. S. 665 (1597; alle Hohenlohe).

[2]Ordnung, de Seyer tho stellende van den Pastoren den 31 October 1577. gemacht. In: C. Ziegra (Hrsg.): Sammlung von Urkunden, theologischen und juristischen Bedenken [...] zur hamburgischen Kirchenhistorie, Bd. 1. S. 577.

[3]Solche Absprachen wurden nicht nur in Hamburg, sondern auch an anderen Orten mit mehr als einer Uhr getroffen, z.B. in Halberstadt (1564); s. E. Sehling (Hrsg.): Die evangelischen Kirchenordnungen, Bd. 2, S. 487 oder in Frankfurt, s. I. A. Jenzen (Hrsg.): Uhrzeiten, S. 53.

mußte, schall he den andern sulckes, wo vel dat geschehn möte, tho forne tho weten dohn.«[1]

Wie diese Anweisung zeigt, ging es innerhalb eines gewissen Spielraums nicht um das Messen und Mitteilen der exakten Zeit im heutigen Sinne, sondern um das Definieren einer sozial verbindlichen Zeit. Um den Erfolg dieser Ordnung sicherzustellen, waren bei Verstößen Geldstrafen vorgesehenen: für jede Abweichung von mehr als einer Viertelstunde mußten die Küster mit einem Lohnabzug von 4 Schilling rechnen.[2] Und damit »alles ... treulick und wohl tho jeder Tydt geholden werde«, hatten die Küster sich auf diese Ordnung zu verpflichten und sie »mit egener Hand tho underschriven«.[3] Geldstrafen waren auch für die zehn Bamberger Domchorschüler vorgesehen, wenn sie verspätet zu Gottesdiensten erschienen, in denen ihnen liturgische Aufgaben übertragen waren. Wer von ihnen »auff zeit vnnd leutten« nicht anwesend war, hatte »zwen pfenning« zu entrichten.[4] Ebenfalls mit Geldstrafen mußten die Lehrer in Amsterdam rechnen, wenn sie nicht rechtzeitig ihren Unterricht aufnahmen; gestaffelt war die Strafe nach dem Maß der Verspätung:

»Desgl. ob jemand von ihnen es versäumte, zu der obengenannten Stunde in der Schule zu sein oder dazubleiben, solange als vorhin gesagt ist, der soll jedesmal verlustig gehen eines Stübers, sooft er kommt, nachdem ›Loca‹ gerufen ist, käme er auch zeitig genug, um mit den Kindern die Vesper oder die Betstunde zu singen.

Desgl. so einer nicht erscheint vor 7 Uhr, der soll verlieren ½ Stüber; aber kommt er nach 6½ vor 7 Uhr, so soll er gehalten sein, dazubleiben bis 8½ Uhr. Das Gleiche soll der Fall sein betreffs der andern Stunden: nämlich derjenige, welcher ½ Stunde später kommt, als ihm gebührt zu kommen, soll verlieren ½ Stüber.«[5]

Folgt man den evangelischen Kirchenordnungen des 16. Jahrhunderts, dann gehörte die Verkürzung der Predigtdauer zu den dringlichsten Aufgaben, die die Kirchenaufsicht durch dezidierte Vor-

---

[1]Ordnung, de seyer tho stellende, ebd. S. 578.

[2]Ebd.

[3]Ebd. S. 579.

[4]J. Müller (Hrsg.): Vor- und frühreformatorische Schulordnungen, S. 111 (Bamberg 1491).

[5]Ebd. S. 207 (Amsterdam 1521, zit. n. der Übertragung ins Deutsche).

schriften und disziplinarische Maßnahmen lösen wollte. In nahezu jeder Ordnung lassen sich Anweisungen zur Predigtpraxis und -dauer finden. Welche Mühe es bereitete, die Pfarrer dazu zu bewegen, sich der an der Kanzel angebrachten Sanduhr zu unterwerfen, zeigen die Auseinandersetzungen des Grafen Wolfgang von Hohenlohe mit den ihm unterstellten Geistlichen. 1578 hatte er eine Ordnung verabschieden lassen, in der die Predigten am Sonn- und Feiertag »auf dreyviertel stund, und aufs meinste uber ein stund nit verzogen werden« durften[1]; der Gottesdienst am Freitag sollte insgesamt nicht länger als eine Stunde dauern.[2] Vier Jahre später wurden die Visitatoren angewiesen, bei den Pfarrern darauf hinzuwirken, daß der sonntägliche Gottesdienst insgesamt nicht länger als eine Stunde dauere, mithin für die Predigt dreiviertel Stunde bliebe; am Werktag gelte eine Predigtlänge von einer halben Stunde.[3]

1585 mußte der Graf bei seinen Besuchen in den umliegenden Dörfern feststellen, daß seine Befehle und die Kontrollgänge der Visitatoren in den vorangegangenen Jahren nichts gefruchtet hatten, noch immer dauerten die Gottesdienste weit über eine Stunde (»wol 1½ auch 2«). Durch seinen Hofprediger Johannes Assum ließ er alle Pfarrer in seine Residenzstadt Langenburg rufen, der ihnen erneut einen »Befehl wegen der Länge der Predigten« vorlegte und sie bei Strafandrohung auf eine sonntägliche Gottesdienstdauer von maximal einer Stunde verpflichtete. Anschließend erörterte Assum noch einmal mit jedem Pfarrer in Einzelgesprächen die Beanstandungen.[4] Dem Grafen konnte Assum berichten, »die Pfarrer wollten sich weiterhin Mühe zur Kürze geben, baten aber, der Graf wolle nicht ungnädig sein, wenn einer nicht so ›exzelliere‹«.[5]

Diese Anweisungen wiederholten sich binnen kurzer Zeit immer wieder in neuen, aber inhaltsgleichen Prüfungskatalogen für die Visitatoren, in »Reversen und Bestallungen«, in einem »Generalartikel« und in weiteren Ordnungen. Hohenlohe war kein Einzelfall; die Pflicht zu regelmäßigen Visitationen ist in nahezu allen Kirchenordnungen der Zeit wiederzufinden. In Freundenthal und Goldstein

---

[1]E. Sehling (Hrsg.): Die evangelischen Kirchenordnungen, Bd. 15, S. 263.
[2]Ebd. S. 265.
[3]Ebd. S. 483; ebenso der »Generalartikel« von 1582, S. 450.
[4]Ebd. S. 519 f.
[5]Zit. n. der Zusammenfassung des Herausgebers, ebd. S. 519.

sah die Kirchenordnung vor, daß neben den jährlichen Visitationen die Priester alle halbe Jahre zu einem Konvent zu erscheinen hatten, um dort eine Predigt vorzutragen, die nach den verordneten Kriterien zu prüfen war.[1]

Für die Pfarrer bedeutete die Herrschaft der Uhr nicht nur den Verlust ihrer Zeithoheit; sie mußten lernen, ihre Predigtinhalte in das vorgeschriebene Zeitkorsett einzupassen. Die geforderte Selbstbindung an die Uhr verlangte von ihnen, nicht nur die Argumentationsführung zu bedenken, sondern auch gleichzeitig deren Zeitstruktur: Einleitung, Thesen, Beispiele etc. mußten in ihrem Zeitaufwand gewichtet und aufeinander abgestimmt werden, damit sie in den gesetzten Zeitrahmen paßten. Welche Schwierigkeiten dieser Lernprozeß den Pfarrern bereitete, läßt sich aus den Quellen nur erahnen. Belegt ist eine scharfe Auseinandersetzung zwischen dem Langenburger Pfarrer und (späteren?) »Spezialsuperintendenten« Veit Mögner und der Kirchenaufsicht, die 1588, also drei Jahre nach dem »Befehl wegen der Predigtlänge«, geführt wurde. Man hatte Mögner in die Kanzlei zitiert, um ihm zahlreiche Verstöße gegen die Kirchenordnung vorzuhalten, unter anderen zwei, die seine Zeitdisziplin betrafen. Auf den ersten Vorwurf, er lasse zu früh zur Messe läuten, reagierte Mögner mit dem Hinweis, er orientiere sich an der Schloßuhr der Gräfin, damit die Gräfin nicht warten müsse.[2] Was die Juristen auf Mögners Argument erwiderten, geht aus dieser Quelle nicht hervor. Sollten sie allerdings der zeitgenössichen Vorstellung gefolgt sein, daß von der Uhr »Gerechtigkeit« ausgeht, da ihre Signale für alle verbindlich gelten, dann kann Mögners Hierarchieargument nicht verfangen haben. Unerheblich war auch die Frage, welche der beiden Uhren die exakte Zeit hatte; unabhängig davon, wie ›richtig‹ die Schloßuhr ging, als private Uhr zeigte sie prinzipiell die falsche Zeit. Denn es ging ausschließlich um die sozial verordnete Zeit, und das war die der Rathausuhr bzw. der ihr gleichgestellten Kirchturmsuhr.

Der zweite Vorwurf betraf die Predigtlänge: Trotz Ermahnung habe Mögner regelmäßig länger als erlaubt gepredigt. Das Maß seiner Zeitüberschreitung wird nicht mitgeteilt, aus anderen Quellen geht hervor, daß Gottesdienste von dreistündiger Dauer keine Selten-

---

[1]Ebd. Bd. 3, S. 479 (1584, 1591 u. 1592).

[2]Ebd. Bd. 15. S. 248 f.

heit waren.[1] Mögners Verteidigung verdeutlicht noch einmal den Konflikt zwischen einem aufgabenbezogenen und einem linearen, quantifizierenden Zeit-Denken, hier zitiert nach der Zusammenfassung des Herausgebers Sehling:

»Er (Mögner, N.N.) rechtfertigte sich, daß die Sanduhr an der Kanzel nur eine 3/4 Stunde anzeige. ›Weil ich nun ires ablaufens erwarte, mainen sie, ich hab die stund nie observiert.‹ Graf Wolfgang habe gesagt: ›ein stund zu predigen gehe wol hin.‹ Es sei ›nit so plumps abzubrechen und dem H. Geist ein maulkorb anzulegen.‹ Das Volk habe Christus drei Tage lang zugehört (Mk 8,2)!«[2]

Zwischen dem Observieren der Uhr und der erfolgreichen Selbstbindung liegt, pädagogisch gesehen, ein enormer Lernprozeß. Mögner empfand die Uhr als ein Instrument des Fremdzwanges, das seinen Gedanken einen Maulkorb anlegte; er war nicht willens - und wohl auch noch nicht fähig -, seine Inhalte dem Diktat der Uhr zu unterwerfen. Sechs Jahre später, 1594, wiederholte sich die Prozedur. Wiederum wurde Mögner, neben anderen Pfarrern, wegen der Predigtlänge gerüffelt. Manche Predigten dauerten zwar nicht mehr zwei, aber immerhin noch anderthalb Stunden, sie seien »ganz umbschwäfich (weitschweifig) und zue verdruß der zuehörer« in die Länge gezogen. Graf Wolfgang befahl noch einmal in scharfer Form eine Predigtdauer von »ungeferlich dreyviertel stunde *ufs allerlengst*«.[3]

Ob Mögner im Laufe seines Pfarrerdaseins seine Lektion noch gelernt hat, läßt sich aus den vorliegenden Quellen nicht ermitteln. Auf die Dauer und über Jahrzehnte verteilt dürften die ständigen Befehle, Maßregelungen und das Herbeizitieren beim Klerus nicht ohne Wirkung geblieben sein. Im Vordergrund dieser Bemühungen stand nicht die Durchsetzung einer exakt meßbaren Zeit, die sich modern in Minuten ausdrücken ließ. So besaß eine der einflußreichsten Persönlichkeiten des Humanismus, Erasmus von Rotterdam, eine Sanduhr, die - als Stundenglas konstruiert - bereits nach 51 Minuten abgelau-

---

[1]Ebd. Bd. 3, S. 240 (Lychen 1593).
[2]Ebd. Bd. 15. S. 263.
[3]Ebd. S. 639 f. (Hervorh. N.N.)

fen war.[1] Es ging um den basalen, aber folgenreichen Lernprozeß, die Autorität der Uhr zu akzeptieren, sie als Kontrollinstrument für die Dauer von sozialen Vorgängen anzusehen und sich an ihren Zeitrahmen zu binden.

Die lerngeschichtliche Verknüpfung von linearer Zeit und Individualität bei Thomas und Felix Platter

In seinen autobiographischen Aufzeichnungen, geschrieben 1572, rekonstruiert und interpretiert Thomas Platter (1499-1582) seinen Lebenslauf vom armen Walliser Hirtenjungen bis zum Universitätsprofessor in Basel und Rektor einer dortigen, weithin berühmten Schule. Seine Notizen hatte er nicht für die Öffentlichkeit bestimmt, sondern ausschließlich zur Lektüre seines Sohnes Felix, dem er sein Leben als nachahmenswert empfehlen wollte, als ein Beispiel für den gelungenen Bildungsweg eines Gelehrten. Sohn Felix (1536-1614) eiferte dem Vater nach und verfaßte 1612 ebenfalls einige autobiographische Skizzen, die seine Kindheit, den fünfjährigen Studienaufenthalt in Frankreich und seine Promotion in Medizin an der Universität Basel mit anschließender Hochzeit umfassen; um 1560 enden sie.

Aus erziehungswissenschaftlicher Sicht sind solche Quellen immer auch Geschichten von Lernprozessen, in denen der Autor aus der Rückschau versucht, seinem Leben Konsistenz zu verleihen, indem er fragt, wie er der geworden ist, der er ist.[2] Seine Aussagen sind keine Beschreibung des tatsächlichen Werdeganges, sondern dessen

---

[1]Ablaufdauer nach Angaben des Historischen Museums Basel, in dessen Besitz sich die Sanduhr befindet. Daß die Uhr tatsächlich zum Nachlaß des Erasmus gehörte, gilt nicht als endgültig gesichert; s. Erasmus von Rotterdam. Vorkämpfer für Frieden und Toleranz. Katalog des Historischen Museums Basel 1986. S. 266.

[2]Ich paraphrasiere hier die Überlegungen Jürgen Henningsens zur erziehungswissenschaftlichen Bedeutung von Autobiographien; seinen systematischen Vorgaben folge ich im weiteren Verlauf dieses Kapitels. Jürgen Henningsen: Autobiographie und Erziehungswissenschaft. Fünf Studien. Essen 1981. S. 7-27.

Interpretation durch Muster, die dem Autor innerhalb seiner historischen Situation verfügbar waren und die somit selbst wieder das Ergebnis von Lernprozessen sind. Mit welchen Zeitmustern sahen Thomas und Felix Platter ihr Leben, wie hatten sie die gesellschaftlich verordnete Uhrenzeit individualisiert, hatte die lineare Zeit der Uhr möglicherweise Einfluß auf die Art und Weise, wie sie ihr Leben gestalteten?

An der Textoberfläche spielt die Uhr nur eine untergeordnete Rolle. Neben den traditionellen, ereignisbezogenen Zeitangaben wie »während der Imbißzeit«[1] tauchen nur vereinzelt Uhrzeiten auf, die mit einer Ausnahme (»dritthalb Stunden«[2]) jeweils nur die volle Stunde bezeichnen.[3] Bei Sohn Felix fällt auf, daß er vor allem immer dort die genaue Stundenzeit erwähnt, wo es sich um offizielle Vorgänge handelte, die sich in Verträgen oder Urkunden niederschlugen wie bei seinem Baccalaureat[4] und seiner Promotion[5] sowie bei Brautwerbung[6] und Hochzeit[7]; ebenso exakt datiert er seine Abreise zum Studium nach Montpellier[8], ein für ihn lebensbestimmender Schritt, dem er nach eigener Einschätzung seine Qualifikation als Arzt verdankt.

Beim großrahmigen Äquivalent zur Uhr, dem Kalender, benutzen beide Autoren zwei Systeme nebeneinander: Während beim Vater die Datierung nach dem Kirchenkalender überwiegt (»auf Sankt Johannis Abend«, »in der Fronfasten Cinerum«[9]) und nur in der abschließenden, beinahe tabellarischen Übersicht des Lebenslaufs die modernen, formalen Daten bevorzugt werden, sind moderner Kalender und Kirchenkalender bei Sohn Felix etwa gleich stark vertreten. Aber hier gibt es eine Besonderheit, die das von Kalendern symbolisierte soziale Zeit-Wissen kennzeichnet: Seine Reiseeindrücke auf dem Weg nach Montpellier sortiert Felix Platter ausschließlich nach den forma-

---

[1]Felix Platter. Tagebuchblätter aus dem Jugendleben eines deutschen Arztes des 16. Jahrhunderts. Hrsg. v. Horst Kohl. Leipzig (1913). S. 30.

[2]Ebd. S. 101.

[3]Z.B. Thomas Platter, S. 55, 57, 58, 102.

[4]Felix Platter, S. 132.

[5]Ebd. S. 174 f.

[6]Ebd. S. 168.

[7]Ebd. S. 179, 184.

[8]Ebd. S. 59.

[9]Z.B. Thomas Platter, S. 57 u.112.

len Ziffern des modernen Kalenders, und zwar in Form eines Tagebuches. In einer fremden Kultur, in der sich Felix Platter sprachlich nicht verständigen kann und sich in den landestypischen Umgangsformen nicht auskennt[1], wird der Kirchenkalender als zeitliches Referenzmittel dysfunktional. Denn er ist ein sozialer Kalender, seine ›Daten‹ enthalten - für den Außenstehenden unsichtbar, für den damit Aufgewachsenen aber selbstverständlich - immer auch Hinweise auf bestimmte Gebete, Bräuche und kirchliche Feste, die außerhalb der angestammten Kultur ihren sozialen Bezug verlieren; diesen Kalender kann Platter nicht mit anderen Menschen teilen. Darüber hinaus fügt sich der Kirchenkalender auch nicht in Platters Bemühungen, seine Reise auch quantitativ zu bewältigen: Wie weit ist es von hier nach dort, wie viele Meilen bin ich heute geritten, wie hoch sind meine Reisekosten?[2] Zur Quantifizierung von Raum und Kosten bot der moderne Kalender das entsprechende Äquivalent, da sich mit ihm die zeitlichen Proportionen schärfer fassen lassen.

Um das Nachfolgende verständlich zu machen, muß etwas weiter ausgeholt werden. Mit seiner Autobiographie erschließt Thomas Platter sich und seinem Sohn interpretierend das eigene Leben; er (re)konstruiert gleichsam die innere Logik seines außergewöhnlichen Werdeganges. Zunächst einmal muß er einen Grund dafür finden, warum er nicht (katholischer) Priester geworden ist; denn er wurde »auf der Herren Fastnacht« geboren, als man gerade zur Messe zusammenläutete. Und dieses Zusammentreffen von Geburt und Messläuten deuteten Familie und Freunde als Zeichen dafür, daß er zum Priester bestimmt sei[3] - wiederum ein Hinweis darauf, daß Glockenzeichen inhaltlich verstanden wurden und ihnen prognostische Kraft zugesprochen wurde. Seiner Bestimmung folgend, will er Priester werden, schließt sich als »Schütze« einem Bacchanten an, besucht an verschiedenen Orten mal bessere, mal schlechte Schulen, bis er schließlich in Zürich die Predigten von Zwingli und Myconius hört und nach schweren, inneren Kämpfen sich ihrer Lehre anschließt. Er gibt sein Berufsziel auf, fährt allerdings umso eifriger in seinen Stu-

---

[1]Z.B. Felix Platter, S. 69 f.
[2]Ebd. S. 60, 71, 124 u.ö.
[3]Thomas Platter, S. 7 f.

dien fort.[1] Aufschlußreich sind die Zeit-Muster, mit denen Platter seine Bildungsbemühungen beschreibt:

»Da war eine ziemlich gute Schule, auch bessere Nahrung, aber man mußte so gar viel in der Kirche stecken und Zeit versäumen, daß wir heimzogen.«[2]

»Ich hätte gern studiert, denn ich konnte verstehen, daß (es) Zeit war.«[3]

»(Ich) kaufte ... Lichter und studierte zur Nacht dabei, wiewohl ich alle nacht mußte arbeiten, bis daß man trompetete und am Morgen bei der Trompete wieder auf(stehen).«[4]

In solchen Wendungen gibt Platter zu verstehen, daß er einer linearen Konstruktion von Zeit folgt, denn nur aus dieser Perspektive heraus kann er »Zeit versäumen« und »Zeit verlieren«[5]. Mit einem zyklischen Zeitverständnis hätte er nicht begreifen können, daß für seine Studien »Zeit war«, sie wäre ja turnusgemäß wiedergekehrt. Vor allem aber verfügt er mit seinem Zeit-Wissen in ganz anderer Weise über Tag und Nacht als jemand, der sich nur dem natürlichen Tag, also dem Zyklus von Sonnenaufgang und -untergang verpflichtet weiß. Da Platter sich aus den Bindungen des zyklischen Denkens befreit hat, ist es ihm möglich, seine Arbeitszeit für seine Zwecke neu zu definieren, indem er mit Hilfe von Kerzen die Nacht zum Tag macht. Dieser Zuwachs an verfügbarer Zeit ist das Ergebnis eines linearen quantitativen Denkens, das den Tag als eine Summe von 24 gleichwertigen Stunden versteht, so daß auch die gleichsam natürlich zum Schlaf bestimmte Zeit vom einzelnen erobert werden kann. Ideengeschichtlich gesehen, sind Platters Kerzen nichts anderes als der archaische Vorläufer der nächtlichen Neonbeleuchtung in Fabrikhallen. Ob Thomas Platter sich tatsächlich so verhalten hat oder ob er sich seinem Sohn gegenüber nur so darstellt, ist dabei unerheblich; entscheidend ist, daß er so dachte.[6]

---

[1]Ebd. S. 40 f.

[2]Ebd. S. 35. - Siehe auch S. 79.

[3]Ebd. S. 37.

[4]Ebd. S. 53. - Zur Erläuterung: Platter verdiente seinen Lebensunterhalt als Lehrjunge bei einem Seiler, bei dem er offensichtlich auch noch nach Sonnenuntergang arbeiten mußte, bis die Stadttore auf das Zeichen der Trompete geschlossen wurden.

[5]Ebd. S. 79.

[6]Ebenso Felix Platter, ebd. S. 75.

Collegium Sapientiae zu Freiburg 1497
Aus: H. Schiffler/R. Winkeler: Tausend Jahre Schule, S. 65.

Daß Thomas Platter aufgrund seines erworbenen Zeitverständnisses die Zeit nutzen *kann*, erklärt aber noch nicht hinreichend, warum er sie auch für seine Zwecke nutzen *will*. Lerngeschichtlich sind zwei Stränge in seinem Wissenszusammenhang miteinander verwoben: die neue Perspektive auf Zeit und die Entdeckung der Individualität - letzteres ein historisch typischer Vorgang bei den von humanistischen Ideen beeinflußten Menschen, der seinen signifikanten Ausdruck in Luthers »Hier stehe ich, ich kann nicht anders« fand. Allein die Tatsache, daß Platter eine Autobiographie verfaßte, also ein reflexives Verhältnis zu sich selbst hatte, beweist, daß er sich als ein sich selbst bestimmendes Individuum empfand. Er stellt sich als Werk seiner selbst dar, als jemand, der im Selbststudium Griechisch und Hebräisch lernte[1] und auf einen Teil seines Lohnes verzichtete[2], um neben seiner Arbeit als Seiler Zeit für seine Studien zu haben. Seine Bildungsambitionen verleihen seinem Leben Inhalt und Zusammenhalt - so jedenfalls ist seine autobiographische Perspektive, die

---

[1]Thomas Platter, ebd. S. 50 f.
[2]Ebd. S. 53 u. 55.

ihrerseits wiederum nicht individuell ist, sondern einem gesellschaftlich vermittelten Muster folgt, nämlich dem zeittypischen Modell des »Gebildeten«.[1] In seinen *Emblemata* von 1565 reduziert Hadrianus Junius die Studierstube des Gelehrten auf die visuelle Darstellung von drei Dingen: ein aufgeschlagenes Buch, eine Kerze und eine Sand- oder Wasseruhr.[2]

Wie sehr Studieninteressen und Uhrzeit aufeinander bezogen gedacht wurden, verdeutlicht die *Studiorum ratio* (1528) des Humanisten Heinrich Bullinger.[3] In seiner *Anleitung für einen Menschen, der sich geistiger Tätigkeit widmet*, so der Untertitel seines pädagogischen Ratgebers, hält der Autor die Unterwerfung unter die lineare Zeit der Uhr für zwingend erforderlich. Bereits das erste Kapitel widmet er der »Aufteilung der Zeit zu wissenschaftlicher Betätigung«. Um »Zeitverlust« zu vermeiden,

> »werden sie (die Studierwilligen, N.N.) den ganzen Tag in Abschnitte zerteilen, damit nichts von dem hochedlen Gute der Zeit unnütz vergeudet, und jeder Stunde das ihr Gebührende gezollt werde. Nichts aber ist angenehmer als Arbeit, die derart aufgegliedert ist«.[4]

Es folgt ein detaillierter Tagesplan, in dem jeder Stunde bestimmte Tätigkeiten zugeordnet sind. Und auch hier gilt wieder, daß Zeit nicht mehr als Erlebnisfolge gedacht wird, sondern als eine Summe von Stunden, getaktet von den Schlägen der Uhr: Zur dritten oder vierten Tagesstunde habe man aufzustehen, da keine Lektüre höheren Gewinn bringe als die vor der Morgendämmerung[5], und sobald

---

[1]Siehe Theodor Ballauff: Pädagogik. Eine Geschichte der Bildung und Erziehung. Bd. 1. Freiburg/München 1969. S. 511 ff. - Zum Verhältnis von Individualität und Zeit in der Renaissance, hier allerdings überwiegend bezogen auf das Verhältnis des Menschen zu Vergangenheit, Gegenwart und Zukunft, siehe R. Wendorff: Zeit und Kultur, S. 152 ff.

[2]Abgebildet bei P. Münch (Hrsg.): Ordnung, Fleiß und Sparsamkeit, S. 75.

[3]Bullinger arbeitete in Zürich eng mit Zwingli zusammen und war Leiter eines Pädagogiums in Kappel. Siehe F. Paulsen: Geschichte des gelehrten Unterrichts, Bd. 1. S. 286.

[4]Heinrich Bullinger. Werke. Sonderband: Studiorum ratio - Studienanleitung. Hrsg. v. Peter Stotz. 1. Tb. Zürich 1987. S. 13. Zitiert nach der Übersetzung ins Deutsche.

[5]Ebd. S. 15.

abends »der Uhrzeiger die neunte Stunde erreicht« habe, solle man schlafen gehen.[1]

Aus der historischen Distanz läßt sich nicht entscheiden, welcher der beiden Lernprozesse, der der linearen Zeit oder der der Individualität, bei Thomas Platter voranging oder bestimmender war. Dies würde auch die Komplexität eines so inhaltsreichen und sozialen, weil nicht nur auf Platter begrenzten Lernvorgangs zu einer monokausalen Abfolge simplifizieren. Mit der Herrschaft der Uhr wurde das Zeit*bestimmen* entindividualisiert. Derjenige allerdings, der wie Platter den Fremdzwang der Uhr erfolgreich in einen Selbstzwang umzuwandeln verstand, der eroberte sich seine Zeithoheit wieder zurück, und zwar in einem größeren Maße, als es in den traditionellen Bindungen der zyklischen Zeitkonstruktion möglich war. Der Tag wurde zu einer inhaltsleeren, quantitativ bestimmbaren Ressource, die der Individualität eine Chance gab und den erforderlichen Spielraum bot. Wer die Zeit zu nutzen verstand, dem eröffnete sich die Möglichkeit, sich als Werk seiner selbst zu gestalten, indem er zum Herr seines Tuns wurde.[2]

Zwischenresümee

Die Verbreitung der Uhr und ihre interpretierende Erschließung während der Reformationszeit wurde relativ ausführlich dargestellt, weil an den Bruchstellen zwischen traditioneller, zyklischer Zeitauffassung und der neuen, quantitativ-linearen Konstruktion von Zeit das Nicht-Selbstverständliche der Uhrenzeit, ihre Historizität, in den Quellen selbst noch deutlich zu spüren ist. Vor allem aber wurde in der Frühen Neuzeit vieles von dem eingeleitet und bereits formuliert, was in den nachfolgenden Jahrhunderten weitergeführt und verdichtet wurde. Hier wurde der Grundstein für ein Zeitverständnis gelegt, das in seinen Grundzügen noch heute unser Leben bestimmt. In den

[1]Ebd. S. 17.

[2]Nahezu identisch beim Florentiner Alberti: »Wer keine Zeit zu verlieren weiß, der kann beinahe jede Sache tun; und wer die Zeit gut anzuwenden weiß, der wird bald Herr über jedes beliebige Tun sein.« Zit. n. W. Sombart: Der Bourgeois, S. 113.

nachfolgenden Kapiteln kann daher das, was lediglich eine Neuauflage des Alten ist, zurückgestellt werden zugunsten des jeweils Neuen, um die Wandlungen im gesellschaftlichen Lernprozeß ›Zeit‹ deutlich werden zu lassen, so daß die innere Logik dieser Lerngeschichte und ihre Relaisstellen zum Vorschein kommen können.

Nachfolgend werden die lerngeschichtlich relevanten Aspekte des bisher Erarbeiteten noch einmal in Thesen, also in verkürzter, plakativer Form zusammengefaßt. Das verwendete Quellenmaterial wird nicht als Spiegelung der sozialen Realität gewertet, sondern als Meinungen über sie und zumeist als Forderungen an die Menschen. Doch für eine lerntheoretische Rekonstruktion und Interpretation ist dies unerheblich; mußte doch das, was die kirchliche und kommunale Obrigkeit der städtischen Bevölkerung vermitteln wollte, von ihnen zunächst einmal selbst gelernt worden sei. Durch die Zusammenstellung der Thesen soll auch offenkundig werden, aus welch vielfältigen Quellen das ›Lernfeld Uhr‹ erzeugt und genährt wurde.

1. Die Obrigkeit sah in der Uhr ein Instrument zur Rationalisierung des öffentlichen Lebens. Mit Hilfe der formalen Zeitleiste der Uhr konnten soziale Vorgänge geordnet, kontrolliert und synchronisiert werden. Dies entsprach auch den Bedürfnissen der arrivierten Patrizier nach Berechenbarkeit und Planbarkeit ihrer Geschäfte.

2. Auf der Ebene ›Zeit‹ war die Uhr das Pendant zum aufkommenden naturwissenschaftlichen und mathematischen Denken. So wie die modernen Wissenschaften die Natur erobern wollten, so konnte mit dem Referenzmittel Uhr der ›natürliche‹ Tag erobert und als eine Summe von 24 prinzipiell gleichwertigen, entqualifizierten Stunden erfahren werden.

3. Die Obrigkeit hat den Lernprozeß ›Uhrenzeit‹ gewollt und nachhaltig gefördert durch die Installation von öffentlichen Schlaguhren und das Einbinden von Uhrzeiten in administrative Vorgaben. Anstelle der personengebundenen Autorität, die über die rechte Zeit entscheiden konnte, trat die Autorität einer Maschine, die unbeirrbar und unbestechlich ihre Zeitzeichen diktiert. Durch den Verweis auf Gottes Schöpfungsplan wurde die Autorität der Uhr theologisch überhöht.

4. Die Uhr war ein akustisches Medium. Die überwiegende Mehrheit der Bevölkerung konnte die Uhrzeit nur über die Glockenzeichen erfahren. Entsprechend grobmaschig war auch die in der Kommunikation verwendete Zeitskala.

5. An die Stelle inhaltlicher Glockenzeichen trat der Zeitteppich der Uhr. Ihre Zeitzeichen waren zwar relativ unaufdringlich, aufgrund ihrer Gleichmäßigkeit und Allgegenwärtigkeit auf die Dauer aber auch unausweichlich. Je differenzierter die Abhängigskeitsketten zwischen den Menschen infolge der zunehmenden Urbanisierung und Kommerzialisierung wurde, desto zwingender wurde es für die Menschen, auf die Schläge der Uhr zu achten und eine allgemeine Zeitwachheit zu erlernen.

6. Pünktlichkeit als Ausdruck eines Selbstzwanges war noch nicht gelernt. Termine wurden nicht antizipierend wahrgenommen, sondern auf ›Befehl‹ der Schlaguhr.

7. Hauptadressaten der obrigkeitlichen Disziplinierung waren die Zeit-Multiplikatoren. Durch ständige Ermahnungen, Verweise und Strafandrohungen wurden sie angehalten, auf die Zeit zu achten mit dem Ziel, ihre Selbstbindung an die Uhr zu erlernen.

8. Die im 16. Jahrhundert einsetzende und im Vergleich zur Aufklärungszeit noch verhaltene Verfleißigungsdiskussion lenkte die Aufmerksamkeit auf den Wert und den rechten Gebrauch der Zeit. Obwohl die Uhr den privaten Raum noch nicht erobert hatte, entsprach die geforderte Arbeitsamkeit, Stetigkeit und Regelmäßigkeit bereits der von der Uhr ausgehenden Zeit-Logik.

9. Wenn, wie bei Thomas Platter, sich im einzelnen lerngeschichtlich die Entdeckung der Individualität und die von Uhren ausgehende Zeit erfolgreich miteinander verschränkten, dann konnte der Tag zu einer quantitativ bestimmbaren Ressource werden, die der Individualität eine Chance gab und ihr den erforderlichen Freiraum zur Entfaltung bot.

Kapitel 2

Die Übertragung der Pendelgesetze auf die Uhr und die Naturalisierung der Uhrzeit

Die erste funktionstüchtige Uhr, deren Gangregelung mittels eines Pendels erfolgte, stellte der holländische Physiker Christian Huygens 1656 vor. Durch die Übertragung der Pendelgesetze auf die Uhr war es ihm möglich, Uhren mit einer bis dahin nicht gekannten Ganggenauigkeit zu bauen.[1] Konstruktionsbedingt waren die Vorgängermodelle aufgrund ihres Waagbalkens als Gangregler zu exakten Messungen nicht geeignet. Allem Anschein nach hatte es im 16. Jahrhundert auch kein Interesse an einer genauen Zeitangabe gegeben. Die Bemühungen der Uhrenhandwerker etwa in Nürnberg, einem Zentrum der deutschen Uhrmacherkunst, richteten sich auf die Miniaturisierung der Uhr in Form von Taschen-, Hals- und Tischuhren, was ausschließlich zu Lasten ihrer Ganggenauigkeit ging.[2] Landes und Cipolla schätzen die Gangabweichung der technisch bestmöglichen Großuhren (»clocks«) im 16. Jahrhundert auf täglich etwa 15 Minuten ein.[3] In der Praxis aber dürfte die Abweichung weitaus höher gelegen haben; handwerkliche Präzision und die Verwendung hochwertiger Materialien und Schmiermittel können nicht generell vorausgesetzt werden. Darüber hinaus war die Ganggenauigkeit der

---

[1]Bereits vor Huygens hatte Galilei die Pendelgesetze entdeckt und auf die Uhr zu übertragen versucht; Huygens gab vor, von Galileis Versuchen nicht gewußt zu haben. Zum Streit um die Urheberschaft s. D. S. Landes: Revolution in Time, S. 116-118.

[2]Siehe hierzu ausführlich D. S. Landes: Revolution in Time, S. 85 ff.

[3]D. S. Landes: Revolution in Time, S. 115 f. - Carlo M. Cipolla: Clocks and Culture 1300-1700. New York/London 1978. S. 58 f.

Uhren abhängig von Witterungseinflüssen und Temperatur; regelmäßige Wartung und Instandsetzen der verschlissenen Teile und vor allem das tägliche Korrigieren der Zeit anhand der Sonnenuhr waren im 16. Jahrhundert keine Selbstverständlichkeit. Dagegen bot die Großuhr mit Pendel unter optimalen technischen Voraussetzung eine Präzision, die bei einer Abweichung von etwa 10 bis 15 Sekunden pro Tag lag.[1] Den Fortschritt in der Meßtechnik veranschaulicht die nachfolgende Tabelle, die der Autor so kommentiert:

»For the period preceding 1800, the values represented in the graph are of course only rough estimates of the average accuracy of the best clocks of the time, but with all their limitations the data are sufficiently revealing to indicate the importance of Huygens' discoveries.«[2]

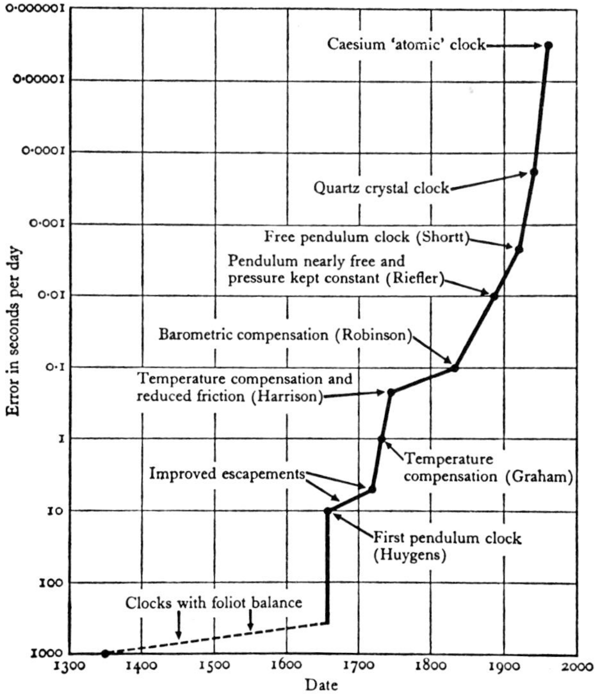

---

[1]Ebd.

[2]C. M. Cipolla: Clocks and Culture, S. 58 f.

Ähnlich war der Gewinn bei Kleinuhren (»watches«) durch die Verwendung der Unruh als Gangregler: Von etwa einer halben Stunde am Tag konnte die Abweichung auf circa 5 Minuten reduziert werden, aber auch diese Werte gelten nur als technische Möglichkeit und nicht als eine in der Regel tatsächlich erreichte Präzision.[1] Nun wurde es auch *technisch* sinnvoll, Minuten auf dem Zifferblatt darzustellen. Ebenso war mit dem Fortschritt in der Uhrentechnik eine wichtige Voraussetzung zum individuellen Uhrenbesitz gegeben, da sich nun auch zwischen verschiedenen Uhren ein Gleichlauf herstellen ließ.

Doch für die Lerngeschichte der Uhrenzeit sind nicht die technischen Möglichkeiten ausschlaggebend, sondern deren Integration in den Lebenszusammenhang der Menschen. Gab es überhaupt einen gesellschaftlich relevanten Bedarf an exakter Zeitmessung? Und hier zeigt sich ein disparates Bild: Während bei einem Teil der Großuhren, insbesondere bei öffentlichen Schlaguhren, und bei einigen wenigen Kleinuhren bereits eine hohe Präzision angestrebt und erreicht wurde und dies auch von demjenigen, der auf die Uhr achtete, anhand der Minutenskala und des Viertelstundenschlages erfahren werden konnte, blieb der überwiegende Teil der Uhren äußerst ungenau in der Zeitmessung. Die Zifferblätter auf Tischuhren und tragbaren Uhren signalisieren, daß - wie im 16. Jahrhundert - an die Zeitangabe privater Uhren keine hohen Anforderungen gestellt wurden; denn weiterhin blieb die Zeitskala auf die Kennzeichnung von Stunden begrenzt, von wenigen Exemplaren abgesehen, auf denen ein zweiter Zeiger auf einem separaten Zifferblatt die Viertelstunden markierte. Häufig verschwand das Zifferblatt dieser Kleinuhren in einer aufwendig gestalteten, prachtvollen Fassade, so daß man vermuten kann, daß es den Besitzern mehr um ihre Selbstdarstellung ging als um die Kontrolle der Uhrzeit.[2]

Bereits kurz vor Huygens Revolutionierung der Uhrentechnik lassen sich vereinzelt Indizien finden, die auf ein Interesse an präziser Uhrzeit schließen lassen. In Lüneburg wurde 1641 dem für die Hauptuhr zuständigen Uhrmacher befohlen, täglich viermal(!) die

---

[1]D. S. Landes: Revolution in Time, S. 128.

[2]Zur Bedeutungslosigkeit des privaten Uhrenbesitzes, zur Praxisuntauglichkeit dieser Uhren und zum Repräsentationsinteresse der Besitzer s. I. A. Jenzen: Uhrzeiten, S. 95 ff. u. 102 ff.

Turmuhr nach der Sonnenuhr zu stellen; auch die angedrohten Strafen waren im Vergleich zur Vorzeit härter:

> »Die Seyersteller sollen, falls sie ihre seyer nicht richtig nach dem Marktseyer stellen, im Wiederholungsfall mit Gefängnis bestraft werden. Der Uhrmacher soll doppelt bestraft werden, wenn er den Marktseyer nicht richtig nach der Sonne stellet.«[1]

Die Ratsmitglieder Lüneburgs hatten offenbar inzwischen ein engeres Zeitraster gelernt und dies auch zur verbindlichen Norm für andere erklärt. Der Zeithorizont, in dem man dachte, war gegenüber dem 16. Jahrhundert feinmaschiger geworden, wie auch die Gothaische Schulordnung (1642-1685) zeigt. Die unter dem Einfluß von Comenius und Ratke verfaßte Ordnung schrieb den Lehrern vor, jede einzelne Fehl*stunde* der Schüler in einer Tabelle zu notieren, und zwar differenziert nach »cum venia«, »sine venia« und »Krankheit«.[2] Die Abwesenheit der Schüler wurde also nicht mehr in Tagen, sondern in Stunden erfaßt. Zum Fragenkatalog der Schulvisitatoren gehörte u.a.:

> »Ob die Praeceptores auch jedesmal alsbald mit dem Stundenschlag in der Schule seyn? ... Ob die Kinder auch flugs im Anfang der Stunden alle beysammen seyn? ... Ob die Praeceptores ihre Schularbeiten fleißig aufzeichnen und berechnen?«[3]

Im Lehrplan für die »natürlichen Wissenschaften« stand die Vermittlung der Uhr an erster Stelle.[4] In der Ordnung für das Hamburger Zuchthaus von 1622 war zwar noch nicht von präziser Uhrzeit die Rede, wohl aber vom präzisen Glockenschlag; von den Provisoren wurde verlangt:

---

[1]Zit. n. G. Dohrn-van Rossum/R. Westheider: Die Einführung der öffentlichen Uhren, S. 325.

[2]Abdruck der Tabelle bei R. Vormbaum (Hrsg.): Evangelische Schulordnungen, Bd. 2, S. 344 f.

[3]Ebd. S. 360 f.

[4]Ebd. S. 318.

»Auf dass auch die Angelegenheit des Hauses desto besser verrichtet, immerfort kontinuiret, und nimmer versäumt werden möge, soll ein jeglicher Provisor ... auf den präzisen Klockenschlag präzise erscheinen.«[1]

Zweifellos sind dies singuläre Äußerungen, die nicht einen generalisierbaren Status in der Lerngeschichte der Uhrenzeit kennzeichnen. Doch unverkennbar ist, daß im Laufe des 17. Jahrhunderts das Messen und Bestimmen der Zeit mittels der Uhr im Wissenszusammenhang zumindest des aufstrebenden Bürgertums selbstverständlicher geworden war. Der Nürnberger Kunsthändler und Kupferstecher Christoph Weigel schrieb 1698 der Uhr zwar noch nicht jene Dominanz zu, die uns heute geläufig ist, seine Situationsbeschreibung legt jedoch die Vermutung nahe, daß die Orientierung an der Uhr für einen Menschen, der am gesellschaftlichen Leben partizipieren wollte, unverzichtbar geworden war:

»Ob die Uhren nutzbar seien, ist meines Erachtens bey dieser unserer Zeit fast (sic, N.N.) nicht mehr nöthig zu fragen, weil ihre Einführung an allen Orten hievon genugsam zeiget, und diejenige, so etwann weit von einer Uhr entfernt sind, öffters, wieviel es geschlagen, zu fragen pflegen, ja, diejenige, so nicht wissen, wie sie in der Zeit leben, mehr dem thummen Vieh, als vernünfftigen Menschen gleichen.«[2]

Daß die Uhr zum Gesprächsinhalt von Gelehrtenzirkeln und bürgerlichen Salonrunden werden konnte, lassen die *Mathematischen und Philosophischen Erquickstunden* (1651) von Georg Philip Harsdörffer vermuten; dort werden 28 »Aufgaben« - seriöse und scherzhafte - zur Uhrentechnik und zur Zeitmessung gestellt.[3] Mitte des

---

[1]Zit. n. Wolfgang Dreßen: Die pädagogische Maschine. Zur Geschichte des industrialisierten Bewußtseins in Preußen/Deutschland. Frankfurt/Berlin/Wien 1982. S. 25.

[2]Zit. n. Ernst v. Bassermann-Jordan: Alte Uhren und ihre Meister. Leipzig (1926). S. 20 f. - Ähnlich [Abraham a Sancta Clara]: Centi-Folium Stultorum ... Oder Hundert Ausbündige Narren ... Zu finden bey Johann Carl Megerle und Johann Christoph Weigel. (Nürnberg 1709). Fotomechanischer Nachdr. Dortmund 1978. S. 444.

[3]Georg Philip Harsdörffer: Delitiae Mathematicae et Physicae. Der Mathematischen und Philosophischen Erquickstunden. Bestehend in Fünffhundert nutzlichen und lustigen Kunstfragen/nachsinnigen Aufgaben/und deroselben grundrichtigen Erklärung [...]. Nürnberg 1661. S. 316 ff.

17. Jahrhunderts wurde die Uhr auch als Motiv entdeckt, mit dem sich beim Leser und Zuhörer Pointen erzeugen ließen. In Schwanksammlungen, die sich vorwiegend an die akademische Jugend richteten, erzählte man sich u.a. folgendes, hier aufgehängt an dem Adligen Gaulard, einer offenbar beliebten Schwankfigur des 17. Jahrhunderts:

»Eben ehr (Gaulard, N.N.) zog eines mahls etliche Meil wegs von Haus, und ein ander Edelmann mit ihm, dehr spraach zu Gaulard: Herr, wihr müssen ein wenig eilen, denn auff meiner Halsuhr ist die Glocke schoon über siben. Wohrauff Gaulard zur Antwort gab: Ich kahn nicht so stark raiten, ziehet doch euer Vhr ein wenig zu rück, daß wihr doch ein wenig länger Tag haben möchten.«[1]

Über die Antwort Gaulards konnte nur derjenige lachen, der in ihr einen Verstoß gegen eine nachhaltig gelernte Norm sah; denn die Pointe dieses Schwanks basierte darauf, daß im Wissenszusammenhang des Lachenden die Uhr mit Autorität belegt war und die von ihr ausgehenden Zeitzeichen als vom Menschen unabhängig und unverrückbar verstanden wurden.[2]

Diese Quellen lassen erkennen, daß der gesellschaftliche Lernprozeß Uhrenzeit zumindest beim aufstrebenden Bürgertum vorangeschritten ist in Richtung auf eine gestiegene Akzeptanz der Uhr und auf eine Differenzierung des Zeithorizonts. Welche lerngeschichtlich bedeutsamen Veränderungen im Detail vollzogen wurden, soll im folgenden exemplarisch an Quellen rekonstruiert werden, die um die Wende zum 18. Jahrhundert verfaßt wurden.

---

[1]Zit. n. Elfriede Moser-Rath: »Lustige Gesellschaft«. Schwank und Witz des 17. und 18. Jahrhunderts in kultur- und sozialgeschichtlichem Kontext. Stuttgart 1984. S. 65. Zur Verbreitung dieses Schwankmotivs im deutschsprachigen Raum siehe ebd.

[2]Zur Historizität des Lachens und zur Pointe als Resultat einer Denkleistung durch die Verknüpfung von Text und erworbenen Normen des Lachenden siehe Norbert Neumann: Vom Schwank zum Witz. Zum Wandel der Pointe seit dem 16. Jahrhundert. Frankfurt/New York 1986. S. 141 f. u.ö.

Paul Jacob Marperger: Horologiographia

Für Marperger (1656-1730) war der gesellschaftliche Nutzen der Uhr unbestritten. In seiner 1723 erschienenen Monographie *Horologiographia*[1] ging es ihm hauptsächlich um die Frage, mit welchen Mitteln die Präsenz von Uhren im Alltag und damit auch die Zeitwachheit der Menschen befördert werden könnte. Seit seiner Ausbildung in einem Lyoner Handelshaus hatte er sich mit politischer Ökonomie befaßt, er hatte u.a. Arbeiten zu Handelsoperationen, zu herausragenden Kaufleuten, zum Tuchmacherhandwerk und zum Nutzen von Nachtlaternen publiziert; seit 1708 war er Mitglied der Königlich-Preussischen Societät der Wissenschaften in Berlin und seit 1724 Königlich Polnischer und Kursächsischer Hof- und Kommerzienrat in Dresden.

Ausgangspunkt seiner *Horologiographia*, die er als »Policey-Tractat«[2] verstanden wissen wollte, war die seiner Meinung nach zu große »Nachlässigkeit« in »fast ... allen Teutschen Städten«[3] im Umgang mit der Uhr. Dabei sei doch der Nutzen von »Schlag- und Zeig-Uhren« und »Sonnen-Weisern« gerade denen am besten bekannt,

> »welche in öffentlichen Aemtern sitzen, oder nach den Glocken-Schlag sich richtende Geschaffte haben, dergleichen dann bey denen Handwerckern insonderheit viel vorfallen«.[4]

---

[1]Der vollständige Titel lautet: Horologiographia, Oder Beschreibung der Eintheilung und Abmeßung der Zeit, sonderlich des Tages und der Nacht-Stunden, und zwar jener bey hellen Sonnen-Schein durch die Sonnen-Zeiger, Dieser durch die Mond und Sternen-Uhren, Beyder aber durch gewisse (nach andern Merckmahlen genommene) Stationes und Periodos, oder auch durch künstliche Machinas, Uhrwercke und Glocken; Wobey zugleich ein wohlgemennter Vorschlag gethan wird, wie in allen Städten, die sich einer guten Policey rühmen wollen, die Zeiger- und Schlag-Uhren, das nöthige Glocken-Läuten, die anmuthige Glocken-Spiele, und die Stadt- und Nacht-Wächter, oder Stunden-Ruffer ordentlich könten eingerichtet und bestellet seyn; Deme hernach noch sonderbare hierzu sich schickende Moralia und Devisen, samt einen Capitel von dem Recht der Uhren und Glocken beygefüget werden. Dresden u. Leipzig 1723.

[2]Ebd. o. S. (Vorrede)

[3]Ebd.

[4]Ebd. S. 24 f.

Uhren dienten der »großen Bequemlichkeit« der Einwohner, ihren »Politischen und Oeconomischen Händel und Verichtungen«, desgleichen zur »Auffmunterung, Erinnerung und Nachrichten vieler Menschen«, denen daran gelegen sei, »praecise ... die Tag- und Nacht-Stunden« zu wissen.[1] Mögen auch einige der Vorschläge Marpergers im Detail uns heute als absurd erscheinen, so nahmen sie doch in ihren grundsätzlichen Überlegungen einiges vorweg, was in den nachfolgenden Jahrzehnten zum Zeit-Wissen vieler Menschen wurde. Gerade in den kritisch-konstruktiven Passagen sind diese Aufzeichnungen aufschlußreich, weil sich in ihnen Marpergers erworbenes Selbstverständnis im Blick auf Uhrenzeit dokumentiert.

Das Wissen um die rechte Uhrzeit blieb für Marperger nicht mehr auf das öffentliche Leben begrenzt. Jeder Mensch, ob in der Stadt oder auf dem Land, müsse zu jeder Zeit, also tags und nachts, sich über die Zeit vergewissern können. Die Zeitkonstruktion der Uhr hatte für alle Lebensbereiche der Menschen zu gelten - diese *Universalisierung* der Uhrzeit war die grundlegende Folie, auf der Marperger seine Kritik an den bestehenden Verhältnissen vortrug. Mit einem Bündel von Maßnahmen müsse die Zeit-Kommunikation verbessert werden; denn es könne nicht angehen, daß jemand von seiner Arbeit ablassen und durch die Gassen laufen müsse, um den Zeiger zu sehen,

> »welcher sich vielmahls mehr nach des Küsters oder Thürmers seinen Kopff, Bequemlichkeit oder Nachläßigkeit richten muß, als daß es dieser nach der Schlag-Uhr oder den Zeiger thun solte«.[2]

Um die deutschen Länder flächendeckend mit Uhren zu versorgen, sollten in den Städten und Dörfern Stiftungen gegründet werden, aus deren Einnahmen die notwendigen Investitionen vorgenommen werden könnten. Darüber hinaus sollten hierzu Steuern, Gebühren, Strafgelder bei Verspätungen, Lotterien und Spenden verwendet werden; es sei »nützlicher und nöthiger«, Anteile aus Nachlässen zur Anschaffung von Schlaguhren zu verwenden als zur Erneuerung von Kanzeln und Altären.[3] Auch sei der private Uhrenbesitz zu fördern.

---

[1]Ebd.
[2]Ebd. S. 26.
[3]Ebd. S. 138 ff.

Marperger empfahl die Ausbildung der Küster in der Uhrentechnik, damit diese auf den Dörfern die Bauern in der Herstellung von Sonnenuhren und (hölzernen) Hausuhren unterrichten könnten.[1] Jede große Stadt müsse gelernte Uhrmacher haben, die sich auf die Anfertigung von Zeiger- und Schlaguhren und auch von privat nutzbaren Tisch- und Sackuhren verstünden; gemeint waren hier auch Holzuhren, da sie wesentlich preiswerter seien.[2] Den jährlichen Bedarf »vornehmer curioser Leute« an hochwertigen tragbaren Uhren in den deutschen Ländern berechnete Marperger nach einem »gemäßigten Überschlag« auf zehntausend Exemplare. Es sei volkswirtschaftlich unsinnig, wenn hierfür viel Geld (30-50 Rthl. pro Uhr) nach London, Augsburg, Genf und andere Orte ginge.[3] Bis sich hinreichend Uhrmacher etabliert hätten, könnten Uhrenteile in Genf aufgekauft und in Armen- und Waisenhäusern zusammengesetzt werden ohne Schaden für die betroffenen Handwerker.[4]

Bereits aus dieser kurzen Skizze wird deutlich, daß Marperger sich ausschließlich auf den Gebrauchswert der Uhr als Instrument der Zeitmessung konzentrierte, die Selbstinszenierung durch prunkvolle Uhren war ihm nebensächlich geworden. Als Ideal dachte er sich eine Uhr, die »ohne Stellen und Auffziehen ..., sich selber schmierete, ... in 100. Jahren nicht eine Minute von der Sonnen entweichen könte«.[5] Dahinter verbarg sich der Wunsch, in jedem denkbaren Augenblick im Besitz der richtigen Zeit zu sein. Diesem Wunsch kam die bereits bekannte und in geringer Stückzahl hergestellte Repetieruhr nahe. Marperger lobte an ihr, daß sie ihrem Besitzer bei Bedarf, sobald dieser den Auslöser betätigt hatte, auch nachts im Finstern die Zeit schlage.[6] Da aber (solche) Uhren sehr teuer seien, empfahl er, mehr Aufmerksamkeit auf die Weiterentwicklung von Sanduhren zu verwenden, von denen auch »gemeine Leute einige bey sich tragen«.[7] Das Ziel müßten Sanduhren sein, die binnen 24 Stun-

---

[1]Ebd. S. 23.
[2]Ebd. S. 147 ff.
[3]Ebd. S. 152 f.
[4]Ebd. S. 155.
[5]Ebd. S. 101.
[6]Ebd. S. 154 f. u. 173.
[7]Ebd. S. 17. - Siehe auch S. 173: Sanduhren hätten »viel tausend Hauß-Väter in ihren Häusern«.

den nur einmal umgewendet werden müßten, besser noch, die sich selbst wendeten.

Ein weiterer Komplex betraf die öffentliche Zeit-Kommunikation. Zunächst müsse dafür gesorgt werden, daß die Schläge der Rathaus- und Kirchturmsuhren überall deutlich zu hören seien. Vor allen Dingen fehle es hier an einer Standardisierung: Um das Mitzählen zu erleichtern und um »das Gehör nicht (zu) übereilen«[1], solle erst das vierte Viertel geschlagen werden und dann erst der volle Stundenschlag folgen. Besser sei es, die Stunden im sechser Rhythmus zählen und schlagen zu lassen, da dies weniger Aufmerksamkeit erfordere. Und auch das Durcheinanderschlagen verschiedener Glocken müsse abgestellt werden, indem zunächst die Hauptuhr und unmittelbar nach ihr reihenweise die anderen Uhren ertönen sollten, am besten noch ausgelöst durch die Hand eines Türmers, da dies die Gewähr biete, daß die Zeitzeichen nicht zu breit gestreut seien, sondern relativ eng bei der tatsächlichen Sonnenzeit blieben.[2]

Marpergers Vorschläge waren noch weit entfernt von der Alltagsrealität, insbesondere was den Privatbesitz von Uhren anging. Aber im Vergleich zu früheren Generationen hatte er eine andere Perspektive auf die Zeit der Uhren erworben: Er dachte nicht mehr in der Kategorie ›sozial verordnete Zeit‹; die Zeit der Uhr hatte für ihn identisch zu sein mit der astronomisch gemessenen Zeit der Sonne, sie wurde naturalisiert und als einzig richtige, weil physikalisch gewonnene Zeit gewertet. Solche Divergenzen zwischen verschiedenen Generationen lassen sich als die nach außen dringenden Zeichen eines gesellschaftlichen Lernprozesses bewerten. Was aber hatte ihn befähigt, so über Uhren zu denken, welche Faktoren hatten bewirkt, daß er innerhalb des gesellschaftlichen Lernprozesses ›Uhrenzeit‹ diese Position einnehmen konnte?

Einige Hinweise hierzu lassen sich in der Quelle selbst entdecken. Marperger gibt sich als Vertreter der politischen Ökonomie zu verstehen. Er besaß ausführliche Kenntnisse über Handelsbeziehungen, kannte deren Logik und wußte um deren Interdependenz - oder, um es mit seinen oben zitierten Worten zu sagen, er wußte, daß sich Geschäfte »nach dem Glocken-Schlag« richteten. Der Diskurs um die Rationalisierung der Gesellschaft mittels der Uhr besaß inzwischen

---

[1]Ebd. S. 34.
[2]Ebd. S. 39.

eine über 200jährige Tradition; Marperger kannte sich in dieser Tradition aus, wie seine ständigen Querverweise auf die Geschichte des Uhrengebrauchs belegen. Seine Sicherheit, mit der er die bestehenden Verhältnisse kritisierte und sich an die Spitze dieses ordnungspolitischen Diskurses stellte, gewann er offenkundig durch Selbstvergewisserung innerhalb dieser Tradition, indem er seine Ansichten anhand historischer Autoritäten ›bewies‹. Vor allem aber hatte die Expansion der Naturwissenschaft in der Folge Galileis oder Bacons deutliche Spuren in seinem Wissenszusammenhang hinterlassen. Anders als Comenius benötigte er nicht mehr den theologischen Bezug zur Schöpfungsgeschichte, zumindest ist dieser Gedanke bei Marperger nirgends zu entdecken. Wahr ist, was sich mit Hilfe wissenschaftlich approbierter Instrumente rational methodisch beobachten und messen ließ und dann zur Grundlage der Technik wurde.

Konkret: Marperger machte (zwangsläufig) die Erfahrung, daß verschiedene Uhren auch verschiedene Zeiten zeigten. Durch die Anwendung der Pendelgesetze auf die Uhr war es nun auch technisch möglich, relativ exakt gehende Uhren herzustellen, die in diesem Zeit-Streit die Norm setzen konnten. Ausdrücklich lobte Marperger die »Probier-Uhr«,

> »welche nicht viel von ihren gleichen Gang abweichen kan, und dannenhero anderer Uhren Richtigkeit zu probiren gebrauchet wird, daher sie auch Minuten und Secunden weiset, derer Perpendicul-Secunden vibriret, und welches das vornehmste ist, das Tempus aequale das ganze Jahr richtig zeiget, oder solches mit der Aequations-Tafel überein in Stunden, Minuten und Secunden weiset«.[1]

Zunächst eine Erläuterung zum besseren Verständnis des Zitates: Die gleichförmige Bewegung der Uhrzeiger, das »Tempus aequale«, ist nicht völlig identisch mit der Sonnenzeit im Jahreslauf. Und deshalb wurde auch die »Probier-Uhr« sozusagen geschiedsrichtert durch Umrechnungstabellen (»Aequations-Tafeln«) oder durch astronomische Observationen, die zur »Corrigirung der Bürgerlichen Zeit« dienten.[2] Die Hypostasierung der Natur, die Entdeckung ihrer Gesetze und deren technische Anwendung erzeugten objektive Wahr-

---

[1]Ebd. S. 169.
[2]Ebd. S. 99.

heiten. Durch die Verbindung von Naturwissenschaft und Technik war Marperger im Besitz der einzig richtigen Zeit. Für den gesellschaftlichen Lernprozeß ›Uhrenzeit‹ dürfte dies im weiteren Verlauf der Geschichte eine der stärksten Triebfedern gewesen sein: die Identifizierung der Uhrzeit mit den Gesetzen der Natur. Das ist *die* Zeit; Uhrzeit ist nicht das Ergebnis von historisch gewachsenen Konventionen, sondern von Natur. Ein rational denkender Mensch sträubt sich nicht gegen objektive, wissenschaftlich bewiesene Fakten. Die Naturalisierung der Uhrzeit dürfte im Zusammenspiel mit dem sich verbreiternden naturwissenschaftlichen Denken wesentlich zur Akzeptanz und Loyalität gegenüber der Uhr beigetragen haben.

Tatsächlich bestand auch durch Huygens Errungenschaft eine hohe Adäquanz zwischen den naturwissenschaftlich beobachtbaren Phänomenen und den Zeitzeichen der Uhr, so daß es zwischen wissenschaftlich approbierter Empirie und gesellschaftlich normierter Zeit kein Gefälle gab, das zum Einfallstor von Zweifeln hätte werden können. Zudem ermöglichte die »Probier-Uhr« zwar nicht der Bevölkerung allgemein, aber doch Marperger und einigen wenigen Zeitgenossen die sinnlich-konkrete Erfahrung kurzer Zeiteinheiten, so daß ihr Zeithorizont differenzierter und kleinschrittiger werden konnte. Man konnte die Minute nun auch mit hoher Exaktheit auf dem Zifferblatt sehen und an der Schwingung des Sekundenpendels die Dauer einer Sekunde erleben. Marperger dachte auch bereits in Sekunden; denn er bemerkte, daß beim Aufziehen der Gewichte von Turmuhren das Werk angehalten werden müßte, so daß einige Sekunden verloren gingen; neuerdings hätten Künstler Mittel ersonnen, wie dieses umgangen werden könnte.[1]

Augenscheinlich ist die Diskrepanz in Marpergers Ansprüchen zwischen sekundengenauer Technik und lebenspraktischen Erfordernissen, angesichts derer es für Marperger gereicht hätte, im Besitz von zeitungenauen 24 Stunden-Sanduhren zu sein. »Akkurat« und »precise« hatte die bestmögliche Zeit-Technik zu sein, während das Äquivalent im Verhalten der Menschen, nämlich Pünktlichkeit, von ihm noch nicht gedacht wurde. Man mag darin ein Beispiel für das Auseinanderdriften von Natur und Gesellschaft sehen. Aber für Marperger ging es darum, durch ein dichtes Netz von Uhren die basalen Voraussetzungen für eine permanente Zeitwachheit zu schaf-

---

[1]Ebd. S. 149.

fen und den Einstieg in die Individualisierung der Uhr durch Privatbesitz zu ermöglichen. Vermutlich war er davon überzeugt, daß derjenige, der sich eine wenn auch noch so dürftige Uhr zulegte, diese dann auch benutzte und zwar als »Denkzettel«, um sich »an Sachen (zu) erinnern, die einen sonst nicht einfallen würden«.[1] Vor allem dürfte ein Uhrenbesitzer, sofern er am Gebrauchswert interessiert war, zu höherer Zeitwachheit stimuliert worden sein, da seine Uhr einen regelmäßigen Zeitvergleich mit der Hauptuhr erforderte. Wichtig war also nur, daß Rathaus- und Kirchturmsuhren exakt gingen; sie hatten die gleiche Funktion, die heute von der Fernsehuhr vor Nachrichtensendungen erfüllt wird.

August Hermann Francke: Vom »Auskauffen der Zeit«

Am 4. Januar 1713 hielt August Hermann Francke in seinem Waisenhaus zu Glaucha eine Predigt, die den »rechten Gebrauch der Zeit« thematisierte.[2] Es war eine typische Neujahrsansprache, in der im Rückblick auf die Vergangenheit die Absichten für die Zukunft formuliert wurden.[3] Francke gibt sich als jemand zu erkennen, der die seit dem 16. Jahrhundert traktierte Idee vom »Wert der Zeit« zutiefst verinnerlicht hatte. Zeit war bei ihm eine in den Superlativ gesteigerte »rem pretiotissimam«[4], die sich für ihn auch dort, wo sie als Gnadenzeit verstanden wurde, lebenspraktisch ausschließlich als Uhrzeit konkretisierte.

Kernstück seiner Predigt war die Übersetzung und Interpretation der Worte Paulus an die Epheser (5.16): *ἐξαγοραζόμενοι τὸν καιρὸν*. Lerngeschichtlich aufschlußreich, weil sie den Wissenszusammenhang der jeweiligen Generation im Blick auf Zeit kennzeichnen, sind die historisch verschiedenen Übersetzungen, mit denen Francke sich auseinandersetzte, um seine Variante, als einzig

---

[1]Ebd. S. 198 f.; s.a. S. 196.

[2]Für die Vermittlung einer Kopie dieser Predigt aus der Hauptbibliothek der Franckeschen Stiftungen in Halle danke ich Joachim Kramer, Jena. Den vollständigen Titel zeigt die Abbildung auf der nächsten Seite.

[3]Vgl. ebd. S. 5.

[4]Ebd. S. 27.

Der rechte Gebrauch der Zeit/

So fern dieselbe gut, und so fern sie böse ist,

Aus

2 Cor. VI, 2. und Eph. V, 16.

vorgestellet,

Und

Auf die Beschaffenheit der ietzigen Zeiten

appliciret,

Den 4. Januar. als zum Anfang des 1713. Jahrs,

Im

Waysen-Hause zu Glaucha vor Halle,

Von

August Hermann Francken,

S. Th. P. Ord. Past. Vlr. & Schol.

Dritte Auflage.

HALLE, in Verlegung des Waysenhauses. 1724.

richtige, dagegenzustellen. Luther hatte das im Deutschen gelegentlich schwer nachzuvollziehende griechische Medium ins Passivische gewendet: Schicket euch in die Zeit. Als weiteren, nicht mit Namen belegten Versuch nannte Francke: Nehmet der (sic, N.N.) Zeit wahr. Aber auch dies verwarf er, da er es als zu lasch empfand; der Wert der Zeit sei »so dem Verstande nach einerley«, diese Version lasse den erforderlichen »Nachdruck« vermissen.[1] Seine Übersetzung dagegen lautete: »Erkauffet die Zeit, oder kauffet die rechte und gelegene Zeit aus.«[2] Warum er die Wendung ins Aktiv bevorzugte, verdeutlicht seine nachfolgende Interpretation:

»Auskauffer der Zeit, d.i. keine einige bequeme Zeit, gutes zu wircken, versäumen, sondern es so damit machen, wie es ein Kauffmann machen möchte, so er eine Waare auf dem Marckt anträfe, von welcher er grossen Gewinn hoffete, die ihm aber alle Augenblick leichtlich könte weggekauffet werden, und die er hernach vielleicht sein Lebelang nicht wieder bekommen dürffte. Denn gleichwie da der Kauffmann keine Stunde versäumen würde, solche Waare, so es ihm möglich wäre, gantz weg oder auszukauffen, und nichts dahinden zu lassen: Also will er, sie sollen, so viel an ihnen ist, eines ieden Tages, einer jeden Stunde, ja eines jeden Augenblicks, wahrnehmen, daß sie *immer etwas gutes aus der Zeit als aus einem schnell vorbeylauffenden Strom heraus reissen, so ihnen mit in die Ewigkeit folge*, wie einer der alten Lehrer redet; denn so rauschen unsere Tage dahin wie ein Strom, und ein Jahr gehet nach dem andern hin, ehe wirs uns versehen. Nehmen wir nun der Zeit nicht wohl wahr, und achtens nicht, daß ietzt eine Stunde, und denn wieder eine unnütz verlaufft, so leiden wir immer Schaden, und zwar solchen, den wir nicht wieder ersetzen können.«[3]

Im Gegensatz zu seinen Vorgängern betonte Francke die aktive Rolle des Menschen gegenüber der Zeit, die in der Wortwahl »auskauffen« und »aus dem Strom heraus reissen« zum Ausdruck kommt. Die für das 16. und beginnende 17. Jahrhundert typische Perspektive, Zeit nicht »versäumen« zu wollen, reichte ihm nicht mehr. Wer das Verhalten eines Menschen als Versäumnis bezeichnet, gibt zu erkennen, daß er dies lediglich als Unterlassung bewertet, während Francke das Intentionale, Vorwärtspreschende des Menschen gegenüber der Zeit hervorgehoben wissen wollte. Zeit, konkretisiert als

---

[1]Ebd. S. 26.
[2]Ebd. S. 25.
[3]Ebd. S. 28 f. (Hervorh. im Orig.).

einzelner Tag und einzelne Stunde, wurde von ihm als objektive Gegebenheit verstanden, die dem Menschen wie ein Subjekt gegenüber steht, und diesem Subjekt hatte der Mensch etwas durch eigene Anstrengung zu entreißen.

Lerngeschichtlich kann Franckes neue Sicht auf Zeit unter anderem gedeutet werden als Ergebnis eines gefestigten linearen Zeitverständnisses und der Erfahrung der Pendeluhr. Zeit als solche kann man nicht sehen, sie bedarf immer der Konkretisierung durch beobachtbare Vorgänge, um vom Menschen erlebt werden zu können. Die Uhr ist ein Werkzeug, mit dessen Hilfe die Menschen Zeit messen und bestimmen - analog etwa zu einem Hammer, mit dem sich Nägel in die Wand schlagen lassen. Aber im Wissenszusammenhang Franckes und einiger seiner Zeitgenossen wie etwa Marperger hatte sich die Uhr vom Werkzeug zur Maschine gewandelt. Lewis Mumford definiert den Unterschied zwischen beiden so:

»The essential distinction between a machine and a tool lies in the degree of independence in the operation from the skill and motive power of the operator: the tool lends itself to manipulation, the machine to automatic action.«[1]

Nicht mehr der Mensch als Handelnder bediente sich der Uhr, um Zeit zu messen, es war die Uhr selbst, die die Stunden und Minuten produzierte. Durch den technischen Fortschritt dank Huygens und durch die Wertschätzung der Technik vor allem seit der zweiten Hälfte des 17. Jahrhunderts wurde, wie am Beispiel Marpergers gezeigt, die Uhrzeit identifiziert mit der einzig richtigen Zeit. Daß zuvor Astronomen die Bewegung der Sonne im Raum als Zeit definierten und die so gewonnene Zeit auf Uhren übertrugen, blieb der Mehrheit der Bevölkerung verborgen oder wurde nicht näher beachtet. Was die Menschen sinnlich erlebten, waren die Bewegungen der Zeiger auf dem Zifferblatt, das war die Zeit; sie hatte sich verselbständigt, hatte sich gleichsam vom Menschen emanzipiert. Daß die Uhren faktisch häufig falsch gingen, war lediglich Ausdruck mangelnder Wartung oder defizitärer Technik und somit eine Normwidrigkeit.

Die Konsequenzen einer linearen Zeit-Konstruktion lassen sich bei Francke in aller Schärfe erkennen. Anders als seine Vorgänger hob

---

[1]Lewis Mumford: Technics and Civilization. London 1947. S. 10.

er hervor, daß »jeder Augenblick« zu beachten sei, man müsse »immer« Gutes aus der Zeit herausreißen. Durch das entqualifizierende Zeit-Denken wird jeder Moment prinzipiell gleichwertig. Im Zusammenspiel mit einem seit 200 Jahren anhaltenden Diskurs, der auf die Verfleißigung der Menschen zielte und in dessen vorderster Reihe Francke als Pietist stand, dürfte sich hier die Eigendynamik eines linearen Zeitverständnisses ausgewirkt haben, die zu einer gleichmäßigen, kontinuierlichen und nicht mehr zyklischen oder wellenförmigen Beachtung der Zeit führte und schließlich eine Verdichtung des Zeithorizonts bewirkte. Verschärfend kam hinzu, daß Francke das Leben der Menschen immer religiös bezogen auf die »Ewigkeit« dachte und im Vergleich zur Ewigkeit die dem Menschen von Gott zur Verfügung gestellte Lebensspanne als einen »schnell vorbeylauffenden Strom« empfand.

Angesichts seiner religiösen Motivierung des Zeit-Nutzens überrascht Franckes Bezug auf den »Kauffmann« und den »Marckt«, die auf den ersten Blick wie eine Vorwegnahmne des »Time is money« von Benjamin Franklin wirkt. Doch das eingefügte »Gleichsam« läßt den metaphorischen Charakter deutlich werden. Offensichtlich ging Francke davon aus, daß er mit der Kaufmanns-Metapher in den bereits erworbenen Wissenszusammenhang seiner Zuhörer übersetzte: Kaufleute nutzen ihre Zeit, um ökonomische Vorteile zu erzielen. Doch seine relativ umständliche Argumentation läßt darauf schließen, daß die Beziehung zwischen Geld und Zeit in seinem Wissen und im Wissen seiner Adressaten noch nicht mit jener allgemeinen Gültigkeit verankert war, wie sie Franklins knappe, prägnante Formel nahelegte. Denn auch Franckes Zeitgenosse Marperger läßt erkennen, daß die simple Gleichsetzung von Zeit und Geld zu Beginn des 18. Jahrhunderts noch nicht zum formelhaften Denken gehörte. Er berichtete nämlich aus der kursächsischen Stadt Sedlitz, die wegen ihrer Leinwand-Manufaktur bekannt war, daß der dortige Nachtwächter die Morgenstunde mit folgendem Lied ankündigte:

»Steht auff ihr Mägde und wacker spinnt,
Wer weiß wie bald der Garn-Mann kömmt,
Das Stück gilt 18. Creutzer.«[1]

---

[1]P. J. Marperger: Horologiographia, S. 65.

Spätere Generationen hätten dies als eine elliptische Argumentationsfigur interpretieren können, hinter der sich eine Rechenaufgabe verbarg: Wie viel und wie schnell muß ich in der heute mir verfügbaren Zeit spinnen, um angesichts des Garnpreises auf meine zum Lebensunterhalt notwendigen Einkünfte zu kommen? Doch Marperger sah hierin lediglich »ein lustiges Historigen«.[1]

Obwohl Francke immer auch den ökonomischen Nutzen der Kinderarbeit für seine Anstalt im Blick hatte, blieb seine Perspektive auf Zeit religiös begründet. Seine zahlreichen Werkstätten und Geschäfte wie Druckerei, Buchhandel, Apotheke, Brauerei, Großhandel und weitere Manufakturprojekte sollten die Wirtschaftlichkeit seiner Anstalt unter Beweis stellen, aber seine strenge Arbeitsauffassung war nicht gewinnmaximierend, sondern pietistisch motiviert als eine permanente Besinnung auf Gott.[2] Das »Auskauffen der Zeit«, konkretisiert in ständiger Arbeit, hatte bei ihm, pädagogisch gesehen, eine gegenwirkende Funktion, um Müßiggang und Sünde zu verhindern. Nicht das Glück im Diesseits, sondern Gottseligkeit war sein erklärtes Ziel. Deutlich wird dies in seiner Predigt durch die Transzendierung des unmittelbar erlebten Augenblicks:

> »Ja, alle und iede Tage geben ihm manche neue Erweckung und Aufmunterung. Dann wenn er des Morgens aus dem Schlaffe aufwachet, so hat sein Glaube darin ein Bild, wie er an jenem Tage zum ewigen Leben wird aufwachen. ...Wenn er seine Kleider anziehet, freuet er sich, daß er gekleidet ist in dem Rocke der Unschuld und der Gerechtigkeit JESU Christi.
>
> Wenn er sich wäschet, so dancket er dem, der ihn mit seinem Blute von allen seinen Sünden abgewaschen hat.«[3]

Jeder Moment im Leben des Menschen erhält seinen Sinn und seinen Wert durch den Bezug zum ewigen Leben; zwischen der unmittelbar erlebten Gegenwart und der Ewigkeit besteht eine für den Menschen unausweichliche Kontinuität. So konnte nur jemand denken, der seine Lebenszeit eingebettet sah in eine lineare Zeit-

---

[1]Ebd.

[2]Zur Bedeutung der Arbeit bei Francke siehe ausführlich Wolf Oschlies: Die Arbeits- und Berufspädagogik August Hermann Franckes (1663-1727). Schule und Leben im Menschenbild des Hauptvertreters des Halleschen Pietismus. Witten 1969.

[3]A. H. Francke: Der rechte Gebrauch der Zeit, S. 8 f.

leiste, die wie eine Nabelschnur jeden Augenblick mit dem Lebensziel verband. Denn die Zeit zu nutzen, bedeutete, Gottes Gnade zu nutzen, um daraus einen »Vortheil für die Ewigkeit« zu erwirken. Diese Verdichtung des Zeithorizonts begründete Francke auch damit, daß »der Tag des Gerichts einem *plötzlich* (Hervorh. N.N.) über den Hals kome, wie ein Fallstrick«, und der Mensch daher »in *beständigem* (Hervorh. N.N.) Wachen und Beten verharren« müsse.[1]

Franckes Sicht auf die Zeit, in der der Mensch eine aktive Rolle der Zeit gegenüber einnehmen und permanent Zeit nutzen sollte, spiegelte sich unmittelbar in der Gestaltung des Anstaltslebens wider. Wie dicht gedrängt durch Terminvorgaben der Alltag in Glaucha war, belegt der Tagesablauf für die Schüler, die auf ein Studium vorbereitet werden sollten:

»5 Uhr Aufstehen, Gebet, Bibellesen, 6-8 griechische, hebräische (französische) Sprache, 8-10 Freistunde mit Rekreation, Mechanik oder Instrumentalmusik, 11-12 (je nach Klasse) Schreiben, Geographie, Historie, Mathematik, deutsche Oratorie oder Theologie, 12-1 Essen mit Bibellesen, Gelegenheit zu einem guten Diskurs, 1-2 Freistunde, 2-3 wie 11- 12, 3-5 lateinische Sprache, 5-6 dreimal wöchentlich Kirchgang oder Katechisation in der Schule, 6-7 fertigen die Größeren die Exercitia oder präparieren sich auf die Lectiones des folgenden Tages, 7-8 Abendmahlzeit - Abendgebet, spätestens 10 Uhr zu Bett.«[2]

Allein der Unterricht beanspruchte 40 Wochenstunden - von Blättner als Beispiel einer »Überbürdung« der Schüler bewertet.[3] Auch die Zeitvorgaben für alle anderen Kinder waren hiermit identisch: die Pflicht zum Schulbesuch galt vormittags für alle, und statt des nachmittäglichen Unterrichts hatten sie ihren Verpflichtungen in den angegliederten Manufakturen nachzukommen, insbesondere hatten sie unter Anweisung eines Strickmeisters Wolle zu reißen, zu spinnen und zu stricken.[4]

---

[1]Ebd. S. 60 f.

[2]Nach der Zusammenfassung durch F. Blättner: Geschichte der Pädagogik, S. 77 f.

[3]Ebd. S. 77.

[4]Siehe hierzu A. H. Francke: Ordnung und Lehrart, wie selbige in denen zum Waisenhause gehörigen Schulen eingeführet ist [...]. In: A. H. Francke's Pädagogische Schriften. Hrsg. v. G. Kramer. Langensalza ^{2}1885. S. 114.

Daß Francke das »Auskauffen der Zeit« nicht nur großrahmig auf den Tag bezogen verstanden wissen wollte, belegen zahlreiche Anweisungen, in denen auch noch die Minuten verplant wurden, die am Ende der verordneten Stunden verblieben. Sofern nach dem Morgengebet und dem anschließenden Frühstück »von derselben Stunde noch etwas Zeit übrig« war, sollte den Kindern ein Spruch zu lernen aufgegeben werden.[1] Gleiches galt zum Beispiel auch für den Unterricht der Kleinen; damit sie den Rest der Unterrichtsstunde nicht untätig herumsäßen, sollte man sie »aufsagen« lassen.[2] Gerade in solch scheinbar unbedeutenden Details wird deutlich, wie erfolgreich und mit welchen Konsequenzen Francke die Idee vom Wert der Zeit gelernt hatte. Im Vergleich zum 16. Jahrhundert hatten sich die Gewichtung und Perspektive im Verhältnis von Unterrichtsstoff und Zeitschema geändert. Die Verfasser der frühen evangelischen Schulordnungen dachten von den Stoffen her und paßten sie in die Zeitleiste ein, um Unterricht zu rationalisieren, um ihn planbar und kontrollierbar zu machen. Francke dagegen konzentrierte sich auf die verfügbare Zeit und preßte so viel Stoff wie möglich in sie hinein. Denn grundsätzlich hatten bei ihm die Erzieher die Aufgabe, im Sinne des Auskaufens der Zeit Arbeiten zu *suchen* und den Kindern aufzuerlegen, damit kein Augenblick tatenlos verbracht werden konnte.[3]

Das aktive Ausnutzen der Zeit war zur obersten Maxime geworden, der sich alle inhaltlichen Aspekte unterzuordnen hatten. Die Gestaltung des Anstaltsleben mit Hilfe der Uhr diente bei Francke nicht mehr nur der Organisation und Synchronisation. Zweifellos bestand angesichts von knapp über 2500 Bewohnern der Anstalt ein Zwang zur formalen Strukturierung aller Abläufe; die Rationalität pädagogischer (und anderer) Einrichtungen zeigte sich inzwischen vor allem durch deren Fähigkeit, komplexe Vorgänge mit Hilfe der Uhr zu verwalten und zu ordnen. Francke galt auch unter seinen Zeitgenossen als genialer Organisator, er hatte als Schüler des Gymnasiums in Gotha eine historisch relativ scharfe Zeit-Disziplinierung erlebt[4], aber Uhrzeit hatte sich bei ihm über diesen lebensprak-

---

[1]Ebd. S. 173.
[2]Ebd. S. 152.
[3]Ebd. S. 155.
[4]Vgl. F. Blättner: Geschichte der Pädagogik, S. 78.

tischen Aspekt erhoben und verselbständigt, sie war zu einer moralischen Kategorie geworden. Deutlich wird dies auch in der Anweisung, daß allabendlich die Waisenkinder mit ihren Praeceptoren in einem »Examen Conscientiae« den Tagesablauf noch einmal zu bedenken hatten.[1] Und damit sie sich auch zu keinem Augenblick des Tages dem Müßiggang hingeben konnten, sollten sie lückenlos überwacht und zur Arbeit angehalten werde:

»Die Kinder müssen allezeit unter sorgfältiger Inspection gehalten werden, es sei in der Stube, auf dem Hofe, auf dem Speise- oder Bett-Saal, beim Kleiderwechsel oder bei der Reinigung, oder wo es auch sein mag, und sind ohne Not auch nicht auf eine kurze Zeit allein zu lassen. ... Ist ein Praeceptor auf der Stube, hat er nicht nur zuzusehen, ob sie alle da sein, sondern auch was sie machen, was sie lesen, was sie schreiben, denn es leicht geschehen kann, daß ein Kind heimliche Briefe schreibet oder in garstigen Büchern lieset, oder doch nichts recht vornimmt, worin er ihm mit Rat, Warnung und Abhaltung, auch Vorstellung des Willens und der Allgegenwart Gottes nach Befinden begegnen kann. Denn die sorgfältige Inspection ist der eigentliche nervus der Erziehung, daher niemand hierin nachlässig oder commode, sondern vielmehr durch die Gnade Gottes excitat (geweckt) und mühsam sein soll, wie denn auch nach der Möglichkeit dahin zu sehen, daß der Praeceptor zu rechter Zeit da sei, wenn die Kinder aus der Schule kommen, damit sie vor der Wohnstube nicht lange warten dürfen oder lange allein auf der Stube ohne Inspetion (sic N.N.) sein und Mutwillen treiben mögen.«[2]

Unter dem Dictum des permanenten Zeit-Nutzens im Blick auf den Gnadenerwerb gab es bei Francke nur den Dualismus von Wachen oder Schlafen. Dort, wo die Natur der menschlichen Physis Grenzen setzte, bedurfte es des Schlafes; im wachen Zustand aber hatte der Mensch zu arbeiten oder sich auf Gott zu besinnen. Was an »Rekreation« oder »Relaxation« noch eingeplant war, blieb ausschließlich auf die Wiederherstellung der Arbeitsfähigkeit bezogen.[3] Muße oder gar Zerstreuungen wie das Tanzen galten Francke bereits als Müßiggang.

Die Gefahren, die die Verdichtung des Zeithorizonts und die Aufforderung zum permanenten, aktiven Zeit-Ausnutzen mit sich brach-

---

[1]A. H. Francke: Ordnung und Lehrart der Waisenhaus-Schulen. In: G. Kramer (Hrsg.), S. 172.

[2]Ebd. S. 179.

[3]Vgl. ebd., S. 230.

ten, scheint Francke bereits gespürt zu haben. Einerseits verwies er mit Stolz auf seine Erfahrung,

»daß sie (die Scholaren, N.N.) selbst bekennen, es gehe ihnen die Zeit hin, daß sie selbst nicht wüßten wie; indem das dulce dem utili stets misciret, und alle Gelegenheit, Böses zu thun und verführet zu werden, ihnen unvermerkt nach aller Möglichkeit genommen wird«.[1]

Andererseits warnte er aber auch immer wieder davor, Aufgaben zu übereilen und sie mit »unzeitiger und ungemäßigter Geschäftigkeit« zu tun.[2] »Mehr als dreierlei Dinge auf einmal und zugleich« dürfe kein Scholar treiben, aber »das Wenige mit desto größerem Fleiß ... und hurtiger«.[3] Daß im »Auskauffen der Zeit« bereits implizit der Versuch angelegt war, Zeit zu dynamisieren, indem man bemüht ist, so viel wie möglich aus einem verfügbaren Zeitdeputat herauszupressen, hatte Francke als logische Konsequenz seines Zeitverständnisses offenbar nicht gesehen. Er vertraute darauf, daß ein wohldurchdachter und strikt befolgter Stundenplan als Bremse gegen das »Herumflattern« und das »allzu hitzige« Verhalten wirkte.[4]

Freilich ist das, was als zu schnell oder zu langsam, zu kurz oder zu lang empfunden wird, historischen Veränderungen unterworfen, und zwar je nach dem, welches Zeitgefühl der einzelne erworben hat. Franckes Zeitgefühl jedenfalls und das seiner Zeitgenossen dürfte trotz aller Dringlichkeit, die aus Franckes Zeilen sprechen, noch von einem Tempo geprägt sein, das spätere Beobachter als Behäbigkeit auffassen würden. Seine Predigt über den rechten Gebrauch der Zeit dürfte etwa 1 bis 1¼ Stunden gedauert haben. Knapp 150 Jahre später wurde seine Predigtlänge als zu langatmig und zeittötend empfunden. In seiner Autobiographie berichtet Friedrich Paulsen, daß für ihn die Predigten Franckes, die er in seiner Kindheit sonntags nachmittags seinen Eltern vorzulesen hatte, immer ein »Schrecken« waren:

---

[1]Ebd. S. 233.

[2]A. H. Francke: Idea Studiosi Theologiae. In: G. Kramer (Hrsg.), S. 397.

[3]A. H. Francke: Ordnung und Lehrart des Pädagogiums. In: G. Kramer (Hrsg.), S. 228.

[4]Ebd. S. 404 f.

»Wurde nun der dicke Quartband von Francke geholt, dann kam ich gewiß nicht unter einer Stunde frei, es konnten auch anderthalb werden, das 18. Jahrhundert hatte Zeit und hielt darauf, daß seine Prediger ihr Brot nicht müßig aßen. Ich versuchte daher wohl die Wahl auf einen jüngeren zu lenken, L. Hofacker oder L. Harms in Hermannsburg, der später durch seine Missionsarbeit ihre Gunst vorzüglich gewonnen hatte: ich liebte ihn keineswegs, aber er tat's doch mit einer halben Stunde.«[1]

---

[1]Friedrich Paulsen: Aus meinem Leben. Jugenderinnerungen. Jena 1909. S. 28 f.

Kapitel 3

Der aufgeklärte Mensch als Herr seiner Zeit

Nur wenige Tage, nachdem Robinson Crusoe gestrandet war, bastelte er sich einen Kalender, um den jeweiligen Wochentag und das genaue Datum zu wissen; seine werktäglichen Arbeiten richtete er nach einem festen Stundenplan aus. Daß der Autor Defoe dies in seinen 1719 veröffentlichten Roman hineinschrieb, dürfte heute dem Leser kaum auffallen, lerngeschichtlich betrachtet verbirgt sich dahinter ein gewaltiger Sprung. Denn der Kalender ist von seinem historischen Ursprung her ein soziales Instrument zur Regelung zwischenmenschlicher Beziehungen. Aber auf einer menschenleeren Insel gab es für Robinson nichts, was er mit anderen zu koordinieren gehabt hätte. Er benötigte ihn ausschließlich für sich selbst als ein Hilfsmittel neben anderen, das ihn seine Homöostase wiedergewinnen ließ. Der Kalender war ihm zum äußerlich sichtbaren Teil seiner Identität geworden. Bezeichnenderweise gab Robinson seinem späteren Gefährten den Namen Freitag. Aus der Fülle der nachfolgenden Robinson-Adaptionen seien exemplarisch zwei genannt, die trotz zahlreicher Veränderungen hier dem Original folgten: In seiner Bearbeitung des Robinson für Kinder (1779/80) übernahm Joachim Heinrich Campe diese Passage zwar nicht wörtlich, aber sinngetreu.[1] Auch Johann Karl Wezel, der der Idee einer aufgeklärten Gesellschaft skeptisch gegenüberstand, läßt hier keine Distanz erkennen:

---

[1]Joachim Heinrich Campe: Robinson der Jüngere. Ein Lesebuch für Kinder (1779/80). Neu hrsg. v. Johannes Merkel u. Dieter Richter. München 1977. T. 1, S. 50 ff.

»Glücklicherweise fiel es ihm (Robinson, N.N.) kurz nach seiner Ankunft auf der Insel ein, sich einen Kalender zu verfertigen. ... Alles genau erwogen, war sein Zustand nunmehr gewiß nicht so äußerst traurig, als es scheint und er vielleicht selbst glaubte. Die Gewohnheit, diese große Stütze der menschlichen Glückseligkeit, mußte ihm erst das Unangenehme seines Aufenthaltes wegwischen, und dann wurde es dem Nachdenken nicht schwer, tausendfaches Gute darin zu entdecken.«[1]

Sich selbst und seine Tätigkeiten eingebettet in eine lineare Zeitleiste zu verstehen, war - so Wezel - der Romanfigur Robinson, dem Ideal eines aufgeklärten bürgerlichen Subjekts, zur Gewohnheit und zur Selbstverständlichkeit geworden. Galt dies auch für die Uhr, das kleinschrittige Äquivalent zum Kalender?

Der Einstieg in die Individualisierung der Uhr

Uhrenproduktion und -verbreitung

Anfang des 18. Jahrhunderts hatte Marperger die Individualisierung der Uhr gefordert. Die Idee war der sozialen Wirklichkeit voraus, in der zweiten Hälfte des Jahrhunderts wurde sie allmählich von der Realität eingeholt. Einige Zahlen können diese Entwicklung verdeutlichen: In 379 Inventaren des Stiftes Quernburg im Kreis Herford für die Zeit zwischen 1720 und 1769 sind lediglich 2 Uhren in privaten Haushalten nachgewiesen. Danach änderte sich die Situation fast sprunghaft; zwischen 1780 und 1789 werden bei 116 Inventaren 14 Uhren genannt, 1790-99 bei 120 Inventaren 23 Uhren und zwischen 1800-09 bei 76 Inventaren sind es bereits 25 Uhren. Ähnliche Relationen sind auch für Lemgo belegt.[2]

Aufschlußreich sind auch die Produktionsziffern der Schwarzwälder Uhrenhersteller. Anders als das nur regional bedeutsame Uhrenhandwerk wie etwa im Bergischen Land wurden im Schwarzwälder

---

[1]Johann Karl Wezel: Robinson Krusoe (1779). Berlin 1982. S. 46 f.; s.a. S. 50.

[2]Ulrich Reinke: Hausuhren - Gebrauchsuhren. Stand-, Wand-, Tischuhren, Wecker und Taschenuhren im Raum Westfalen zwischen 1750 und 1950. Hamaland-Museum Vreden. Borken 1987. S. 26.

Hausgewerbe schon früh hohe Produktionsziffern erreicht. Die ersten hölzernen Hausuhren wurden hier bereits im letzten Viertel des 17. Jahrhunderts hergestellt, spätestens ab 1750 war man vom Export ins europäische Ausland und in die USA abhängig.[1] Trotz aller Unsicherheit, die mit den zeitgenössischen Gewerbestatistiken verbunden ist, kann die folgende Aufstellung der jährlichen Produktionszahlen im Schwarzwald einen Eindruck davon vermitteln, wie der Bedarf an privaten Uhren nach der Wende zum 19. Jahrhundert gestiegen war[2]:

1790	betrug	die	Gesamtproduktion	im	Jahr	110 000	Uhren
1810	"	"	"	"	"	180 000	"
1830	"	"	"	"	"	300 000	"
1845	"	"	"	"	"	600 000	"

In der ersten Hälfte des 19. Jahrhunderts wurden hier insgesamt mehr als 15 Millionen Uhren hergestellt.[3] Um 1780 fiel Reisenden auf, daß auch außerhalb des eigentlichen Uhrmachergebietes in jedem Haushalt des Schwarzwaldes eine Uhr hing.[4] Im Furtwanger Uhrenmuseum geht man davon aus, daß spätestens 1850 in jedem Haushalt Deutschlands eine Wand- oder Standuhr vorhanden war.[5]

Mögen auch die Schwarzwälder Holzuhren gegenüber anderen Uhren aus der Schweiz, aus England oder Frankreich technisch unterlegen gewesen sein, so bestand ihr unbestrittener Vorteil in ihrer Preisgünstigkeit, die es auch unterprivilegierten Schichten erlaubte, sich eine Uhr anzuschaffen. Für die einfachste Uhr ohne Schlagwerk und mit einer Laufdauer von 12 Stunden betrug um 1810 der Händlerpreis 1 fl.; um 1800 war sie die meistverkaufte Uhr. Eine 24-Stunden-Uhr mit Schlagwerk kostete zur gleichen Zeit 2-4 fl., um 1840 bereits nur noch 2 fl. 24 kr. Die Verkaufspreise dürften etwa 100-200% darüber gelegen haben.[6] Zum Vergleich:

---

[1]Siehe Helmut Kahlert: 300 Jahre Schwarzwälder Uhrenindustrie. Gernsbach 1986. S. 85 f.

[2]Ebd. S. 45.

[3]Ebd. S. 47.

[4]Ebd. S. 83.

[5]Für zahlreiche Hinweise zur Technikgeschichte der Uhr und zur Verbreitung danke ich Franz Herz, Historiker am Uhrenmuseum Furtwangen.

[6]H. Kahlert: 300 Jahre Schwarzwälder Uhrenindustrie, S. 61 u. 84.

Ein einfacher Bauarbeiter erhielt 1850 bei der badischen Eisenbahn täglich 36-40 kr.; in Furtwangen konnte um 1845 ein männlicher Tagelöhner ohne Kost mit etwa 1 fl. rechnen, die Holzhauerlöhne lagen hier pro Tag zwischen 48 kr. und 1 fl. 20.[1]

Für die massenhafte Verbreitung der Uhr in Deutschland dürften die entscheidenden Impulse aufgrund der Preisgünstigkeit vom Schwarzwald ausgegangen sein. Dies spiegelt sich auch in einem zeitgenössischen Urteil wider; eingekleidet in eine rhetorische Frage notierte Carl Julius Weber in seinen Reiseaufzeichnungen:

> »Wer will bestimmen, wie viel Sinn für Zeitwerth und Ordnung diese Schwarzwälder-Uhren unter die Leute brachten, selbst unter Russen, Türken und Amerikaner?«[2]

Aufgrund ihrer robusten Technik und ihrer äußeren Gestaltung stand bei diesen Uhren immer ihr Gebrauchswert im Vordergrund. Bis etwa 1750 waren auch noch Waagbalkenuhren gebaut worden, also Modelle nach einem Bauprinzip aus der Zeit vor Huygens, die aufgrund ihrer mangelnden Ganggenauigkeit lediglich mit einem Stundenzeiger oder zusätzlich mit einem ausgegliederten Viertelstundenblatt ausgestattet waren.[3] Alle folgenden Modelle besaßen einen zentralen Minutenzeiger und ein entsprechend skaliertes Zifferblatt, teurere Exemplare auch ein Schlagwerk und zum Teil eine einstellbare Weckvorrichtung, so daß die jeweiligen Benutzer die Uhrzeit individuell und - zumindest innerhalb des Hauses - jederzeit zur Verfügung haben und bis in die Minute hinein verifizieren konnten.

Die für das 16. Jahrhundert hinreichende heuristische Trennung zwischen Stadt und Land hat, was das Zeit-Wissen der Menschen angeht, gegen Ende des 18. Jahrhunderts ihre aufschließende Kraft verloren. Denn zum einen belegen verschiedene Quellen, daß privater Uhrenbesitz nicht nur im bürgerlichen Haus selbstverständlich geworden war, sondern daß Wand- und Standuhren auch zum Inven-

---

[1]Ebd. S. 106; s.a. auch S. 119.

[2]Carl Julius Weber: Deutschland oder Briefe eines in Deutschland reisenden Deutschen. Bd. 1. Stuttgart [3]1855. S. 122.

[3]H. Kahlert: 300 Jahre Schwarzwälder Uhrenindustrie, S. 29.

tar wohlhabender Bauern gehörten.[1] Zum anderen arbeiteten inzwischen viele Menschen aus der ärmeren Landbevölkerung im hausgewerblichen Verlagswesen und somit unter einer ausschließlich quantitativen Konstruktion von Arbeit, die - wie im folgenden noch zu zeigen sein wird - eine besondere Zeitdisziplin erforderte, so daß auch hier von einem Bedarf an privaten Uhren ausgegangen werden kann.

Eine Steigerung zur Hausuhr bot die Taschenuhr; sie erlaubte ihrem Besitzer, sozusagen als Uhr am Körper, in jedem Augenblick die Kontrolle über die Zeit. Allerdings lassen die aufwendig gestalteten und gelegentlich kompliziert zu handhabenden Uhrenständer vermuten, daß Taschenuhren nicht ständig getragen wurden, sondern als miniaturisierte Standuhr im Haus auch Repräsentationszwecken dienten. Dies Bedürfnis wird auch deutlich durch die nahezu obligatorische Uhrkette, die nach außen hin sichtbar jeden Beobachter darauf hinwies, daß in der Tasche eine Uhr steckte. Lühning charakterisiert die zweite Hälfte des 18. Jahrhunderts als eine Zeit, »in der die Taschenuhr im Volksbewußtsein einen Symbolwert gewinnt, der gleichbedeutend mit Wohlstand, ›Zeitbewußtsein‹ und männlicher Würde ist«.[2] Relativ eindeutig läßt sich der Besitz von Taschenuhren für diese Zeit dem Bürgertum und dem Adel zuordnen.

Ähnlich wie bei der Verbreitung der Hausuhr verlief auch hier die Entwicklung; in der Produktion von Taschenuhren spielte Deutschland nur eine untergeordnete Rolle, die Zentren, von denen der Export ausging, waren vor allem Genf und London. 1685 waren in Genf etwa 100 Meister und 3oo Arbeiter mit der Herstellung von jährlich ungefähr 5 000 Uhren befaßt; im Schnitt erstellte somit eine Arbeitskraft eine Uhr im Monat. 1740 waren es bereits 550 Meister, zwanzig Jahre später 800 Meister, die allein in Genf noch etwa 4000 Arbeiter beschäftigten; die Zahl der Zuarbeiter in der näheren Umgebung dürfte noch um einiges darüber gelegen haben. Für die Zeit zwischen 1781 und 1786 wird die Zahl der in Genf produzierten

[1]Vgl. U. Reinke: Hausuhren - Gebrauchsuhren, S. 20; Arnold Lühning: Gemessene Zeit. In: Gemessene Zeit. Uhren in der Kulturgeschichte Schleswig-Holsteins. Ausstellung zum 100jährigen Jubiläum. Schleswig-Holsteinisches Landesmuseum. Schleswig 1975. S. 20.

[2]A. Lühning: Gemessene Zeit, S. 38.

Uhren auf jährlich 85 000 geschätzt.[1] Auch für Großbritannien liegen verwertbare Schätzungen vor. Demnach wurden im letzten Viertel des 18. Jahrhunderts dort jährlich zwischen 150 000 und 200 000 Uhren hergestellt, was in etwa der Hälfte der europäischen Gesamtproduktion - und damit auch ungefähr der Weltproduktion - entsprochen haben dürfte.[2]

In seinem epochemachenden Werk über den *Reichtum der Nationen* (1776) hatte Adam Smith verdeutlicht, daß durch Arbeitsteilung Zeit in der Produktion erspart werden und somit in gleicher Zeit mehr und damit billiger produziert werden könne. Er hätte in einigen Bereichen der Uhrenherstellung reiches Anschauungsmaterial für seine Thesen finden können. Kostete ein Uhrwerk in der Herstellung um 1650 noch etwa 20 britische Pfund, so betrugen aufgrund von Arbeitsteilung und Maschineneinsatz die Produktionskosten für ein weitaus besseres Uhrenrohwerk um 1800 nur noch 20 Schilling.[3] In Frédéric Japy hätte Smith einen äußerst konsequenten Verfechter und Realisator seiner Thesen entdecken können. In La Chaux-de-Fonds, im schweizerischen Jura, gründete Japy 1776 ein Unternehmen, in dem durch Arbeitsteilung und strikte Standardisierung einzelner Uhrenteile unter Einsatz moderner Maschinen die Produktion von Uhrenrohwerken beschleunigt und die Kosten nachhaltig gesenkt werden konnten. Um 1780 schafften lediglich etwa 50 Arbeiter eine jährliche Gesamtproduktion, die nach einer eher zurückhaltenden Schätzung 20 000 Rohwerke erreichte; 1795 waren es bereits 40 000, zehn Jahre später gar 100 000 pro Jahr, die in die nähere Umgebung ausgeliefert und dort nachbearbeitet und in verschiedene Gehäuse eingepaßt wurden. Mit 2½ francs entsprach der Preis je Werk etwa dem Tagelohn eines ungelernten Arbeiters. Der Preis für die komplette Taschenuhr lag um knapp das Zehnfache darüber.[4]

Der Einstieg in die Massenproduktion der Uhr und der daraus folgende und stetig wachsende private Uhrenbesitz ist ein Indiz für den

---

[1]Siehe D. S. Landes: Revolution in Time, S. 254.

[2]Ebd. S. 231; s.a. S. 287.

[3]Ebd. S. 231.

[4]Zusammenstellung der Daten nach den Ausführungen von D. S. Landes, ebd. S. 261 f. Bei den letztgenannten Preisangaben für eine Taschenuhr läßt Landes offen, ob damit Einkaufs- oder Verkaufspreise des Handels gemeint sind.

weiter vorangeschrittenen gesellschaftlichen Lernprozeß in Richtung auf eine kontinuierliche Zeitdisziplin. Aber die Entwicklung der Technik und ihre erfolgreiche Plazierung auf dem Markt ist immer zugleich beides: Sie ist zum einen die nach außen hin sichtbare *Wirkung* eines gesellschaftlichen Selbstverständnisses, das Zeit als wertvoll und als Ressource ansieht, die vom einzelnen permanent genutzt werden muß; und sie ist zugleich *Ursache* einer sich weiter entwikkelnden und sich verdichtenden Zeitwachheit.[1] Aus lerntheoretischer Sicht ist die nahezu allgegenwärtige Präsenz von Uhren im Alltag der Menschen zugleich ein Indiz und ein Stimulus für Zeitwachheit und Zeitdisziplin.

Welche Konsequenzen der Einstieg in die Individualisierung der Uhr für den gesellschaftlichen Lernprozeß Zeit im einzelnen hatte, soll im folgenden noch rekonstruiert und interpretiert werden. Immerhin war durch die massenhafte Produktion und Verbreitung privater Uhren die Voraussetzung geschaffen, daß die Menschen immer unabhängiger wurden von den Schlägen der öffentlichen Uhr und damit Zeit nicht nur anhand der Schläge in Intervallen, sondern kontinuierlich zur Kenntnis nehmen konnten. Vor allem erlaubte dies den Wandel von einem passiven zu einem aktiven Zeitwahrnehmen: Es ist ein Unterschied, ob die Uhrzeit in einem festgelegten Rhythmus verkündet wird oder ob der einzelne bei Bedarf in jedem Augenblick von sich aus auf die Wand- oder Taschenuhr blicken und den Fortgang der Zeit sogar in Minuten verfolgen kann. Die Uhr, dekorativ an der Stubenwand, erzwingt geradezu den Blick, und sei er auch noch so beiläufig. Sie ist ja dort kein stiller Gast, sondern eine laut tickende Maschine (besonders die Schwarzwälder Holzuhr), die mit ihrer ständigen, weitausladenden Pendelbewegung auf sich aufmerksam macht.

Durch die Individualisierung der Uhr eröffneten sich neue Nutzungsmöglichkeiten. Über die ordnungsstiftende Funktion innerhalb des Gemeinwesens hinaus, konnte die Uhr nun auch zu einem Orientierungsmittel werden, anhand dessen der einzelne sein Leben und vor allem seine Arbeit ausrichtete. In dem Augenblick, wo neben den öffentlichen Glockenschlag der Turmuhren, der auf die Steue-

---

[1]Über die Wechselbeziehung von Ursache und Wirkung im Verhältnis zwischen Technik und Entwicklung des kapitalistischen Geistes siehe auch W. Sombart: Der Bourgeois, S. 309 ff.

rung kollektiver Vorgänge zielte, die private Uhr trat, bot sich die Chance, daß der einzelne, wenn auch in engen Grenzen je nach seinem Ort innerhalb des sozialen Geflechts, seinen Neigungen gemäß ein individuelles Programm entwarf und danach lebte. Indem die Uhr innerhalb der Kommunikation über Zeit sich von einem akustischen Medium zu einem visuellen wandelte, wurde das Lernfeld ›Zeit‹ anders organisiert und strukturiert und die Erfahrbarkeit von Zeit neu gestaltet.

Das Leben nach der Uhr als Ausdruck der Vernunft und Tugend

Im Vergleich zu den Quellen früherer Zeiten fällt auf, mit welcher Selbstverständlichkeit und Beiläufigkeit Uhrzeiten in den Texten etwa der Aufklärungspädagogen genannt werden. Eine kleine Wortstatistk kann dies erhellen: In seinem *Moralischen Elementarbuch* von 1785 erwähnt Salzmann 75mal die Uhrzeit, darüber hinaus verwendet er noch 9mal die ›Viertelstunde‹ und 18mal die ›Minute‹. Anders als bei Felix Platter 1612, der die Uhrzeit nur bei herausragenden Ereignissen notierte, lassen sich bei Salzmann keine Verwendungskriterien mehr erkennen - ein Hinweis darauf, daß Salzmann die Uhrzeit systematisch entdeckt hatte und ihr keine Exklusivität mehr zudachte. Auch in der Erwähnung der Minute, zumeist in Wendungen wie »nach wenigen Minuten« oder »ein paar Minuten«[1], spiegelt sich der Übergang der Uhr von einem akustischen zu einem visuellen Medium, das anhand seiner differenzierten Zeitskala auch die Erfahrung von kleineren Zeiteinheiten erlaubte. Salzmann hatte sein *Moralisches Elementarbuch* narrativ konzipiert; eine der handelnden Hauptfiguren verfügte wie selbstverständlich über eine Uhr; »Herrmann« war ein »reicher Kaufmann« und »ehrlicher, fleißiger Mann«[2], der es mit Rationalität, die sich in einer rigiden Zeit- und Arbeitsdisziplin artikulierte, zu etwas gebracht hatte und der es sich

---

[1]Christian Gotthilf Salzmann: Moralisches Elementarbuch. Nachdruck der Auflage von 1785. Hrsg. v. Hubert Göbels. Dortmund 1980. S. 108 f.

[2]Ebd. S. 1.

leisten konnte, seiner Tochter eine Uhr zu schenken.[1] Daß Uhrengeschenke an Kinder unter wohlhabenden Leuten nicht völlig unüblich waren, läßt ein Bericht über Zellers Tätigkeit im Königsberger Waisenhaus vermuten.[2] Johann Salomon Semler, Professor für evangelische Theologie, der selbst erst wenige Jahre zuvor mit Hilfe eines befreundeten Buchhändlers eine silberne Taschenuhr erstanden hatte, beklagte um 1780, jeder Magister und jeder Student müsse eine Uhr tragen; in begüterten Familien erhalte bereits jeder Quartaner eine silberne und jeder Student eine goldene Taschenuhr.[3] Auch *Carl von Carlsberg* (1783), Titelfigur des sozialkritischen Briefromans von Salzmann, besaß eine Taschenuhr wie die ihm gleichgestellten Romanfiguren.[4] Salzmann, der gegen die Vorwürfe von Kritikern wiederholt betonte, daß er nur das zusammengetragen und literarisch bearbeitet habe, was er selbst erlebt habe oder glaubwürdige Zeugen ihm mitgeteilt hätten[5], läßt in einer Gesprächsszene den Wunsch eines nach Amerika auswandernden Bauern erkennen, sich eine Taschenuhr leisten zu können.[6] An anderer Stelle berichtet er von herumziehenden Trödlern, die billige Uhren verkaufen.[7]

Im Zentrum der nachfolgenden Interpretation stehen Äußerungen bedeutender Aufklärungspädagogen der letzten Jahrzehnte des 18. Jahrhunderts und der Wende zum 19. Jahrhundert. Diese verstanden sich als Motor einer auf den Fortschritt gerichteten gesellschaftlichen Entwicklung; intensiv nutzten sie die Volksschriftstellerei zur Verbreitung ihrer Ideen. Aufgrund ihrer didaktischen Intention kann erwartet werden, daß sie nicht nur beiläufig über Uhrzeiten redeten, sondern auch in ihren belehrenden Ausführungen im Detail erkennen lassen, mit welchem Wissen sie auf Uhren blickten und in

---

[1]Ebd. S. 292.

[2]Katharina Rutschky (Hrsg.): Schwarze Pädagogik. Quellen zur Naturgeschichte der bürgerlichen Erziehung. Frankfurt/M. 1977. S. 397.

[3]Siehe Gustav Freytag: Bilder aus der deutschen Vergangenheit (1859-67). Hrsg. v. Heinrich Pleticha. Bd. 3. Hamburg 1978. S. 217.

[4]Christian Gotthilf Salzmann: Carl von Carlsberg oder über das menschliche Elend. (Leipzig 1783 ff.). Bern 1977. T. 1, S. 44, 57, 320; T. 2, S. 290; T. 3, S. 23; T. 4, S. 32; T. 6, S. 287.

[5]Ebd. T. 1, S. 6 f.; T. 6, S. 2.

[6]Ebd. T. 3, S. 8.

[7]Ebd. T. 4, S. 335.

welcher Weise Uhren bei ihren Lesern zu einem geistigen Besitz geworden waren oder noch werden sollten.

»In einem Hause muß alles so ordentlich zugehen, daß fast alles, z. B. Arbeit, Schließung des Hauses, Aufstehen vom Bette, Auslöschung des Lichtes und die Tischzeit nach einem *Glockenschlage* bestimmt und ohne besondere Ursache von der Regel nicht abgewichen werde.«[1]

»hier (sic, N.N.) ist eins der bilder, die erste tafel. eine viertelstunde wollen wir sie besehen. da hängt die uhr vor uns!«[2]

»Herrmann befand sich in der Gesellschaft dieses Mannes sehr wohl, und würde gerne noch viel länger mit ihm geplaudert haben. Aber die Glokke schlug zwölfe; er sprang auf und sagte, es ist mir außerordentlich leid, daß ich Ihre Gesellschaft nicht länger genießen kann. Es schlägt zwölfe, da muß ich nach Hause, damit ich meiner Familie nicht ein Exempel der Unordnung gebe.«[3]

Im Spiegel ihrer Vermittlungsbemühungen läßt sich erschließen, welche gesellschaftlichen und individuellen Lernprozesse die Aufklärungspädagogen im Vergleich zu früheren Generationen präsentieren bzw. selbst mitvollzogen hatten. Es ging diesen Aufklärern nicht mehr um ein punktuelles, situationsbezogenes Zeitbestimmen oder um ein koordinierendes Ausrichten sozialer Vorgänge an der Uhr; sie dachten in einem enggeknüpften, kontinuierlichen Zeitraster, dem sich der *einzelne* den ganzen Tag über auch in seinem Privatleben zu unterwerfen hatte.

---

[1]Johann Bernhard Basedow: Elementarwerk mit den Kupfertafeln Chodowieckis u.a. ([2]1785). Kritische Bearbeitung in drei Bänden. Hrsg. v. Theodor Fritzsch. Hildesheim/New York 1972. Bd. 1, S. 517.

[2]Ebd. S. 64.

[3]C. G. Salzmann: Moralisches Elementarbuch, S. 233 f. Die Verwendung des Begriffes »Glockenschlag« in den Quellen läßt nicht darauf schließen, daß nur von Rathaus- oder Kirchturmsuhren die Rede ist. Auch die Schlagwerke privater Uhren waren mit Glocken aus Glas oder Messing ausgestattet. Zu Tonfedern ging man in der Schwarzwälder Produktion allmählich ab 1830 über. H. Kahlert wertet dies als Hinweis darauf, daß der zwar reinere, aber auch lautere Glockenklang in städtischen Wohnungen als störend und bäurisch empfunden wurde. (300 Jahre Schwarzwälder Uhrenindustrie, S. 33.) Wer an die Uhr gewöhnt war, benötigte vermutlich ein solch aufdringliches Zeichen nicht mehr.

Die Uhr hatte die Regie für den gesamten Tagesablauf zu übernehmen: Im Takt der Uhr sollten die Arbeiten im Haushalt erfolgen, im Unterricht gelernt und Bilder betrachtet werden, gegessen und geschlafen werden. Was an noch ungebändigten Impulsen, momentanen Launen und physiologischen Bedürfnissen sich äußerte, sollte durch den Blick auf die Uhr oder den Glockenschlag in die Schranken verwiesen werden: Um 12 Uhr muß man essen[1], spätestens um eins muß man ins Bett, auch wenn deswegen mitten in einer spannenden Unterhaltung abgebrochen wird[2], die Kinder müssen sich mit der Fortsetzung des *Robinson* gedulden, bis die »Stunde zu Robinsons Erzählung geschlagen hatte«.[3] Hinter solchen Wendungen verbarg sich eine - wie im folgenden noch zu zeigen sein wird - pädagogisch begründete Rigidität gegenüber spontanen kindlichen Erwartungen und Gefühlen; nicht die momentanen Stimmungen oder die kommunikative Qualität einer Situation entscheiden über das Geschichtenerzählen, sondern die Position der Uhrzeiger. Was sich in der statistischen Auswertung von Uhrzeitnennungen bei Salzmann andeutete, findet hier seine Bestätigung: die auf das Individuum bezogene systematische Entdeckung der Zeit.

Den Aufklärungspädagogen ging es um die permanente Selbstbindung an die Uhr in nahezu allen Lebensbereichen. An die Stelle des durch die Uhr repräsentierten gesellschaftlichen Fremdzwanges hatte die habitualisierte Lebensform zu treten, in der der Blick auf die Uhr zur Selbstkontrolle und zum Selbstzwang des einzelnen wurde. So empfahlen Salzmann und Weiße als Erziehungsmittel das Tagebuch, durch das die Kinder nicht nur gezwungen würden, vor sich und ihren Eltern über jede Stunde Rechenschaft abzulegen, sondern sie auch zu einem bewußten, an der Uhr orientierten Zeiteinhalten veranlasse.[4] Johannes Ramsauer, zunächst Schüler und dann Lehrer in Pestalozzis Anstalten, zählte die regelmäßige Führung seines Tagebuchs zu den »bildendsten Punkten« seines Lebens: »Denn dadurch gewöhnte ich mich an Ordnung und Pünktlichkeit, besonders aber an

---

[1]Ebd. S. 200.

[2]Ebd. S. 113.

[3]J. H. Campe: Robinson der Jüngere, T. 2, S. 63.

[4]C. G. Salzmann: Moralisches Elementarbuch, S. 145 ff.; C. F. Weiße: Der Kinderfreund. Reutlingen [3]1791. Bd. 1, S. 37 ff. Zit. in K. Rutschky (Hrsg.): Schwarze Pädagogik, S. 185 ff.

Aufmerksamkeit auf mich und Andere.«[1] Den Tagesablauf nach einem vorab individuell festgelegten Plan zu bestimmen, war in der Geschichte der Uhr keine völlig neue Forderung, aber diese hatte nun durch die Verbreitung der Uhr ihre materiale Voraussetzung. Der gestiegende Privatbesitz an Uhren (somit die ständige Präsenz der Uhrzeit) und das Leben des einzelnen im Takt der Uhr waren die zwei Seiten des gleichen Lernprozesses, der auf die permanente Zeitdisziplin des einzelnen zusteuerte.

Die Gewöhnung an die Uhr wurde von den Aufklärern als notwendige Fertigkeit angesehen, um die Tugend der Ordnung zu erwerben. Campe sah 1789 in der Ordnung die oberste Tugend, von der alle weiteren Tugenden abhingen:

»*Ordnungsliebe!* - Wo nehme ich Worte her, dir diese -Tugend? nein, das ist zu wenig gesagt, diese Mutter und Pflegerin der meisten andern Tugenden, diese Beglückerin des menschlichen Lebens, diese mächtige Beförderin jeder nützlichen Thätigkeit, diese nothwendige Grundlage alles dessen, was schön und gut, was groß und edel ist, in ihrer ganzen Liebenswürdigkeit Nothwendigkeit und Nützlichkeit zu schildern? ... Sie (die Mutter, N.N.) wird die Zeit des Aufstehens und des Schlafengehns, die der Arbeit und der Erholung, die der Mittags, und der Abendmahlzeit u.s.w. genau mit dir verabreden, einen nach Stunden, nach halben und Viertelstunden bestimmten *Lebens- und Geschäftsplan* darüber aufsetzen, und mit liebevoller Strenge darüber wachen, daß an jedem Tage und in jeder Stunde gerade das von dir geschehe oder besorgt werde, was der Plan dafür angeben wird.«[2]

Die Verbindung von ›Ordnung‹ und ›Uhr‹ hatte es auch schon im 16. Jahrhundert gegeben, aber dort war sie theologisch überhöht und auf das Gemeinwesen bezogen gedacht worden. Hier bei Campe wird im Blick auf Uhren ein neuer Sinn sichtbar: An das technische Instrument Uhr war das Etikett ›Tugend‹ geheftet, das im Sinne der Aufklärung rational begründet war und als Teil des Verhaltenskodexes für jeden einzelnen Gültigkeit beanspruchte.

---

[1]Johannes Ramsauer: Kurze Skizze meines pädagogischen Lebens. Mit besonderer Berücksichtigung auf Pestalozzi und seine Anstalten. Oldenburg 1838. S. 25.

[2]Joachim Heinrich Campe: Väterlicher Rath für meine Tochter. Ein Gegenstück zum Theophron. Der erwachsenen weiblichen Jugend gewidmet. Erster Theil. Tübingen 1789. S. 205 f. u. 215.

Aus der historischen Distanz erscheint diese Sicht auf Uhren als eine elementare Gelenkstelle, mit der das Ziel der Aufklärung, die selbstregulierte bürgerliche Gesellschaft, erreicht werden sollte. Friedrich II. von Preußen hatte 1777 das Zusammenwirken von Regierung und Verwaltung verglichen mit einer Uhr, deren einzelne Teile so ineinandergreifen, daß Ordnung ensteht:

»Gleichwie alle Werkteile einer Uhr vereint auf denselben Zweck, die Zeitmessung, hinwirken, so sollte auch das Getriebe der Regierung derartig angeordnet sein, daß all die einzelnen Teile der Verwaltung gleichmäßig zum besten Gedeihen des Staatsganzen zusammenwirken.«[1]

Für den aufgeklärten Menschen war Herrschaft zwar nicht abwendbar, aber sie sollte so rational wie möglich erfolgen. Der zentrale Erziehungs- und Bildungsgedanke Ende des 18. Jahrhunderts basierte auf der Überzeugung, daß zwar Herrschaft das Funktionieren der Gesellschaft ermöglichte, aber der äußere Zwang dieser Herrschaft von innen heraus, durch Erziehung und Bildung, umverteilt oder aufgehoben werden könne, indem der einzelne befähigt wird, sich seiner Vernunft zu bedienen. Es war das Bestreben, die gesellschaftlichen Zwänge in die Subjekte zu verlagern und als einen von der Vernunft angeleiteten Selbstzwang wirksam werden zu lassen. Die Ordnung der Gesellschaft setzte die Ordnung im Individuum voraus.

Wie eng aufeinander bezogen Vernunft und Uhr gedacht wurden, belegt eine Passage aus Salzmanns *Moralischem Elementarbuch* (1785). Auf den ersten Blick scheint sie nur eine Variante der schon im 16. Jahrhundert verwendeten Metapher von Gott als dem großen Uhrmacher zu sein. In Begleitung ihres Vaters und des Magisters betrachten die Kinder den nächtlichen Sternenhimmel:

»Der Magister unterbrach es (das Stillschweigen, N.N.), indem er sagte: ›da stehen mir die Gedanken stille, wenn ich hierüber nachdenke. Der müßte blind seyn, der aus dem, was wir um uns sehen, Gott nicht erkennen wollte. Es entsteht ja kein Mühlwerk, keine Uhr von sich selbst, es wird dieß alles durch den menschlichen Verstand hervorgebracht, wie viel weniger kann die große Welt von sich selbst entstehen! Es geht da alles so ordentlich, wie in einer guten Uhr. Die Sterne gehen nicht unordentlich durch einander her, sie stoßen

---

[1]Zit. nach W. Dreßen: Die pädagogische Maschine, S. 73.

nie an einander an. So wie ich es voraus sagen kann, wo nach etlichen Stunden der Zeiger an meiner Uhr stehen wird, so weiß ich auch, wo morgen früh acht Uhr die Sonne, wo morgen dieser große, schöne Stern, den man die Venus nennet, wo nach etlichen Minuten der Mond stehen wird. Dort, wo ich mit dem Finger hinzeige, da wird er bald sichtbar seyn.«[1]

Gott dokumentiert sich in der Ratio, mit der diese Welt konstruiert ist; daß man ihn erkennen kann, liegt wiederum an der Ratio des einzelnen, mit der dieser die Welt durchdringt. Auch die Uhr selbst ist ein Teil und ein Produkt dieser Ratio. Und weil dies so ist, lassen sich die Bewegungen der Planeten und die Bewegungen der Uhrzeiger wechselseitig erschließen. Voraussagen über die Bahn des Mondes werden mit Blick auf die Uhr getroffen. Daß die Uhr lediglich eine Transformation der Sonnenbewegung ist, verschwimmt in dieser Argumentation; Original und Kopie sind nicht mehr voneinander zu trennen.

Sich an der Uhr zu orientieren, ist die logische Konsequenz und der sinnfällige Ausdruck der Vernunft. In seinen Ansprachen an die Kinder in Münchenbuchsee (1803/04) thematisierte Pestalozzi immer wieder den engen Zusammenhang von Zeitgebrauch und Vernunft:

»Die Zeit ist der Maßstab Euers Verstandes und Eueres Herzens und Euerer Kraft. Es kommt alles darauf an, daß Ihr Euer Gebeth dazu anwendet, Euch zur Rechenschaft dazu zu erwecken.

Wendet Euere Aufmerksamkeit in der Prüfung Euerer selbst auf den Verstand! Fragt Euch jeden Abend: Wie habe ich die Zeit dafür angewandt? ...

Man kann nicht halb vernünftig, halb thierisch seyn. Wer verstandlos lebt, verliert mit jedem Tag Zeit, Fähigkeit, Herzlichkeit, die Anlage zur Vernunft.«[2]

Das Charakteristische des aufgeklärten Menschen war seine Rationalität, die sich lebenspraktisch vor allem darin äußerte, daß er imstande war, sein Leben anhand der Uhr zu kontrollieren und zu organisieren. Wie eng Aufklärung und Uhrengebrauch zusammengehörten, läßt sich auch an Autoren sehen, die der Aufklärung ablehnend gegenüberstanden. In Spottversen aus dem Quedlinburger

---

[1] C. G. Salzmann: Moralisches Elementarbuch, S. 351 f.

[2] Pestalozzi. Sämtliche Werke. Hrsg. v. Artur Buchenau/Eduard Spranger/Hans Stettbacher. Bd. 17A. Zürich 1973. S. 18 u. 26.

Volkskalender von 1786 wurde die Uhr zum Erkennungsmerkmal des Aufklärers ironisch stilisiert; er sei eine »bunte Kreatur ... mit der geborgten Uhr«.[1] Offenbar redeten die Aufklärer nicht nur über Uhren, sie trugen sie auch demonstrativ als Ausdruck ihrer Gesinnung.

Seit Huygens Anwendung der Pendelgesetze auf die Uhr 1656 hatte sich nicht so sehr das technische Instrument Uhr geändert, wohl aber der Wissenszusammenhang der zuletzt zur Sprache gekommenen Autoren: Sie sahen in der Uhr die Ratio verkörpert, die der Konstruktion der Welt zugrunde lag. Indem sie das Leben nach der Uhr in ihren Tugendkatalog aufnahmen, ›infizierten‹ sie ein technisches Instrument mit einer moralischen Kategorie. All dies sind Zuschreibungen, die nicht von der Sache selbst abgelesen, sondern an sie herangetragen wurden. Solche Attribuierungen waren Ausdruck neuer, aus Lernprozessen hervorgegangener Selbstverständlichkeiten, mit denen das Spektrum der Erfahrungen mit der Uhr strukturiert wurde. Was aber hatte die Aufklärer bewogen, so über Uhren zu denken? Lassen sich in ihren Texten Hinweise finden, die sich als weitere Faktoren dieses lerngeschichtlichen Vorgangs deuten lassen?

Zeit ist Geld

1748 hatte Benjamin Franklin sein Credo der Arbeitsamkeit auf eine einprägsame Formel gebracht:

»Bedenke, daß *Zeit Geld* ist; wer täglich zehn Schillinge durch seine Arbeit erwerben könnte und den halben Tag spazieren geht, oder auf seinem Zimmer faulenzt, der darf, auch wenn er nur sechs Pence für sein Vergnügen ausgibt, nicht dies allein berechnen, er hat nebendem noch fünf Schillinge ausgegeben oder vielmehr weggeworfen. ... Wer nutzlos Zeit im Wert von 5 Schillingen vergeudet, verliert 5 Schillinge und könnte ebensogut 5 Schillinge ins Meer werfen. Wer 5 Schillinge verliert, verliert nicht nur die Summe, sondern alles, was damit bei Verwendung im Gewerbe hätte verdient werden können, - was,

---

[1]Zit. n. Gerhardt Petrat: Schulunterricht. Seine Sozialgeschichte in Deutschland 1750-1850. München 1979. S. 276.

wenn ein junger Mann ein höheres Alter erreicht, zu einer ganz bedeutenden Summe aufläuft.«[1]

Was hier als »Geist des Kapitalismus« erkennbar wird - der auf Geld reduzierte Wert der Arbeit - hat trotz der eindeutig utilitaristischen Attitüde seine Grundlage ähnlich wie bei Francke in einem puritanischen Arbeitsethos, das den Beruf und die Tüchtigkeit als eine religiös begründete Pflicht ansah. Man arbeitete nicht, um zu leben, sondern lebte, um zu arbeiten.[2] Franklins Argumentation war, bewußt oder unbewußt, so angelegt, daß sie auch den ›nur‹ kaufmännisch Rechnenden überzeugen konnte.

Mit der Gleichsetzung von Zeit und Geld hatte die Stilisierung der Zeit zu einem dem Menschen gegenüberstehenden Subjekt ihre bis heute höchste Abstraktionsstufe erreicht. Formaler und formelhafter ist ›Zeit‹ seitdem nicht mehr versprachlicht worden. Einige der Aufklärer griffen Franklins Formulierung direkt oder indirekt auf. Der Katholik Johann Adam Freiherr von Ickstatt rechnete 1772 in Kreuzern und Gulden vor, welcher volkswirtschaftliche Schaden durch die Religionspraxis der Katholiken jährlich entstünde. »Zeitversäumung« würde nicht nur durch die Gottesdienste und den täglichen Kirchgang verursacht, sondern auch durch die zu große Zahl an Feiertagen; auch Wallfahrten und Prozessionen »kosten«(!) zu viel Zeit. Man solle sich die Protestanten zum Vorbild nehmen, denn sie arbeiteten »ununterbrochen«.[3] Struve (1798) empfahl die Lektüre der Autobiographie Franklins, um am Beispiel seines Lebenswandels zu sehen, zu welchem Erfolg eine rigide Tagesordnung und stete Arbeitsamkeit führe.[4] Auf den neuralgischen Punkt in Franklins Gleichsetzung von Zeit und Geld verwies Salzmann:

»*Gewöhne dich, mit deiner Zeit sparsam unzugehen!*
Zeit ist Geld, sagte, wenn ich nicht irre, Franklin, vermutlich um Leuten, in deren Augen nichts so großen Wert hat als Geld, den großen Wert der Zeit begreiflich zu machen. Ich sage aber, Zeit ist mehr als Geld, da man durch gute

[1]Zit. n. Max Weber: Die protestantische Ethik I. Eine Aufsatzsammlung. Hrsg. v. Johannes Winckelmann. Gütersloh [6]1981. S. 40 u. 42.
[2]Vgl. ebd. S. 43 ff.
[3]Zit. n. P. Münch (Hrsg.): Ordnung, Fleiß und Sparsamkeit, S. 178 ff.
[4]Ebd. S. 311 f.

Verwendung der Zeit viel Geld erwerben, aber durch keine Geldsumme sich Zeit erkaufen kann.«[1]

Im Gegensatz zum Geld, das sich - zumindest theoretisch - in beliebiger Höhe anhäufen läßt, empfand Salzmann Zeit als eine prinzipiell begrenzte Ressource, die der einzelne durch eine rationale Lebensführung optimal auszuschöpfen hatte. Innerhalb dieser Rationalität kam der Zeit, konkretisiert als Zeitökonomie des Bürgers, *die* zentrale Position zu, von der alle weiteren Tugenden und Lebensformen abhingen. Quer durch die Reihen der Aufklärer war man davon überzeugt, daß hier der Schlüssel zu gesellschaftlichem Fortschritt und individuellem Wohlstand lag. Ihre immer wieder und nahezu stereotyp geäußerten Bekenntnisse zu steter Arbeitsamkeit, Regelmäßigkeit, Ausdauer und Ebenmaß der Arbeit lassen sich unter die Kategorie ›Zeitökonomie‹ subsumieren. Auch die früher nicht verwendeten, von ihnen aber nun benutzten sprachlichen Wendungen, daß etwas Zeit »kostet« oder daß Zeit »gespart« werden muß, sind ein Indiz für ihre ökonomische Sicht auf Zeit.

Was sich in der Formel »Zeit ist Geld« dokumentiert, läßt sich lerntheoretisch interpretieren als die Erfahrung aufgeklärter Menschen mit einer merkantilen Gesellschaft. Nicht ohne Grund hatte Salzmann in seinem *Moralischen Elementarbuch* die bürgerlichen Tugenden am Beispiel einer Kaufmannsfamilie dargelegt. Die Marktbeziehungen hatten sich inzwischen, wenn auch mit unterschiedlicher regionaler Gewichtung, wesentlich verdichtet.[2] Die Planbarkeit kaufmännischer Geschäfte setzte voraus, daß auch die daran beteiligten Menschen in ihren Arbeitsleistungen berechenbar waren, und zwar sowohl was das Quantum ihrer Arbeit anging, als auch was den Zeitpunkt der Fertigstellung und den gewinnbringenden Vertrieb der Waren betraf. Diese gewachsene Interdependenz zwischen den Menschen wurde von Pestalozzi und anderen Autoren der Aufklärung bewußt wahrgenommen und in ihren gesellschaftlichen und individuellen Folgen diskutiert:

---

[1]Christian Gotthilf Salzmann: Ameisenbüchlein oder Anweisung zu einer vernünftigen Erziehung der Erzieher. (1805). Bad Heilbrunn [2]1964. S. 60.

[2]Vgl. Hans-Ulrich Wehler: Deutsche Gesellschaftsgeschichte. Bd. 1: Vom Feudalismus des Alten Reiches bis zur Defensiven Modernisierung der Reformära 1700-1815. München 1987. S. 119.

»Ehedessen lenkte nur der Ritterarm und der Priestermund die Völker; Bauer und Burger wurden eng und kurz gehalten, sie sahn nicht weit, kamen nicht weit und richteten sich nur für den Winkel, in dem sie lebten, gut ein ... Aber das gute und böse, das diese Umstände hatten, ist izt für Teutschland hin; sein Bauer und sein Bürger ist wahrlich gegenwärtig an Ost- und Westindien, an Amerika und Asia angebunden. Seit dem der Priester nichts mehr mit seinem Mund, und der Ritter nichts mehr mit seinem Arm ausrichtet, seit dem das Geld aus den drey andern Welttheilen sich nach dem unsern hinlenkt, und jedermann alles, was er will, nur mit diesem auszurichten sucht, seit dem ist der Kauffmann Meister im Land, und dieser kann mit seinem Perpetuo mobili, das immer in seiner Hand ist, die andern Stände, die sich nicht an ihn schmiegen wollen, gängeln, herumführen, und aufs trokne sezzen, daß sie bald reustößig werden, wenn sie *unhöflich* (Hervorh., N.N.) waren ...; aber dem Bauer und Bürger und Edelmann bleibt nichts übrig, als sich ins Joch der veränderten Umständen zu schmiegen, oder arm zu werden, und sein Haus zu vernachläßigen, und zu Grund gehen zu lassen.«[1]

›Merkantile Gesellschaft‹ steht hier als Chiffre für die Verdichtung der sozialen Beziehungen, für die länger und differenzierter gewordenen Abhängigkeitsketten zwischen den Menschen, deren Funktionieren von einer ebenmäßigen, nicht mehr schwankenden, punktuellen Disziplin abhing. Genau dies gibt Pestalozzi zu erkennen, indem er das Fehlverhalten angesichts der wirtschaftlichen Veränderungen als »unhöflich« bezeichnet; was sich von außen gesehen als ökonomischer Wandel bezeichnen läßt, war für die Betroffenen selbst ein Wandel in ihren Verhaltensmustern. Es waren die Beziehungen zwischen den Menschen, die sich geändert hatten und durch ihre Ausweitung ein rationaleres, affektfreieres Verhalten erforderten.[2]

Aufgrund verschiedener Betriebsformen - einer »Gemengelage«[3] von Handwerk, hausgewerblichem Verlagswesen und Manufakturen - waren immer mehr Menschen unter den Disziplinierungszwang lohnabhängiger Arbeit geraten.[4] Wie kaum andere Zeitgenossen aus

---

[1]Pestalozzi. Sämtliche Werke, Bd. 8, S. 200 f. (1782). - Siehe auch J. H. Campe: Robinson der Jüngere, T. 1, S. 79 ff. - C. G. Salzmann: Moralisches Elementarbuch, S. 262 f.

[2]Vgl. Norbert Elias: Über den Prozeß der Zivilisation. Soziogenetische und psychogenetische Untersuchungen. Bd. 2. Frankfurt/M. [6]1979. S. 369-397; bes. S. 377.

[3]H.-U. Wehler: Deutsche Gesellschaftsgeschichte, Bd. 1, S. 112.

[4]Daß das Leben und Arbeiten nach der Uhr auch in Handwerkerkreisen zur

der schreibenden Zunft hatten die Pädagogen Salzmann und Pestalozzi die Folgen erfahren, die sich für Teile der Unterschichten durch die ausschließlich quantitative Konstruktion von Arbeit ergeben hatten. Ausbeutung durch Preisdrückerei und Trucksystem[1] und der gleichzeitige Verlust traditioneller Lebensformen erzeugten für viele Menschen eine Situation, auf die sie mit ihren bisher erworbenen Verhaltensweisen nicht mehr reagieren konnten.[2] Der Pauperismus vor allem unter der Landbevölkerung war zum zentralen ordnungspolitischen Problem geworden, dessen Folgen sich aus aufklärerischer Sicht durch eine rationalere, aufgeklärte Lebensweise der betroffenen Menschen lösen oder zumindest lindern ließen.

1799 hatte sich Pestalozzi ins Zürcher Oberland begeben, um dort einen Eindruck von den »Realverhältnissen« der Menschen zu erhalten, die inzwischen landlos geworden waren und im hausgewerblichen Verlagswesen ihr Einkommen suchten. Ihre Situation kann als Beispiel gelten für den wirtschaftlichen und sozialen Umbruch innerhalb des ländlichen Raums als Folge der Verdrängung agrarischer Lebensformen durch die Heimarbeit.[3] Vermutlich in Begleitung des Pfarrers Salomon Hafner besuchte Pestalozzi verschiedene Haushalte, in denen Erwachsene und Kinder an ihren Baumwollrädern saßen, um durch das Spinnen von Garn ihre tägliche »Rast« zu erreichen.[4] Mit dem Begriff Rast wurde ursprünglich das Arbeitspensum bezeichnet, das man sich für eine bestimmte Zeitspanne, hier den Tag, vornahm; ›Rast‹ konnte auch übertragen verstanden werden als Geldwert dieses Arbeitspensums.[5] Seine Erfahrungen dort ver-

---

Norm geworden war, belegen zahlreiche Quellen in Helmut Möller: Die kleinbürgerliche Familie im 18. Jahrhundert. Verhalten und Gruppenkultur. Berlin 1969. S. 152-154.

[1]Der Verdienst der Heimarbeiter wurde häufig aufgrund der ihnen aufgezwungenen Abnahmeverpflichtungen gegengerechnet mit den gelieferten - oft überteuerten - Waren und Lebensmitteln.

[2]Anschauliche Schilderung bei C. G. Salzmann: Carl von Carlsberg, T. 1, S. 218 ff. u. 348 ff. - Pestalozzi. Sämtliche Werke, Bd. 8, S. 47-64, 193-208.

[3]Ausführlich dokumentiert und analysiert aus volkskundlicher Sicht in Rudolf Braun: Industrialisierung und Volksleben. Die Veränderungen der Lebensformen in einem ländlichen Industriegebiet vor 1800 (Zürcher Oberland). Erlenbach-Zürich/Stuttgart 1960.

[4]Pestalozzi. Sämtliche Werke, Bd. 13, S. 70.

[5]Siehe R. Braun: Industrialisierung und Volksleben, S. 83. Ob Pestalozzi

arbeitete Pestalozzi unmittelbar nach seinem Aufenthalt in der Schrift *Siben Tag by Pfarrer Samuel.*

Nach Ansicht von Pestalozzi bedurfte es unter diesen Lebensumständen vor allem einer Qualifikation, nämlich der Fähigkeit, Ordnung in das Leben zu bringen und dies vor allem mit Hilfe der Uhr. Zwar war ihm dies kein Garant für die Überwindung der Armut, aber es war die einzig adäquate Antwort auf die ausschließlich quantitative Konstruktion von Arbeit, die der Familie zumindest inneren Frieden und die Gewißheit bieten konnte, ihr Möglichstes getan zu haben. Im Vordergrund der nachfolgenden Interpretation stehen zunächst nicht Pestalozzis intentionale Vermittlungsbemühungen und deren möglicher Erfolg, sondern die Frage, aus welchem gesellschaftlichen Kontext heraus das Lernfeld ›Uhr‹ genährt und vom Autor sprachlich erschlossen wird. Kernstelle ist ein Gespräch zwischen dem Pfarrer Samuel und der Mutter Caterj mit ihren Kindern, die von Pestalozzi als nachahmenswertes Beispiel vorgeführt werden:

»Dan sagte er zu ihnen: Um welche Zeit stehet ihr jez auf? um 6 Uhr, sagten alle.

Pfarrer: Ist euch jez nicht wohler, als wen ihr alle Morgen ein Loch in den Tag hineinschlaffet? Ja, wen wir einmahl aus dem Beth heraus sind! sagte der Heirlj, und alle lachten …

Pfarrer: Begreifst du jez, worum ich so darauf trang, daß deine Kinder auf den Schlag sechs Uhr bym Abendgebeth sizen und keine halbe Stunde fruher, keine spater?

Caterj: Ich hette es nicht geglaubt, aber ich kene meine Kinder nicht mehr, sintdem sie sich also nach Minuten der Uhr richten müssen; ich glaubte vorher, sie müssen sich nach meinen Worten richten.

Pfarrer: Das ware wohl gut, wenn das Menschenwort so richtig schlagen wurden als eine Uhr.

Caterj: Nein, Herr Pfarrer, auch die schlechteste Uhr geht richtiger als auch der gscheidesten Baurenfrauen ihr Mund.«[1]

Zunächst: Mit der Wendung »ein Loch in den Tag schlafen« gibt Pestalozzi zu erkennen, daß er ›Zeit‹ nicht mehr als das Ergebnis eines In-Beziehung-Setzens durch den Menschen verstand, sondern als ein objektiv Gegebenes, dem Menschen Gegenüberstehendes

---

die ursprüngliche oder übertragene Bedeutung meinte, geht aus dem Zusammenhang nicht hervor.

[1]Pestalozzi. Sämtliche Werke, Bd. 13, S. 73 u. 74 f.

ansah. Das war nichts Neues, diese Formulierung hätte auch 80 Jahre früher von Francke stammen können. Seine Sicht auf Zeit ermöglichte Pestalozzi, der Uhr eine höhere Wirkung zuzubilligen als den Worten der Mutter. Denn die Uhr als Ausdruck der objektiv gegebenen Zeit verkörpert einen Sachzwang, gegen den zu stemmen es sich nicht lohnt, weil es unvernünftig wäre. Eine Uhr kann nicht überredet oder bestochen werden, man kann mit ihr nicht wie mit der Mutter verhandeln. Die Frage heißt dann nicht mehr, *wer* zwingt mich, sondern *was* zwingt mich, die Zeit zu beachten - eine typisch rationale Wendung, die die Beziehung zwischen den Menschen von allen möglichen Affekten befreit und Distanz erzeugt, wie es auch im Kommentar der Mutter »ich kene meine Kinder nicht mehr« zum Ausdruck kommt.

Das Bemühen, an die Stelle der personengebundenen Autorität die Autorität einer Sache zu setzen, deren Wertigkeit auf der ihr zugrunde liegenden Ratio gründet, ist - bezogen auf die Uhr - auch in *Des Knaben Wunderhorn* wiederzufinden; dort wird die Uhr als »Amme« des Menschen bezeichnet.[1] Es ist gleichsam die Rationalität der Sache und nicht die ›bloß‹ verbale Forderung eines Menschen, von der der Zwang ausgeht.[2]

Die Uhr bringt gestaltende Ordnung in einen Alltag, der den Menschen eine von morgens bis abends gleichförmige, monotone Arbeit innerhalb des Hauses auferlegt. Man muß sich vergegenwärtigen, welch enormer Lernprozeß von ehemaligen Landarbeitern verlangt wurde: Nicht mehr die jahreszeitlichen Aufgaben auf den Äckern

---

[1]Unter dem Titel *Die Ammen-Uhr* ist in einer Szenenfolge von 12 Uhr mitternachts bis morgens um acht jeder vollen Stunde eine Bildtafeln zugeordnet mit einem kurzen Mehrzeiler, z.B. für 3 Uhr:

»Der Wind der weht,
der Hahn der kräht,
die Glock schlägt drei:
der Fuhrmann hebt sich von der Streu.«

Die Ammen-Uhr. Aus Des Knaben Wunderhorn. Zu Holzschnitten nach Zeichnungen von Dresdener Künstlern. Leipzig o.J. (1842 o. 1843).

[2]Die Nähe zu Rousseaus grundlegender These über das Verhältnis von Freiheit und Unterwerfung in der Erziehung Emils ist offenkundig: »Der Zwang der Verhältnisse muß der Zügel sein, der ihn hält, nicht die Autorität.« Jean-Jacques Rousseau: Emil oder Über die Erziehung (1762). Besorgt v. Ludwig Schmidts. Paderborn ^{4}1978. S. 70.

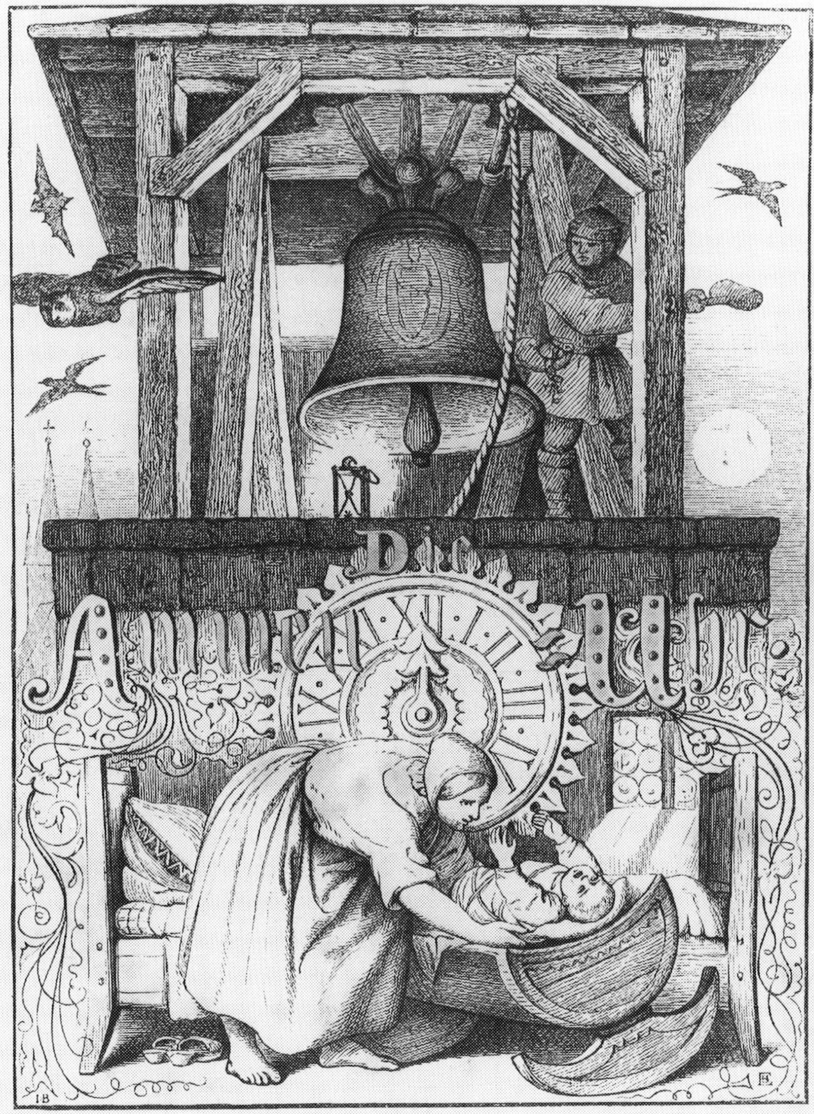

Die Ammen-Uhr. Aus des Knaben Wunderhorn. Zu Holzschnitten nach Zeichnungen von Dresdener Künstlern. Leipzig o.J. (1842 o. 1843)

bestimmten die Arbeitsintensität, weder tages- und jahreszeitliche Rhythmen noch witterungsbedingte Einflüsse gliedern nun den Arbeitstag. Die Arbeitsleistung bemaß sich jetzt ausschließlich nach dem täglich erzielten Quantum an gesponnenem Garn, das dann in Geld einzutauschen war.[1] Unter diesen entqualifizierten Arbeitsbedingungen wurde für Pestalozzi die Uhr zu einem Instrument, mit dessen Hilfe die Menschen eine der Situation adäquate, rationale Lebensführung erwerben konnten. Sie bot ein Raster, mit dem der Tag wieder identifizierbare Konturen erhielt und Zeitportionen - und damit auch die Arbeitsleistung - erlebbar wurden.

Auch in der nachfolgenden Szene beschreibt Pestalozzi die Wechselwirkung von äußerer Ordnung durch die Uhr und innerer, psychischer Ordnung des Menschen. »Rudi Rink« war zunächst ein »verwilderter Ehmann«, der »bis gegen Miternacht im Wirthaus« saß. Erst die Ordnung in seinem Haushalt, die sich unter anderem darin äußerte, daß die Suppe um 12 Uhr auf dem Tisch stand, machte aus ihm einen fürsorglichen Hausherrn, der seiner Familie zumindest halbwegs einen Lebensunterhalt bieten konnte und damit die Tür zum Familienglück öffnete; denn nur als Herr seiner Zeit konnte er auch zum Herrn innerhalb seiner sozialen und ökonomischen Verhältnisse werden.[2]

Pestalozzi hielt den Zwang für unausweichlich, den der ökonomische Wandel für die Menschen mit allen Folgen für ihre Arbeitsgestaltung mit sich brachte - er sprach von der »Revolution in den Brodangelegenheiten«. Ohne direkt Bezug auf die Uhr zu nehmen, schrieb er:

»Die Menschen werden zulezt gemeiniglich allenthalben so nach und nach auch selber Meister in ihrem Handwerk. Fehler, Bedürfnisse, Glük und Unglük bringen halt nach und nach auch den dümmsten zum Verstand, was sein wahres Bestes sey; aber es geht entsezlich lang, bis die Erfahrung aus Thoren Weise macht, das ist beym Volk so wahr, als beym einzeln Menschen, und bey Revolutionen in Brodangelegenheiten ist es allenthalben unaussprechlich sichtbar, daß wenn die höheren Stände mit weisem Einfluß frühe dem thorachten Misbrauch des Verdienst vorbiegen, daß dann zumal ein Volk ohne alle Vergleichung schneller in Ordnung kommt, und größern Nuzzen aus seinem Ver-

---

[1]Zur zweckrationalen Arbeitseinstellung von Heimarbeitern siehe R. Braun: Industrialisierung und Volksleben, S. 192 f.

[2]Pestalozzi. Sämtliche Werke, Bd. 13, S. 76 f.

dienst ziehet, als wo der Erfolg solcher den Zustand des Volks abändernden Umständen blos nur dem blinden Zufall überlassen wird.«[1]

Hier schließt sich der Kreis zu den erzieherisch reflektierten Bemühungen, mit denen Pestalozzi und andere Aufklärungspädagogen die individuelle Aneignung der Uhr förderten: eine an sich bereits laufende gesellschaftliche Entwicklung durch geeignete Erziehungs- und Bildungsmaßnahmen zu beschleunigen, Umwege und Sackgassen zu verhindern, Fehlentwicklungen gegenzuwirken. Man mag die Forderung nach festen Essens- und Schlafenszeiten, oberflächlich betrachtet, als Versuch einer nur sozialtechnisch begründeten Disziplinierung bewerten; aber angesichts einer Situation vor allem in der Heimarbeit, in der weder Maschinen den Takt vorgaben noch inhaltlich bestimmbare Aufgaben den Tag gliederten, boten feste Essens- und Schlafenszeiten Fixpunkte, an denen die Tugenden der Ordnung und Regelmäßigkeit eingeübt und in ihrer Relevanz erlebt werden konnten. An der Notwendigkeit, sich der Uhr unterwerfen zu müssen, gab es keinen Zweifel, aber die Unterwerfung war sachlich durch die Lebens- und Arbeitssituation der Menschen motiviert. Pestalozzi und andere Aufklärungspädagogen waren davon überzeugt, daß die Menschen durch Bewußtheit im Zeitgebrauch sich ihrem zunächst knechtischen Verhältnis der Uhr gegenüber entwinden und zu Herren ihrer Zeit werden konnten. Indem sie die Uhr im Blick auf die Lebenssituation der Menschen sprachlich erschlossen, stifteten sie Sinn und verwandelten die Uhr, die an sich nur ein technischer Tatbestand ist, in ein pädagogisches Instrument. Der Mensch, so Pestalozzi, mache immer dann große Fortschritte, wenn er es selber wolle:

---

[1]Ebd., Bd. 8, S. 202 f. Mit der Bemerkung, man müsse dem »thorachten Misbrauch des Verdienstes vorbiegen«, spielt Pestalozzi auf seine Beobachtung an, daß viele Lohnarbeiter noch nicht gelernt hatten, vorausschauend mit ihrem erarbeiteten Geld umzugehen. Durch den Verlust traditioneller Lebensformen und im Besitz einer größeren »Barschaft« bedürften gerade die Fabrik- und Gewerbsarbeiter »mehr Erleuchtung und mehr Ausbildung ... als der bloße Bauer«, damit sie lernten, mit ihrem Lohn nicht nur ihre »sinnlichen Gelüste« zu befriedigen. Ebd. S. 206.

»Ihm den Willen machen, ist das A. und O. der höhern Regierungskunst, ihne wider Willen zwingen, ist das arme Hilfsmittel der großen Cabineterkunst.«[1]

Die Aufklärungspädagogen bemühten sich publizistisch wie praktisch, den Menschen ein Leben nach der Uhr einsichtig zu machen und die Herrschaft der Uhr mit Vernunft zu durchdringen, damit der einzelne zum Herr seiner Zeit werden konnte. Der Weg zur Tugend der Arbeitsamkeit und Pünktlichkeit führte für sie über die stereotype Gewöhnung an die Uhr. Angesichts der Merkantilisierung der Gesellschaft mußte das Zeitmuster der Uhr vom einzelnen angeeignet und habitualisiert werden: Die Maschine Uhr mußte gleichsam inkorporiert und zum Attribut der Persönlichkeit werden - oder wie Ewald und ähnlich Campe es formulierten, zur »andern Natur« werden und zwar, weil man es selbst will, »weil man *selbst* das Gegentheil nicht ertragen kann«.[2]

Pünktlichkeit

Angesichts des ausgedehnten Privatbesitzes an Uhren und angesichts einer gesellschaftlichen Norm, die vom einzelnen eine Verinnerlichung der Uhr forderte, überrascht es nicht, daß zum ersten Mal in der Geschichte der Uhrenzeit auf breiter Ebene in den Texten der Aufklärer von Pünktlichkeit die Rede ist. Die Voraussetzung war geschaffen - lerntheoretisch formuliert -, daß Pünktlichkeit als Ausdruck eines von innen gesteuerten, selbstgewollten Verhaltens erworben werden konnte. Allerdings ging das, was die Aufklärer unter Pünktlichkeit verstanden, über die heute übliche, ausschließlich zeitliche Dimension dieses Begriffes hinaus; man sprach von »Pünctlichkeit im Beobachten der Vorschriften«[3], vom »pünktlichen Folgen«[4]

---

[1]Ebd. S. 62.

[2]Johann Ludwig Ewald: Vorlesungen über die Erziehungslehre und Erziehungskunst für Väter, Mütter und Erzieher. Bd. 2. Mannheim 1808. Zit. n. P. Münch (Hrsg.): Ordnung, Fleiß und Sparsamkeit, S. 351; s.a. ebd. S. 342. - Ähnlich: J. H. Campe: Väterlicher Rath für meine Tochter, T. 1, S. 216 f.

[3]H(einrich) B(althasar) Wagnitz: Historische Nachrichten und Bemerkungen

im Sinne von Gehorsam oder von »pünktlicher Genauigkeit«[1]. Die Unterordnung dieses Begriffes unter die Kardinaltugend Ordnung ist noch deutlich zu spüren; denn gemeint war eine Akkuratesse bis hin zur Pedanterie, mit der der einzelne seinen Pflichten und Geschäften nachzukommen hatte und innerhalb dessen das exakte Einhalten von Terminen nur ein Element von vielen war. In Ewalds *Erbauungsbuch für Frauenzimmer aller Konfessionen* (1803) kommt das Bedeutungsspektrum von ›Pünktlichkeit‹ anschaulich zum Ausdruck:

»Darum rieth ich dir immer eine gewisse Regelmäßigkeit, Pünktlichkeit, *jeden* Tag bestimmt *zu der Zeit* dieß und jenes zu thun. Dann wird es *sicher gethan*. Will man es zu einer unbestimmten Zeit thun, so thut man es oft gar nicht. Lieber pedantisch-pünktlich in Ordnung und Reinlichkeit als zu frei! Was man unbestimmt frei thut, wird nie zur Gewohnheit, nie mechanisch und zur andern Natur. Und das müssen die Eigenschaften werden. Gott hat große Zwekke in unserer Natur durch mechanische Mittel erreicht. Ein Wink für uns!«[2]

Aber welches Zeitmaß hatten die Aufklärer im Auge, wenn sie von Pünktlichkeit sprachen? War ihnen noch ein ähnlich diffuser, weiträumiger Zeithof selbstverständlich, mit dem man etwa im 16. Jahrhundert Termine bestimmte? Und gingen sie davon aus, daß ein Termin antizipierend wahrgenommen werden konnte, indem man rechtzeitig von zu Hause aufbrach?

Einen Hinweis gibt Salzmann in seinem *Moralischen Elementarbuch*. Der Kaufmann Herrmann beauftragt seine Magd, den Lohnkutscher zu bestellen, und zwar so, daß er »des andern Tages, punkt vier Uhr, vor der Thür wäre«.[3] Daß hiermit eine exakte Uhrzeit gemeint war, geht zum einen daraus hervor, daß die Präsenz des Kutschers vor der Haustür terminiert wurde und nicht wie etwa im

---

über die merkwürdigsten Zuchthäuser in Deutschland. Nebst e. Anhange über die zweckmässigste Einrichtung der Gefängnisse und Irren-Anstalten. Bd. 1. Halle 1791. S. 103. - Ähnlich C. G. Salzmann: Carl von Carlsberg, T. 5, S. 176.

[4]J(ohann Heinrich Gottlieb) Heusinger: Die Familie Wertheim. Bd. 1. Gotha [2]1800. Zit. n. K. Rutschky (Hrsg.): Schwarze Pädagogik, S. 547.

[1]J. H. Campe: Väterlicher Rath für meine Tochter, T. 1, S. 206.

[2]Zit. n. P. Münch (Hrsg.): Ordnung, Fleiß und Sparsamkeit, S. 342.

[3]C. G. Salzmann: Moralisches Elementarbuch, S. 5.

16. Jahrhundert der Zeitpunkt seines Aufbruchs; zum andern läßt die Diktion in weiteren Textpassagen auf die Verbindlichkeit von Uhrzeiten schließen. So heißt es zum Beispiel, der Lehrer habe seinen Schüler »schon seit ein paar Minuten im Gartenhaus« erwartet.[1] Dieses »Schon« signalisiert, daß es sich bei »ein paar Minuten« nicht um eine zu vernachlässigende Nebensächlichkeit handelte. In Ramsauers autobiographischen Skizzen (1838) findet sich eine ähnliche Wendung, aus denen Pestalozzis Pünktlichkeitserwartungen und das damit verbundene Zeitmaß ersichtlich wird:

»Die schwerste Zeit, die ich bei Pestalozzi hatte, war die in den Jahren 1812-15, wo ich so oft des Morgens früh von 2-6 auf seiner Stube schreiben mußte. Ich mochte um 11 oder 12 Uhr zu Bette gekommen sein, so mußte ich *genau um 2 Uhr vor seinem Bette* (Hervorh. N.N.) sein. Kam ich einige Minuten zu spät, so sprang er ungeduldig auf, kleidete sich ein wenig an, (sehr wenig nur) rannte durch die großen Schlafsäle der Zöglinge, oder gar über den Hof, es mochte Sommer oder Winter sein, und holte mich, und dann zwar nicht ganz freundlich. War ich aber zur rechten Zeit erschienen, oder auch nur auf seiner Stube, wenn er mich geholt hatte, so lobte und küßte er mich, legte sich in's Bett und fing an zu dictiren.«[2]

Wieviel »einige Minuten« Verspätung war, geht aus Ramsauers Aufzeichnungen nicht hervor, allerdings dürfte sie deutlich unter einer Viertelstunde gelegen haben, wie sich anhand der Aufzeichnungen Riemanns über die Reckansche Schule vermuten läßt; über die Pflichten des Lehrers in der »Haushaltung mit der Zeit« heißt es dort:

»Strenge Pünktlichkeit in Haltung der Zeit ist freilich eine der ersten und nothwendigsten Eigenschaften des Lehrers, der sein Amt treu verwalten will ... Der Glockenschlag muß bey bestimmten pflichtmäßigen Geschäfften unser Herr seyn, und nur Krankheit oder ganz unvermeidliche Abhaltungen dürfen Ausnahmen gestatten. Eine Viertelstunde später anfangen, oder früher schließen, scheint zwar nur eine Kleinigkeit, zumal wenn es nicht immer, sondern nur dann und wann geschieht. Aber man summire monatlich oder halbjährig diese hier und da unmerklich abgebrochenen Viertelstunden; so wird man leicht finden, daß daraus eine bedeutende Zeitversäumniß entsteht ...«[3]

---

[1]Ebd. S. 192.

[2]J. Ramsauer: Kurze Skizze meines pädagogischen Lebens, S. 44.

[3]C(arl) F(riedrich) Riemann: Beschreibung der Reckanschen Schule. Dritte, ganz umgearbeitete, und mit durchgängigen Erläuterungen, praktischen Anwei-

Mit der erworbenen Vorstellung von Pünktlichkeit war ein entscheidender Perspektivwechsel auf den verordneten oder gemeinten Zeitpunkt verbunden. Das 16. Jahrhundert dachte von den handelnden *Personen* her, indem der Glockenschlag nicht den eigentlichen Beginn des Gottesdienstes oder der Schule markierte, sondern die Menschen zum Aufbruch aufforderte; die Aufklärer dagegen verstanden unter Terminen den Beginn der gemeinten Veranstaltung oder Aktion, sie dachten von der zu veranstaltenden *Sache* her, auf deren Beginn sich die Menschen antizipierend einzustellen hatten. So hatte zum Beispiel der Unterricht nach Auffassung aufgeklärter Pädagogen auch tatsächlich mit dem Glockenschlag anzufangen. Der Direktor des Lehrerseminars zu Magdeburg, Carl Christoph Gottlieb Zerrenner, legte in seiner *Schul-Disciplin* von 1826, die er zu Ausbildungszwecken publiziert hatte, eindeutig fest:

> »Er (der Lehrer, N.N.) halte streng darauf, daß jedes Kind mit dem Glockenschlage in der Schule sei, und wenn es später kommt, eine gültige Entschuldigung nachweise. Jedes Zuspätkommen muß im Sittenbuche und auf der Censur bemerkt werden, und kommt es häufig, so muß der Lehrer die Eltern davon in Kenntniß setzen.«[1]

Etwas weicher gehalten war die entsprechende Vorschrift in den Schulgesetzen von A. Heiligbrunner (1828):

> »Alle Schüler müssen auf das gegebene Glockenzeichen *alsogleich und ungesäumt* (Hervorh. N.N.) in der Schule erscheinen.«[2]

Strikte Pünktlichkeit verlangte auch Friedrich Eberhard von Rochow von den Schülern seiner Landschule, und dies, wo doch der private Uhrenbesitz unter der Landbevölkerung nicht in einem dem Stadtbürgertum vergleichbaren Maße verbreitet gewesen sein dürfte. Aber im Nachsatz wird sogleich die entscheidende Hilfe genannt, mit der dieses Manko ausgeglichen wurde:

---

sungen und Beyspielen für Lehrer in niedern Bürger- und Landschulen, vermehrte Ausgabe. Berlin/Stettin 1798 ([1]1781). S. 119 f.

[1]C. C. G. Zerrenner: Grundsätze der Schul-Disciplin für Schulaufseher, Lehrer und Schullehrer-Seminarien. Magdeburg 1826. S. 307.

[2]Zit. n. K. Rutschky (Hrsg.): Schwarze Pädagogik, S. 204.

»Deshalb wird 1) der tägliche Unterricht jedesmal zur bestimmten Zeit angefangen, und bindet sich sowohl der Lehrer genau an diese Zeit, als hat er auch seine Schüler so gewöhnt, sie pünktlich zu beobachten. Diese müssen sich zu dem Ende immer eine Weile vor dem eigentlichen Anfange der Schule, die größern also (im Sommer) vor dem Schlage Sieben, und die Jüngern immer vor dem Schlage Eins, versammlen, und damit sie das zu rechter Zeit können, so wird kurz vor dem Anfange des Unterrichts durch Läuten ein Zeichen dazu gegeben.«[1]

Mit dem Herbeiläuten der Schüler, wie dies die Praxis in den Zeiten zuvor war, hatte Rochows Läutzeichen nichts mehr zu tun; innerhalb der Lerngeschichte der Pünktlichkeit war es lediglich eine hilfreiche Brücke zur heutigen Praxis, die den Schülern das antizipierende Wahrnehmen des Unterrichtsbeginns erleichterte. Trotz des vorgezogenen Glockensignals kann kein Zweifel daran bestehen, daß auch hier bei der Terminsetzung nicht mehr von den handelnden Personen aus gedacht wurde, sondern von der zu veranstaltenden Sache.

Allerdings wäre es verfehlt, diese Quellen als Beweis dafür anzusehen, daß die Bevölkerung mehrheitlich bereits ein pünktliches Verhalten erworben hatte. Im Gegenteil: die mit Nachdruck vorgetragenen Aufforderungen, sich an die Uhr zu binden und termingerecht zu sein, geben zu erkennen, daß die Aufklärer hier noch erhebliche Defizite sahen. Ausdrücklich beklagten einige Aufklärungspädagogen, es sei problematisch, die Schüler für ihr Zuspätkommen zu bestrafen, wo doch häufig die Schuld bei den Eltern läge.[2] Abhilfe versprachen sie sich vom Verhalten der Lehrer; denn nur wenn diese als Vorbild pünktlich mit der Unterrichtsstunde begännen, entstand auch für die Schüler ein Zwang, rechtzeitig zu erscheinen, wollten sie nicht wiederholt die Erfahrung machen, zu spät zu kommen und dafür vor den anderen Kindern bloßgestellt zu werden, indem zum Beispiel der Delinquent während der ersten Stunde innerhalb des Klassenzimmers an der Tür stehen bleiben mußte.[3] Durch Zwang,

---

[1]C. F. Riemann: Beschreibung der Reckanschen Schule, S. 219. - Weiterer Beleg hierzu s. G. Petrat: Schulunterricht, S. 35.

[2]C. C. G. Zerrenner: Grundsätze der Schul-Disciplin, S. 308. - Gerhardt Petrat: Schulerziehung. Ihre Sozialgeschichte in Deutschland bis 1945. München 1987. S. 62 (Philipp Julius Lieberkühn 1779).

[3]C. C. G. Zerrenner: Grundsätze der Schul-Disciplin, S. 307 f. - Zu den

Strafe und öffentliches Zurschaustellen sollte die Selbstdisziplin der Schüler befördert werden. Auf die Verinnerlichung der Pünktlichkeit zielte auch Friedrich Philipp Wilmsen in seinem *Deutschen Kinderfreund* (1802), einer überaus populären Lektüre, wie die 226 Auflagen bis 1888 belegen. Bereits in den ersten Zeilen heißt es:

»Ein *guter Schüler* kommt gern in die Schule, ist fleißig, ordentlich, reinlich, sittsam und friedfertig. Er kommt nie zu spät in die Schule ... Ich will ein guter Schüler sein.«[1]

Pünktlichkeit als Ausdruck und Ergebnis eines Selbstzwanges setzte nicht nur die massenhafte Verbreitung von Uhren voraus, sondern auch daß man gelernt hatte, nach der Uhr zu leben und die Uhrzeit *aktiv und aus eigenem Antrieb* zur Kenntnis zu nehmen. Mehr noch: Das Klingelzeichen mußte gleichsam im Kopf erfolgen, damit es dem einzelnen möglich war, seinen Zeitaufwand zu berechnen, den er etwa für den vor ihm liegenden Weg benötigte, um zur rechten Zeit am vereinbarten Ort sein zu können. Aber dies ließ sich nicht nur als ein rechnerisches oder zeitökonomisches Problem bewältigen, sondern bedeutete zugleich auch den Verzicht auf Spontaneität. Hier schließt sich der Kreis zu den Ermahnungen in den pädagogischen Traktaten der Aufklärer, die Essens-, Arbeits- und Schlafenszeiten als unverrückbar anzusehen. Jede Freizügigkeit im Tagesablauf mußte unterbunden werden, um so die momentanen Launen und spontanen Eingebungen in den Griff zu bekommen. Unter der Kapitelüberschrift »Oekonomie des Bürgers« definierte Carl Friedrich Bahrdt 1792 »Pünktlichkeit und Ordnung«: Alles müsse »zu rechter Zeit« getan werden, denn alles habe »seine Zeit: essen, schlafen, arbeiten, sich erholen«; weiterhin müsse es »ohne Aufschub« und »mit ganzer Seele« erfolgen (nicht »tausenderley zugleich im Kopfe haben«), und außerdem dürfe man sich durch »nichts abhalten« lassen:

Pünktlichkeitserwartungen an die Lehrer siehe ebd., S. 47 u. 48. - C. F. Riemann: Beschreibung der Reckanschen Schule, S. 118 f., 219 u. 226.

[1]F. P. Wilmsen: Der Deutsche Kinderfreund, ein Lesebuch für Volksschulen. Berlin ^{6}1805 (^{1}1802). S. 1.

»Der ordentliche Mann opfert lieber die größte Lustbarkeit auf, ehe er ein nothwendiges Geschäft liegen läßt oder vernachläßigt.«[1]

Konkretisiert läßt sich dieser Gedanke in Salzmanns *Moralischem Elementarbuch* wiederfinden. In geselliger Runde lehnt der Kaufmann es ab, mehr zu trinken, als ihm dienlich sei, er würde sonst morgen »einen sehr misvergnügten Tag haben«.[2] Der Verzicht auf Spontaneität wird rational kompensiert durch den Vorteil, den man sich in naher Zukunft verspricht. Statt momentanen Launen nachzugeben, war der Blick auf die Uhr und damit ein längerfristiges Denken gefordert. In *Konrad Kiefer* (1796), einem pädagogischen Ratgeber für Eltern, empfahl Salzmann ausdrücklich, die Kinder durch Dehnung ihrer Erwartung zum Bedürfnisaufschub zu erziehen: zunächst kommt dieses, dann jenes, und erst dann darf »Konrädchens« Wunsch nach Honig erfüllt werden.[3] Pünktlichkeit und Langsicht bildeten, metaphorisch gesprochen, eine Zange, mit der den spontanen, ungebundenen Regungen, den Lustbarkeiten, Launen und Ablenkungen zu Leibe gerückt und die Selbstbindung an die Uhr verstärkt wurde.

Sicherlich läßt sich nicht erschließen - und dies erst recht nicht aus der historischen Distanz -, wie groß der Anteil der aufgeklärten Pädagogen, Theologen und Politiker an der Vermittlung der Pünktlichkeit war. Aber mit ihren zum Teil populären, weitverbreiteten Schriften lenkten sie die Aufmerksamkeit auf diesen Aspekt und trugen zu dessen sprachlicher Erschließung bei. Als Leiter pädagogischer Einrichtungen übten sie mit ihren Schülern und Lehrerkandidaten Pünktlichkeit ein, ließen den Sinn dieser Tugend im Alltagsvollzug erfahren und förderten deren Verbreitung.

Doch ohne den Druck der Verhältnisse, ohne die Erfordernisse einer merkantilen Gesellschaft dürften die pädagogischen Bemühungen bedeutungslos geblieben sein. Der Lernprozeß Pünktlichkeit, den die Aufklärer anderen abverlangten und von dem sie selbst vorgaben,

---

[1] Carl Friedrich Bahrdt: Handbuch der Moral für den Bürgerstand. 2. verb. Aufl. Frankfurt/Leipzig 1792. ([1]1789). S. 199 f.

[2] C. G. Salzmann: Moralisches Elementarbuch, S. 225; ähnlich u.a. S. 45 f. u. 230.

[3] C. G. Salzmann: Konrad Kiefer oder Anweisung zu einer vernünftigen Erziehung der Kinder. Ein Buch für's Volk (1796). Hrsg. v. Theo Dietrich. Bad Heilbrunn 1961. S. 54.

ihn erfolgreich durchlaufen zu haben, war offenbar entscheidend befördert worden durch die Erfahrung, daß die Abhängigkeitsketten zwischen den Menschen länger geworden waren und die Beziehungen sich untereinander verdichtet hatten, wie dies auch verschiedentlich in den Begründungen für Pünktlichkeit zum Ausdruck kommt. Mit ihren pädagogischen Bemühungen begleiteten und intensivierten die Aufklärer einen gesellschaftlichen Lernprozeß, der durch die Zwänge einer merkantilen Gesellschaft in Gang gekommen war.

Aufschlußreich ist die Perspektive, aus der sich Adolph Freiherr von Knigge 1788 in seiner Abhandlung *Ueber den Umgang mit Menschen* zur Pünktlichkeit äußerte:

> »Jedermann geht gern mit einem Menschen um, und treibt Geschäfte mit ihn (sic, N.N.), wenn man sich auf seine Pünctlichkeit in Wort und That verlassen kann.«[1]

Pünktlichkeit war ihm kein Selbstzweck, sondern sie war als eine soziale Kategorie begründet in der Zeitökonomie des anderen. Wer seine Geschäftspartner zu lange warten ließ, machte zwangsläufig die Erfahrung, von weiteren Geschäften ausgeschlossen zu werden. Knigges Argumentation erfolgte aus der Sicht der wartenden Person:

> »Da die Sicherheit des Handels auf Pünctlichkeit im Bezahlen und auf Treue und Glauben beruht; so setze Dich bey den Kaufleuten in den Ruf, strenge Wort zu halten und ordentlich zu bezahlen; so werden sie Dich höher achten, als manchen viel reichern Mann!«[2]

Es waren die Beziehungen zwischen den Menschen, die sich verändert hatten und eine eher instrumentelle Sicht des anderen erforderten: Man war aufeinander angewiesen, brauchte einander, ohne zugleich Freund miteinander zu sein. Eine sich immer dichter vernetzende Gesellschaft basierte auf der Verläßlichkeit aller Betei-

---

[1]A(dolph) Freyherr von Knigge: Ueber den Umgang mit Menschen. Hannover 1788. T. 2. S. 317. (Fotomechan. Nachdruck Darmstadt 1967). - Der »Knigge« war zu seiner Zeit ein ungemein populäres Buch, dem eine enorme Wirkung bei seinen Zeitgenossen und bei seinen Lesern bis weit ins 19. Jahrhundert hinein unterstellt wird. Siehe Kindlers Literatur Lexikon im dtv in 25 Bänden. München 1974. S. 9674.

[2]Ebd. T. 2, S. 129 f.

ligten, man mußte miteinander umgehen, planen und Geschäfte treiben können, ohne den anderen detailliert zu kennen. Die Rationalität und damit Berechenbarbeit dokumentierte sich in der formalen Qualifikation, Termine einhalten zu können. Die Tugend der Pünktlichkeit müsse sich erstrecken »auf alle Versprechungen, wo es aufs Worthalten ankommt, auf Zahlungen«[1], heißt es bei Carl Friedrich Bahrdt. Und dies galt nicht nur in den »Berufsgeschäften«. Zerrenner begründete in seiner *Schul-Disciplin* die Erziehung zum Gehorsam - und dazu gehörte die Erziehung zur Pünktlichkeit - mit den gesellschaftlichen Bindungen, in denen die Schüler zukünftig stehen:

»Wie schon der kleine Verein einer Hausgesellschaft, oder einer Schule, ohne Gehorsam und Subordination nicht bestehen kann, so, und noch viel weniger, kann es der große bürgerliche Verein ... Wie im Militairstande die strengste Subordination nöthig ist, so in jedem bürgerlichen Verein, und im Grunde ist der Mensch um so gebundener, je höher er steht.«[2]

Zerrenner verlangte weder Selbstaufgabe noch blinden Gehorsam, sondern lediglich die Einsicht, daß eine komplexe Gesellschaft, deren Funktionieren wesentlich durch verbindliche Uhrzeiten gewährleistet wurde, Bindungen erzeugte, die eine sachlich begründete Unterwerfung unter die Uhr erzwangen. Und dies galt nicht nur für die unmittelbaren Beziehungen zwischen einzelnen Menschen, sondern auch im Umgang mit gesellschaftlichen Einrichtungen, die dem Verkehr untereinander dienten wie etwa der Post. In Salzmanns *Moralischem Elementarbuch* befiehlt der Kaufmann seinem widerwilligen Sohn, trotz des schlechten Wetters sofort zur Post zu laufen:

»Die Briefe müssen aber fort, sagte Herrmann, die Post wartet ja nicht, bis es gut Wetter wird! geschwinde spring, ehe sie abgeht!«[3]

Das Erlernen der Pünktlichkeit als Ausdruck eines Selbstzwanges wurde nachhaltig durch die Erfahrung befördert, daß der andere aufgrund seiner gesellschaftlichen Bindungen nicht warten kann oder will. Wer wiederholt zu spät kommt und aufgrund seines Versäumnisses bestraft oder von Geschäften ausgeschlossen wird, wird

---

[1]C. F. Bahrdt: Handbuch der Moral für den Bürgerstand, S. 200.
[2]C. C. G. Zerrenner: Grundsätze der Schul-Disciplin, S. 35.
[3]C. G. Salzmann: Moralisches Elementarbuch, S. 271.

zwangsläufig sein Verhalten ändern, sofern er weiterhin am gesellschaftlichen Leben teilhaben will.

Und schließlich konnte Pünktlichkeit offenbar auch beim Militär gelernt werden. Trotz aller Distanz, die Salzmann dem Militär gegenüber nicht verhehlte - beim Anblick pünktlicher Soldaten geriet er ins Schwärmen:

»Bey alle dem Widerwillen, den ich gegen den Soldatenstand gefaßt hatte, mußte ich doch die Pünktlichkeit bewundern, mit welcher jeder seinen Platz suchte und fand.«[1]

»Ich war außer mir vor Freuden über die Pünktlichkeit, die ohne Zweifel diese Classe von Menschen weit über alle andere hinauf sezt.«[2]

Ähnlich argumentierte Wagnitz 1791, der die Verwendung von Soldaten als Mitarbeiter in Zuchthäusern ablehnte. Lediglich als Zuchthausväter konnte er sich Invaliden vorstellen, da ihm »ihre militärische Pünctlichkeit« gefalle, »die bey einer solchen Anstalt vorzüglich nöthig« sei.[3]

Die Idee des Fortschritts

... und die Entdeckung der Minute

»Hier faltete Herrmann die Hände, der Magister gleichfalls, die Kinder thaten es auch, und es erfolgte ein Stillschweigen von einer ganzen Minute.«[4]

»Nun kam die Minute, da sich die Gesellschaft trennen mußte.«[5]

Angesichts von Uhren, auf deren Zifferblättern sich Minuten ablesen ließen, lag es nahe, daß auch ihre Benutzer lernten, sich in

[1]C. G. Salzmann: Carl von Carlsberg, T. 3, S. 339.

[2]Ebd. T. 4, S. 40. - Siehe auch (Felix Christian Weiße:) Der Kinderfreund. Ein Wochenblatt. Tübingen 1778 ff. Zit. in P. Münch (Hrsg.): Ordnung, Fleiß und Sparsamkeit, S. 204-206.

[3]H. B. Wagnitz: Historische Nachrichten und Bemerkungen über die merkwürdigsten Zuchthäuser in Deutschland, Bd. 1, S. 96.

[4]C. G. Salzmann: Moralisches Elementarbuch, S. 351.

[5]Ebd. S. 130.

kürzeren Zeitmaßen zu registrieren und zu ordnen. Der Minutenzeiger, der inzwischen zentral positioniert und größer als der Stundenzeiger geworden war, begabte gleichsam die Menschen zu einer kleinschrittigen Wahrnehmung der Zeit. Doch solche Argumentation, die lediglich eine simple Wechselwirkung zwischen Technik und Individuum unterstellt, wäre zu mechanistisch, um die Faktoren für den gesellschaftlichen Lernprozeß Uhrenzeit zu ermitteln und hinreichend zu begründen. Gewiß stellte die Uhr dank ihrer fortgeschrittenen Technik das Kommunikationsangebot ›Minute‹ zur Verfügung. Der technische Fortschritt war jedoch selbst Ausdruck und Ergebnis eines gewandelten Selbstverständnisses der Menschen, vor allem entsprach dem Angebot der Uhr ein adäquates Interesse des aufgeklärten Bürgertums an der Verfügbarkeit kürzerer Zeitintervalle. Man hatte gelernt, Zeit als Mangelware zu begreifen, mit der man haushälterisch umzugehen hatte. Und dieser Lernprozeß, so die These, war entscheidend befördert worden durch die aufklärerische Idee des Fortschritts.

Die Aufklärung, so Salzmann, sei eine Entwicklung, die ihre »Leiden« in sich führe:

> »Der wirklich Aufgeklärte übersieht den großen Umfang seiner Pflichten, kann sich also nie genug thun, nie zu der trägen Behaglichkeit kommen, die ihr Pfeifchen Tobak raucht, und sich freut, daß sie ihre Schuldigkeit so gethan habe, daß sie niemand wegen Vernachlässigung derselben vor Gericht belangen kann. Es herrscht vielmehr bey ihm immer eine heimliche Unzufriedenheit mit sich selbst.«[1]

Aufgrund der Fülle von Aufgaben befiel den Aufklärer Salzmann eine Rastlosigkeit, mit der er gegen die von ihm diagnostizierten Mißstände seiner Gesellschaft ankämpfen und die Defizite kompensieren wollte. Blumenberg charakterisiert diesen Habitus als eine typisch aufklärerische Haltung:

> »*Aufklärung kommt immer zu spät*, könnte ein Satz der Aufklärung selbst sein; auch wenn diese damit das Selbstbewußtsein verband, ihre Leistung so steigern zu können, daß die Verspätung aufgeholt würde: (...), so lautet die Maxime Voltaires angesichts des verspäteten Aufbruchs der Vernunft - der aber um jeden Augenblick verspätet gewesen wäre, der nach dem Anfang der Welt

---

[1]C. G. Salzmann: Carl von Carlsberg, T. 3, S. 100 f.

gelegen hätte -: Holen wir uns die verlorene Zeit zurück! Also: Beschleunigung des Verfahrens.«[1]

Wer als Aufklärer die Idee des Fortschritts verinnerlicht hatte, befand sich auf der Ebene Zeit in einer doppelten Bindung: In einer fernen Zukunft lag sein Ziel, dessen Erreichen einen langen Atem verlangte. Und zugleich wuchs die Bedeutung der unmittelbaren Gegenwart, da sie - konsequent genutzt, ein je wesentlicher Schritt auf diesem langen Weg war. So konnte nur jemand denken, der nicht mehr einem zyklischen Zeitmodell anhing, sondern die Zukunft als prinzipiell offen ansah, die im Vertrauen auf die Vernunft und die erworbenen Fertigkeiten gestaltet werden konnte und mußte. Insofern war die Idee des Fortschritts nichts anderes als die inhaltliche Füllung eines formalen linearen Zeitverständnisses.

Die Chancen und Risiken einer offenen, und damit ungewissen Zukunft ließen sich in den Griff bekommen, wenn der einzelne, durch Erziehung und Bildung entsprechend qualifiziert, im Vertrauen auf seine Vernunft und seine erworbenen Fertigkeiten jeden Augenblick seines Lebens zielgerichtet verwendete. Für einen Teil dessen, was an individuell nicht beherrschbaren zukünftigen Risiken verblieb, konnten Versicherungen abgeschlossen werden.[2]

Die Konsequenzen dieses Denkens lassen sich an der Aufwertung des Begriffes ›Augenblick‹ veranschaulichen. Abraham a Sancta Clara hatte 1709 denjenigen als »saumseeligen Narr« verurteilt, der nicht begreift, daß eine Gelegenheit, aus der ein Vorteil gewonnen werden könne, »nicht allzeit« vorhanden sei; es sei ein »grosser Fähler«, eine gute Gelegenheit, »die er heut hat / und vielleicht die Zeit seines Lebens nicht mehr wird haben können / auf den morgigen Tag« zu verschieben.[3] Für die Aufklärer dagegen bedeutete jeder Augenblick prinzipiell eine gute Gelegenheit:

---

[1]Hans Blumenberg: Lebenszeit und Weltzeit. Frankfurt/M. 1986. S. 218.

[2]Aus den ersten kommunalen Feuerversicherungen im 17. Jahrhundert entstanden im Laufe des 18. Jahrhunderts größere öffentlich-gemeinnützige Assekuranzvereine. Siehe H.-U. Wehler: Deutsche Gesellschaftsgeschichte. Bd. 2: Von der Reformära bis zur industriellen und politischen »Deutschen Doppelrevolution« 1815-1845/49. München 1987. S 118 f.

[3][Abraham a Sancta Clara]: Centi-Folium Stultorum ... Oder Hundert Ausbündige Narren, S. 374.

»›Schon wieder ein Jahr dahin! o wie geschwind vergeht die Zeit!‹ sagte diesen Morgen mein Karl zu mir ... Ja wohl! meine lieben Kinder! versetzte ich, schnell eilet sie dahin, die unwiederbringliche Zeit, ... wenn die Zeit kurz ist, wenn sie schnell vorüber geht, so müssen wir sie nützen, jeder Augenblick muß uns kostbar seyn, jede Stunde uns um was besser machen, und kein Tag vorüber gehen, an den wir mit Reue oder Unzufriedenheit zurücke denken dürfen. ... Das sehe ich, das empfinde ich ja, daß der Augenblick schon vorbey ist, wo ich kaum etwas angefangen habe; und aus Augenblicken bestehen ja Stunden, Tage, Wochen, Jahre und unsre ganze Lebenszeit.«[1]

Und an anderer Stelle im *Kinderfreund* von Weiße heißt es 1780:

»Unordnung zieht ferner unsäglichen Zeitverlust nach sich, nicht nur, weil sehr viel Zeit dadurch verloren geht, die man auf das Suchen und Wiederherstellen der Dinge verwenden muß, ... sondern auch, weil oft von einer Minute das Allerwichtigste abhängt, und diese in tausend Fällen unwiederbringlich ist.«[2]

Abraham a Sancta Clara ließ bereits erkennen, daß er nicht mehr in einem zyklischen Zeitmodell dachte, indem er unterstellte, daß Gelegenheiten »vielleicht« nicht wiederkehrten. Der Fortschrittsgedanke der Aufklärer indessen führte dazu, daß nun jeder nicht genutzte Augenblick - im Sinne des individuellen oder gesellschaftlichen Ziels - eine verpaßte Gelegenheit bedeutete. Die lange und auf den Fortschritt gerichtete Zeitperspektive bewirkte zugleich eine Aufwertung und Verdichtung der Gegenwart, so daß die Zeit in einem engeren, differenzierteren Horizont - konkret in Minuten - wahrgenommen wurde.

Aus dieser Sicht läßt sich ein weiterer, lernhistorisch relevanter Faktor für den Erwerb einer größeren Selbstdisziplin und den Verzicht auf Spontaneität erschließen: Die ungebundenen Regungen, momentanen Launen und Lustbarkeiten wurden nicht nur durch die Erfahrungen innerhalb eines differenzierteren gesellschaftlichen Inter-

---

[1][Christian Felix Weiße]: Der Kinderfreund. 10. Theil. CXXXI. Stück, den 3. Januar, 1778. Zit. n. P. Münch (Hrsg.): Ordnung, Fleiß und Sparsamkeit, S. 196 f. - In der Aussage nahezu identisch: Pestalozzi. Sämtliche Werke, Bd. 17A, S. 35 u. 45 (1803/1804). - F. P. Wilmsen: Der Deutsche Kinderfreund, S. 40 f.

[2]CCLXII. Stück, den 8. Julius, 1780, zit. n. P. Münch (Hrsg.): Ordnung, Fleiß und Sparsamkeit, S. 209.

dependenzgeflechts weggeschliffen, sondern auch durch jenen Druck auf die Gegenwart, der durch die selbstgesteckten und gesellschaftlich gratifizierten Ziele entstand. Menschen, die gelernt hatten, ihr Denken, Empfinden und Handeln auf die Zukunft auszurichten, waren gleichzeitig gezwungen, eine höhere Zeitdisziplin bezogen auf die unmittelbar erlebte Gegenwart zu erwerben, wenn sie ihre Ziele erreichen wollten.[1] Es waren nicht nur die Veränderungen innerhalb der sozialen Matrix, die zu einem größeren Selbstzwang in der Wahrnehmung der Uhrzeit führten, sondern auch die Eigendynamik der Fortschrittsidee, aus der heraus der häufige und minutiöse Blick des aufgeklärten Menschen auf die Uhr erfolgte.

Risiken, die sich aus dieser Doppelbindung für die Befindlichkeit des einzelnen ergaben, nämlich die Zukunft im Blick zu haben und sich zugleich auf die Gegenwart konzentrieren zu müssen, hatten einige Aufklärer offenbar eindringlich erfahren. Salzmann beschreibt eine Szene, in der der Kaufmannssohn Ludwig von seinem Lehrer wegen eines miserablen Aufsatzes gerügt wird. Ludwig entschuldigt sich mit dem Hinweis, er sei mit seinen Gedanken bereits bei der morgigen Hochzeitsgesellschaft gewesen, zu der er eingeladen sei:

»Das dachte ich wohl, sagte der Informator. Nun lieber Ludwig, lege den Fehler der *Flatterhaftigkeit* ja beyzeiten ab, und laß deine Gedanken nicht bey abwesenden oder zukünftigen Dingen umherschwärmen! sonst, sonst, wird gewiß nichts aus dir. Du wirst sehr wenig lernen, deine Geschäfte werden alle so übel ausfallen, wie dieser Aufsatz, ja du wirst nicht einmal im Stande seyn, Vergnügen zu genießen. Du wirst Speise und Trank nehmen, und nicht schmekken wie angenehm es ist, du wirst durch Gärten und Fluren und Wälder wandeln, und nichts von ihren Schönheiten empfinden, wenn du deine Gedanken nicht darauf richtest. Armer Ludwig!«[2]

---

[1]Über die Muster der sozialen und individuellen Selbstregulierung als Ergebnis der Verknüpfung von Zukunftsbewußtsein und Zivilisation siehe auch N. Elias: Über die Zeit, S. 126-128.

[2]C. G. Salzmann: Moralisches Elementarbuch, S. 196. - Siehe auch Christian Struve: Erklärung teutscher Sprichwörter in Rücksicht auf Erziehung und Behandlung der Kinder. Bd. 1. Glogau 1798/99; zit. n. P. Münch (Hrsg.): Ordnung, Fleiß und Sparsamkeit, S. 311. - Johann Rudolph Gottlieb Beyer: Predigten über Sprüchwörter in Verbindung mit den Sonn- und Festtagsevangelien. Erfurt 1800/01; zit. n. ebd. S. 331.

Konzentrationsmängel entstehen, weil jener Ludwig es zuläßt, daß seine Erwartungen an die Zukunft zu stark in die Gegenwart hineinregieren und die momentanen Aufgaben überlagern. Noch hatte Ludwig aus Sicht Salzmanns das Ideal des autonomen, selbstregulierten Subjekts nicht erreicht, das durch strikte Selbstdisziplin, durch die Einhaltung des Tagesplans, seine Zeithoheit wieder zurückgewinnt, um seinem individuellen Lebensentwurf Gestalt geben zu können.

Das Phänomen der Flatterhaftigkeit hatte, wie zuvor gezeigt, auch August Hermann Francke gesehen. Überhaupt bestehen in der Strukturierung des Alltags durch Uhrzeiten *phänomenologisch* Gemeinsamkeiten zwischen Pietisten und Aufklärern; hier wie dort diktierte die Uhr in kurzen Takten den Tagesablauf bei allerdings unterschiedlichen Inhalten.[1] Die entscheidende Differenz bestand in der Perspektive auf die Zukunft: Francke dachte *eschatologisch*, sozusagen vom Ende her, indem er den Tag des Gerichts wie einen Fallstrick über die Menschen kommen sah; die Aufklärer jedoch blickten - trotz mancher transzendenter Bezüge - aufgrund ihrer Fortschrittsidee von den *innerweltlichen* Gegebenheiten der Gegenwart in eine prinzipiell offene Zukunft.[2] Ihre Vorstellung vom Kind, das nicht mehr im Sinne eines zyklischen Zeitbewußtseins nahezu zwangsläufig in die Fußstapfen seiner Eltern trat, sondern eine Option auf die Zukunft darstellte, ist ein Beleg für diese Perspektive der Aufklärer.[3]

---

[1]Siehe zum Beispiel J. B. Basedows »Hausordnung und Studienplan des Philanthropinums in Dessau« (1778), zit. in A(lbert) Pinloche: Geschichte des Philanthropinismus. Deutsche Bearbeitung. (Franz. Originalausg. 1889). Leipzig [2]1914, S. 465-468; s.a. S. 78-82. - J. Ramsauer: Kurze Skizze meines pädagogischen Lebens, S. 35 f. (Tagesplan der Oberlehrer bei Pestalozzi in Iferten).

[2]Gegen die These einer Kontinuität von Eschatologie und Fortschrittsidee wendet sich Hans Blumenberg. Eine knappe Zusammenfassung dieser Diskussion bietet R. Wendorff: Zeit und Kultur, S. 327 ff, bes. S. 330.

[3]Vgl. K. Wünsche: Die Endlichkeit der pädagogischen Bewegung. In: D. Kamper/C. Wulff (Hrsg.): Die sterbende Zeit, S. 100 ff., bes. S. 103 f.

Aufgrund des Bewußtseins, nachholen zu müssen, was andere Generationen in der Aufklärung der Menschen versäumt hatten, und aufgrund der Fülle der Aufgaben, die für das Erreichen einer besseren Zukunft angegangen werden mußte, empfanden die Aufklärer subjektiv die Zeit als eine knappe, schnell vorbeifliegende Ressource: »Wo eilt ihr hin, ihr Lebensstunden? Zeit, edle Zeit, wo fliehst du hin?«[1] - oder: »Aber, lieber Himmel, der Wächter tutet schon zwölfe. Wo ist die Zeit?«[2] In Beckers *Lieder-Buch* von 1815 heißt es über den »Fleißigen«, der sich die Zeit »durch frohe Thätigkeit (kürzt)«:

»Ja, mit schnellen Schwingen fliehn
seine Stunden vor ihm hin;
den verlohrnen Augenblick,
sonst nichts wünschet er zurück.«[3]

Dieses Lebensgefühl nährte auch die Pünktlichkeitserwartungen der Zeitgenossen. Jemand, der den anderen trotz Terminabsprachen warten ließ, ging verschwenderisch mit dessen Zeitbudget um, er mißachtete dessen Zeitmangel.[4] Die Aufklärer sahen sich einem ständigen Zeitdruck ausgesetzt. Ihnen ging es nicht mehr nur im Sinne der Zeitökonomie darum, Zeit zu *sparen*, vielmehr richtete sich ihre Aufmerksamkeit auch darauf, Zeit zu »gewinnen«[5] - eine Wendung, die in den Texten früherer Generationen nicht begegnet

---

[1]Salzmann in seiner Ansprache in der Silversternacht 1799 zu den Bewohnern Schnepfenthals, zit. n. Hubert Göbels: Nachwort. In: C. G. Salzmann: Moralisches Elementarbuch, S. 589. - Siehe auch ders.: Carl von Carlsberg, T. 5, S. 304.

[2]Hier offensichtlich ohne satirische Tendenz: Johann Gottlieb Schummel: Spitzbart. Eine komi-tragische Geschichte für unser pädagogisches Jahrhundert. München 1983. S. 53. (Nachdruck v. Leipzig 1779).

[3]Rudolph Zacharias Becker: Mildheimisches Lieder-Buch ... Gotha 1815, zit. n. P. Münch (Hrsg.): Ordnung, Fleiß und Sparsamkeit, S. 364.

[4]Siehe C. G. Salzmann: Carl von Carlsberg, T. 5, S. 159.

[5]J. H. Campe: Robinson der Jüngere, T. 1, S. 115 (1779). - C. G. Salzmann: Ameisenbüchlein, S. 61 (1806). - [Anonym] Beobachtungen aus Westfalen (1794). In: G. Petrat: Schulunterricht, S. 203.

und die eine Steigerung des Zeit-Sparens darstellt. Durch geeignete Mittel und Methoden sollten Prozesse in der Zeit beschleunigt werden.

Für die Gestaltung pädagogischer Situationen hatte dies, zumindest der Idee nach, einschneidende Folgen. So wurde zum Beispiel der »Zusammenunterricht« gegenüber der Einzelunterweisung mit der durch ihn gewonnenen Lernzeit der Schüler begründet:

»Um noch deutlicher einzusehen, wie nützlich dies Zusammenunterrichten sei, so stelle man sich eine Schule vor, in welcher dreißig Kinder eine Stunde lang nach der gewöhnlichen Art unterrichtet und etwa im Lesen geübt werden; will der Schulmeister alle seine Kinder in einer Stunde durchnehmen, so kann er nicht mehr als zwei Minuten auf eines verwenden, und diese nicht einmal, denn es verstreicht schon etwas Zeit, ehe das erste Kind vom Schulmeister weggeht, das andere herbeikommt und sich mit seinem Buch zum Aufsagen in gehöriger Fassung befindet. Ließe der Schulmeister auch allenfalls die Kinder sitzen, und er selbst ginge von einem Kind zum andern, so würde wohl fast eine halbe Minute verstreichen, ehe das zweite anfangen könnte; bedenke man nun, daß auch diese Zeit verloren werde, so sieht man ein, daß nicht einmal zwei Minuten auf ein Kind kommen können.«[1]

Mit dem »Vorteil der Zeit« begründete 1777 Johann Friedrich Hähn die Literalmethode für das Lesen- und Schreibenlernen.[2] Gleiches galt offenbar auch für das vielerorts praktizierte »Zertieren«, also die Beförderung eines Schülers auf einen »höheren Sitz« in der Klasse als Ergebnis eines Leistungswettbewerbs. Während Campe das Zertieren ablehnte, da es der sittlichen Bildung zuwiderlaufe[3], begrüßte Diesterweg dies 1827, hier bezogen auf das Wettrechnen:

»Durch das Zertieren wird nicht bloß Zeit ersetzt und Unedles beseitigt, sondern Zeit gewonnen, und Triebfedern werden dadurch in die Schule

---

[1]J. Felbiger: Eigenschaften, Wissenschaften und Bezeigen rechtschaffener Schulleute. Sagan 1768. Zit. n. K. Rutschky (Hrsg.): Schwarze Pädagogik, S. 218 f. - Nahezu identisch: [Anonym] Von den deutschen Schulen (1780); in G. Petrat: Schulunterricht, S. 194.

[2]J. H.(sic) Hähn: Ausführliche Abhandlung der Literalmethode. Berlin 1777; zit. nach K. Rutschky (Hrsg.): Schwarze Pädagogik, S. 564.

[3]Joachim Heinrich Campe: Über das Zweckmäßige und Unzweckmäßige in den Belohnungen und Strafen (1788). Hrsg. v. Albert Reble. Bad Heilbrunn 1961. S. 32 ff.

gebracht, welche wenigstens an die edleren grenzen. Allerdings kann das Kind durch das Zertieren verdorben werden; aber welches Mittel ist nicht des Mißbrauchs fähig?«[1]

Auch die Einführung von Stahlfedern in der Schule Anfang des 19. Jahrhunderts wurde von Pädagogen begrüßt, da nun nicht mehr unnötig Zeit durch das Federkielschneiden zu Beginn des Unterrichts vergeudet würde.[2]

Die didaktisch-methodischen Überlegungen waren nicht nur vordergründig zeitökonomisch angeleitet, sondern auch im Sinne der Fortschrittsidee mit dem schrittweisen Voranschreiten der Kinder im Lehr-Lern-Prozeß begründet, der selbst wiederum angesichts der »verspäteten Aufklärung« unter Zeitdruck stand. Jenseits aller pädagogischen Differenzen im Detail lebten die Aufklärer sozusagen in einem ständigen Komparativ, der einen besseren Zustand als den Status quo anstrebte, und dies galt sowohl für den gesellschaftlichen Zustand wie auch für die individuelle Leistungsfähigkeit. In Beckers *Noth- und Hülfsbüchlein für Bauersleute* von 1788, einem überaus populären, narrativ konzipierten Ratgeber für die Landwirtschaft, heißt es resümierend am Ende eines Kapitels:

»Besser machen, besser werden,
War stets seine Lust auf Erden:
Nun empfängt vor Gottes Thron
Wilhelm Denker seinen Lohn.«[3]

Aufgrund der Abhängigkeit der Landwirtschaft von den Zyklen der Jahreszeiten fehlt hier jeder Hinweis auf einen Versuch der Beschleunigung. In anderen Kontexten aber, wo dies als möglich und sinnvoll angesehen wurde, trat zu diesem »Besser« als Leistungskriterium immer auch ein »Schneller«. In einer seiner Ansprachen in

---

[1]Friedrich Adolph Wilhelm Diesterweg: Sämtliche Werke. Hrsg. v. Heinrich Deiters u.a. 1. Abt.: Zeitschriftenbeiträge. Bd. 1. Berlin 1956. S. 218.

[2]Vgl. G. Petrat: Schulunterricht, S. 262.

[3]Rudolph Zacharias Becker: Noth- und Hülfsbüchlein für Bauersleute. Nachdruck der Erstausgabe von 1788. Hrsg. v. Reinhart Siegert. Dortmund 1980. S. 306; s.a. S. 305. Zur Popularität dieses Ratgebers siehe im Nachwort S. 474 ff. - Ähnlich C. H. Wolke: Anweisung für Mütter und Kinderlehrer ... Leipzig 1805, in K. Rutschky (Hrsg.): Schwarze Pädagogik, S. 560.

Münchenbuchsee (1803-1804) forderte Pestalozzi die Kinder auf, täglich Rechenschaft über die erworbenen Fertigkeiten abzulegen:

»Geht Euch alles hurtiger, schneller von Statten, könnt Ihr Euch geschwinder bestimmen, seyd Ihr schneller bey der Hand, aufmerksamer auf die Umstände außer Euch?«[1]

Er wolle nicht, daß man in zehn Jahren von ihnen sage, sie hätten eine »Schneckenschule« besucht:

»Es ist darum zu thun, daß man schnell schreiben könne und nicht nur schön; daß die Handschrift, wenn sie schnell geschrieben wird, doch schön werde. Es fehlt Euch an Übung, was recht gemacht werden soll, zugleich schnell zu machen ... Ebenso wenig ists möglich, daß Ihr nicht eilet, mit Euern Arbeiten fertig zu werden. Das *Komm ich heute nicht, so komm ich morgen*, richtet Eure Berufskraft zu Grund. Wer nicht gezwungen wird, gewisse Sachen in gewisser Zeit zu vollenden, immer schneller zu schreiben, der kommt nirgend hin. Es ist nicht das Können, sondern das Geschwind können, was Euch in der Welt forthilft.«[2]

Johann Bernhard Basedow war davon überzeugt, daß mit seinem »Kommandierspiel«, bei dem derjenige gewann, der am schnellsten die richtige Antwort gab, der Lernprozeß der Kinder beschleunigt werden könne; selbst Aufgaben aus der Sittenlehre ließen sich erfolgreich einstreuen.[3] Wie Basedow am Beispiel seiner Tochter Emilie dokumentierte, war er einer der vehementesten und naivsten Verfechter pädagogischer Beschleunigung. Bei der Eröffnung des Dessauer Philanthropins 1774 führte er seine knapp fünfjährige Tochter dem Publikum als Beweis für den Erfolg seiner Methode vor. Emilie konnte bis dahin, so Basedows Mitarbeiter Wolke, Französisch und Lateinisch lesen und sprechen und neben anderem anhand der Blätter fünfzig Bäume, Sträucher und Pflanzen erfühlen und ihre deutschen und lateinischen Namen aufsagen.[4]

Als lautstarker und wirkungsvollster Propagandist seines Reformmodells, hatte Basedow sich wiederholt auf Rousseaus *Emile* beru-

---

[1]Pestalozzi. Sämtliche Werke, Bd. 17A, S. 18.
[2]Ebd. S. 44 u. 51.
[3]J. B. Basedow: Elementarwerk, Bd. 1, S. 65-69.
[4]Siehe A. Pinloche: Geschichte des Philanthropinismus, S. 86 ff.

fen, offenbar um im Fahrwasser einer unter Aufklärern äußerst populären Schrift die Aufmerksamkeit auf sein Institut zu lenken. Rousseau allerdings, Sohn eines Uhrmachers und der Wirkung von Uhren offenbar bewußt (»Vor einer Uhr ging ich so schnell wie möglich fort, damit nur keiner käme, der mich in Anspruch nehmen könnte.«[1]), hatte die Uhr aus der Erziehung Emils verbannt. Zwar mußte auch Emil im Knabenalter (12-15 J.) den »Wert der Zeit«[2] begreifen, aber Rousseaus Konzeption des Erziehungsprozesses war aufgabenorientiert und nicht entlang einer quantitativen, linearen Zeitleiste getaktet. Jeglichem Versuch, die Erziehung im Kindesalter (2-12 J.) zu beschleunigen, hatte Rousseau mit seiner Theorie der Verfrühung widersprochen.[3]

Fasziniert durch den (scheinbaren) Zeitgewinn seiner Methode, war Basedow blind geworden gegenüber diesen und ähnlichen Warnungen. Äußerst scharf wurde er deswegen von einigen Zeitgenossen kritisiert, so zum Beispiel von Herder in einem Brief an Hamann vom 24.8.1776:

> »Ich rücke jetzt ja selbst dem Pontifex Max. zu Dessau näher, und mein Knabe wächst auch heran, den er aber, so Gott will, nie sehen oder haben soll. Mir kommt alles erschrecklich vor, wie ein Treibhaus, oder vielmehr wie ein Stall voll menschlicher Gänse. Als neulich mein Schwager der Jäger hier war, erzählte er von einer neuen Methode, Eichwälder in zehen Jahren zu machen, wie sie sonst nur in fünfzig oder hundert würden, daß man den jungen Eichen unter der Erde die Herzwurzel nehme, so schieße über der Erde alles im Stamm und Aeste. Das ganze Arcanum des Basedowischen Planes liegt, glaube ich, darin, und ihm, den ich persönlich kenne, möchte ich keine Kälber zu erziehen geben, geschweige Menschen.«[4]

Auch Salzmann und Campe warfen ihrem ehemaligen Vorgesetzten Basedow vor, ohne allerdings dessen Namen zu nennen, Kinder

---

[1]Rousseau am 8. April 1756 in einem Brief an de Malesherbes, zit. n.: Jean-Jacques Rousseau mit Selbstzeugnissen und Bilddokumenten, dargestellt v. Georg Holmsten. Reinbek 1983. S. 83.

[2]J.-J. Rousseau: Emil, S. 172.

[3]Ebd. S. 72 ff.

[4]Zit. n. A. Pinloche: Geschichte des Philanthropinismus, S. 113. -Goethe, der 1774 auf einer Reise nach Frankfurt mit Basedow näheren Umgang hatte, charakterisiert jenen als einen für alle Beteiligten unangenehm hektischen Menschen, zit. in ebd., S. 152 ff.

zu früh ihrer Kindheit zu berauben und ihnen nicht genug Zeit zu lassen, zu einem überzeugenden Erwachsenen heranzureifen.[1]

Aber diese Kritik an Basedow, die pädagogisch begründet war mit dem Eigenrecht der Kindheit und der ›Natur‹ des Kindes, kann nicht darüber hinwegtäuschen, daß der Zeitgeist der Aufklärung nach Beschleunigung verlangte. Überall dort, wo etwa Pestalozzi keinen großen erzieherischen Wert sah, wie zum Beispiel bei der Vermittlung der Kulturtechnik Schreiben, setzte er auf das Leistungskriterium Schnelligkeit, während er für die sittliche Erziehung seiner Kinder in Stans, dem von den Revolutionswirren unmittelbar betroffenen Ort, die abendliche Stille und Ruhe suchte.[2]

Auffällig ist, wie häufig in den Texten von Pestalozzi und Salzmann Geschwindigkeit als ein positives Lebensgefühl dargestellt wird; man »eilt«, »fliegt«, »springt«, ist »hurtig« und »geschwind«:

»Sie ermunterten den Kutscher, die Pferde anzuregen, daß sie etwas hurtiger giengen. Hey! da sprangen sie! Hurra! da rollte die Kutsche fort, daß Steine und Schlamm umherstoben, und das Wasser, das in den Wegen stund, über der Kutsche zusammensprützte.«[3]

Pestalozzis *Rundgesang in Clindy* (1818/19) thematisiert die Emsigkeit der Kinder; unter anderem heißt es dort:

»Wir springen von Morgen bis Abend,
Rastlos von Morgen bis Abend.«[4]

Die wiederholten Aufforderungen an die Kinder, sich zu beeilen, waren zum einen der Ausdruck des von ihnen geforderten »pünkt-

---

[1]Z. B.: C. G. Salzmann: Carl von Carlsberg, T. 4 (1785), S. 369 f. - Ders.: Konrad Kiefer (1796), S. 33 f. - Ders.: Krebsbüchlein oder Anweisung zu einer vernünftigen Erziehung der Kinder. Hrsg. v. Theo Dietrich. Bad Heilbronn [2]1967. (Nachdruck von [4]1806;[[1]1780]), S. 81 f. - J. H. Campe: Nötige Erinnerung, daß die Kinder Kinder sind, und als solche behandelt werden sollten (1778), zit. in K. Rutschky (Hrsg.): Schwarze Pädagogik, bes. S. 110 f.

[2]Pestalozzi. Sämtliche Werke, Bd. 13, S. 20 (1799).

[3]C. G. Salzmann: Moralisches Elementarbuch, S. 84. Eine Auswahl weiterer Belege: Ebd. S. 65, 271, 279, 289 (falsche Seitenzähl.!), 323, 324, 328, 373.

[4]Pestalozzi. Sämtliche Werke, Bd. 26, S. 153.

lichen Gehorsams«; aber sie lassen sich auch als Indiz dafür interpretieren, daß der aufgeklärte Erwachsene aufgrund der Aufgabenfülle eine innere Unruhe verspürte und eine Ungeduld an den Tag legte, die ihn in Konflikt gerieten ließen mit den Zeitvorstellungen von Kindern, denen der gegenwärtige Augenblick, das Verweilen beim gerade Erlebten, mehr bedeutet als ein auf die Zukunft gerichtetes Denken. Ein behäbiger Bewegungsablauf war für Salzmann ein Zeichen für Müßiggang[1], während Zielstrebigkeit den aufgeklärten Menschen auszeichnete.

Das Ideal der Schnelligkeit, gekoppelt mit der Idee der permanenten Leistungssteigerung, ist in besonders reiner Form in den sportlichen Übungen von GutsMuths wiederzufinden, des Gymnastiklehrers an Salzmanns Schnepfenthaler Anstalt. GutsMuths praktizierte dort ein Übungsprogramm, bei dem der Leistungszuwachs jedes einzelnen, etwa bei Laufwettbewerben, in Meilen und Minuten quantifiziert und in Listen dokumentiert wurde. Neben Übungen, mit denen die Ausdauer gefördert werden sollte, gab es den »schnellen Lauf«. Gegner war zum einen der andere Mitläufer, den man im Wettbewerb zu besiegen hatte; Hauptgegner aber war die Uhr, gegen die man lief. Mittels der Uhr wurde man sich selbst zum Gegner, indem man seine zuvor erzielten Leistungen durch ein methodisch aufgebautes Übungsprogramm zu übertrumpfen suchte. Bedauernd schränkte GutsMuths 1804 ein:

> »Die Uebung nach der Zeit findet darum Schwierigkeit, weil die gewöhnlichen Taschenuhren die kleinen Zeittheils gar nicht oder sehr ungenau angeben.«[2]

Die kleinste von ihm erfaßte Zeiteinheit war offenbar die Viertelminute, wie aus einer angefügten Tabelle ersichtlich ist.[3] Vermutlich konnte sich GutsMuths eine Uhr mit einer Sekundenanzeige noch

---

[1] Siehe C. G. Salzmann: Moralisches Elementarbuch, S. 133 f.

[2] J(ohann) C(hristoph) F(riedrich) GutsMuths: Gymnastik für die Jugend, enthaltend eine praktische Anweisung zu Leibesübungen. Ein Beitrag zur nöthigsten Verbesserung der körperlichen Erziehung. 2., umgearb. Ausgabe. Schnepfenthal 1804. ([1]1793). S.194.

[3] Ebd. S. 198 f.

nicht leisten[1], aber die Idee, den Sport dem Leistungsprinzip zu unterwerfen und die Ergebnisse durch Quantifizierung vergleichbar zu machen, ist hier bereits zu erkennen.

Eichberg sieht in GutsMuths Übungen die Geburtsstunde der modernen Leichtathletik in Deutschland, die den »Konfigurationswandel« von den zuvor mehr auf Kuriositäten abgestellten Jahrmarktskämpfen zu den sogenannten c-g-s Sportarten (Zentimenter, Gramm, Sekunde) einleitete - eine Entwicklung, die in die Olympischen Spiele des 19. Jahrhunderts mündete. Deren Motto lautet bis heute »citius, altius, fortius« und prägt in der Fixierung auf die individuelle, nach oben unbegrenzte Leistungssteigerung das Streben nach Rekorden. Schon bei Gutsmuths habe das Citius an erster Stelle gestanden.[2]

Die Freude an der Beschleunigung fand offenbar auch im Walzer ihren sinnfälligen Ausdruck. Seit den 1770er Jahren hatte der Walzer von Wien und Bayern aus die Tanzböden in Deutschland erobert; binnen kurzer Zeit war er über die Standesgrenzen hinweg zu dem Modetanz geworden. Mit seinem auf das Paar bezogenen, wirbelnden Bewegungsablauf stand er der standardisierten, gleichförmigen und gruppenbezogenen Choreographie etwa eines Menuetts konträr gegenüber.[3] Einen geradezu erotisierenden Taumel läßt Goethe 1774 seinen Werther beim Walzer mit Lotte verspüren:

»Mit welchem Reize, mit welcher Flüchtigkeit bewegte sie sich! und da wir nun gar ans Walzen kamen und wie die Sphären umeinander herumrollten, ging's freilich anfangs, weil's die wenigsten können, ein bißchen bunt durcheinander. Wir waren klug und ließen sie austoben, und als die Ungeschicktesten den Plan geräumt hatten, fielen wir ein und hielten mit noch einem Paare ... wacker aus. Nie ist mir's so leicht vom Flecke gegangen. Ich war kein Mensch

---

[1]Stoppuhren mit Sekundenanzeige gab es bereits seit den 40er Jahren des 18. Jahrhunderts; 1776 baute der Schweizer Jean-Moyse Pouzait eine Uhr, bei der der Sekundenzeiger von einem eigenen Werk angetrieben wurde, so daß er sich stoppen ließ, ohne gleichzeitig das gesamte Uhrwerk anzuhalten. Siehe D. S. Landes: Revolution in Time, S. 130.

[2]Henning Eichberg: Leistung, Spannung, Geschwindigkeit. Sport und Tanz im gesellschaftlichen Wandel des 18./19. Jahrhunderts. Stuttgart 1978. S. 54 ff.

[3]Siehe hierzu ausführlich ebd., S. 188 ff.

mehr. Das liebenswürdigste Geschöpf in den Armen zu haben und mit ihr herumzufliegen wie Wetter, daß alles rings umher verging ...«[1]

Was jedoch als Beschleunigung erfahrbar war, blieb gebunden an die physischen Grenzen von Mensch und Tier. Eine nennenswerte Verkürzung der Reisezeit mit der Postkutsche wurde erst durch die Verbesserung der Infrastruktur während der ersten Hälfte des 19. Jahrhunderts erzielt; noch jedenfalls befanden sich die Verkehrswege in Deutschland in einem desolaten Zustand.[2] Zweifellos bevorzugte Mozart in seinen späteren Kompositionen ein höheres Tempo und eine aus den Tempiwechseln resultierende Dynamik als dies etwa bei Bach gegeben war.[3] Doch all diese Indizien können nicht darüber hinwegtäuschen, daß die Erfahrungen der Menschen am Ende des 18. Jahrhunderts mit tatsächlich spürbaren Beschleunigungsvorgängen im gesellschaftlichen Umgang noch rudimentär waren. Ihre vermutlich entscheidende Beschleunigungserfahrung machten die Menschen erst ab 1835 mit dem Aufkommen der Eisenbahn, dieser den Raum vernichtenden Maschine, in der sich die technischen Möglichkeiten der Industriellen Revolution materialisierten.[4]

Und doch ist unverkennbar, daß die Aufklärer auch ohne die konkrete Erfahrung meßbarer Beschleunigungsvorgänge ihre Zeit *subjektiv* als schnellebig empfanden. Die Geschichte selbst hatte für sie ein höheres Tempo angeschlagen. Gesellschaftliche Umwälzungen vollzögen sich mit einer bis dahin nicht erlebten Schnelligkeit, wie man an der Französischen Revolution zu erkennen glaubte. In einem seiner Briefe aus Paris im August 1789 erweckt Campe den Ein-

---

[1]Johann Wolfgang Goethe: Sämtliche Werke. Bd. 4. Zürich/München 1977. S. 401. (Unveränderter Nachdruck der Artemis-Gedenkausgabe, hrsg. v. Ernst Beutler, Zürich [2]1961-66).

[2]Vgl. Reinhart Koselleck: Fortschritt und Beschleunigung. Zur Utopie der Aufklärung. In: Der Traum der Vernunft. Vom Elend der Aufklärung. Eine Veranstaltungsreihe der Akademie der Künste, Berlin. Erste Folge. Darmstadt 1985. S. 82 f. - H.-U. Wehler: Deutsche Gesellschaftsgeschichte, Bd. 1, S. 120 f.

[3]Siehe hierzu ausführlich R. Wendorff: Zeit und Kultur, S. 262 ff.

[4]Siehe hierzu ausführlich Wolfgang Schivelbusch: Geschichte der Eisenbahnreise. Zur Industrialisierung von Raum und Zeit im 19. Jahrhundert. Frankfurt/Berlin/Wien 1979. S. 35-45.

druck, als haben sich die Revolutionswirren auch im Bewegungsablauf der Menschen niedergeschlagen.[1] Vor allem aber in der Rückschau auf die Französische Revolution wurde vielen Intellektuellen das Tempo des historischen Prozesses bewußt; Johanna Schopenhauer urteilte 1839 (bei Wehler wie folgt zitiert):

»›Mit verdreifachter und vervierfachter Schnelle ... gehen Leben und Reisen, ... sogar die Stunden galoppieren‹ im Vergleich mit ›jener alten, ehrlichen Zeit‹ vor 1789, ›deren Gebräuche und Lebensweise uns jetzt so fern zu liegen scheinen, als wären sie durch Jahrhunderte von uns getrennt, obgleich seit ihrem völligen Erlöschen kaum fünfzig Jahre vorübergezogen sind. ... Zehn Jahre sind jetzt mehr als ehemals hundert‹.«[2]

Das Gefühl Ende des 18. Jahrhunderts, Zeitgenosse einer schnelllebigen Epoche zu sein, fand seinen signifikanten Ausdruck in der Entdeckung der Aktualität, wie es sich in der wachsenden Verbreitung der Tages- und Wochenpresse dokumentierte.[3] Das Leseverhalten des Bürgertums begann sich von einer intensiven Lektüre, also dem wiederholten Lesen desselben Buches, zu einer extensiven Lektüre zu wandeln.[4] Als »Sekundenzeiger der Weltgeschichte« charakterisierte Schopenhauer später die politischen Zeitschriften.[5]

Zeitgefühl und Zeitbewußtsein hatten sich im Laufe der zweiten Hälfte des 18. Jahrhunderts, spätestens unter dem Eindruck der Französischen Revolution, nachhaltig geändert. Die Zeit, so Blumenberg, sei bis dahin nur das Medium gewesen für den Auftritt von Ereignissen und Akteuren; nun aber sei sie selbst zu einer Macht

---

[1]Joachim Heinrich Campe: Briefe aus Paris. Während der Französischen Revolution geschrieben. Hrsg. v. Helmut König. Berlin 1961. S. 144, 147, 148, 152 f., 160 f, 176. - Den gleichen Zusammenhang stellte 200 Jahre später auch Václav Havel in einem Interview her, als er auf die Frage nach der Unabhängigkeit der Justiz erklärte: »Das ist eine von tausend schweren Aufgaben, die wir sehr schnell lösen müssen. Ich hoffe, daß dies die Geschwindigkeit erklärt, mit der ich mich bewege, und die Geschwindigkeit, mit der wir auch dieses Gespräch führen müssen.« Stern Nr. 3, 11. Jan. 1990, S. 19.

[2]Zit. n. H.-U. Wehler: Deutsche Gesellschaftsgeschichte, Bd. 1, S. 546; hier weitere zeitgenössische Äußerungen.

[3]Ausführlich mit Titeln und Auflagenzahlen ebd. S. 306 ff.

[4]Ausführlich Rolf Engelsing: Zur Sozialgeschichte deutscher Mittel- und Unterschichten. Göttingen [2]1978. S. 121 ff.

[5]Zit. in R. Wendorff: Zeit und Kultur, S. 418.

geworden, der durch bloße Quantität alles zugetraut werden könne. Indem sich nicht mehr in der Zeit, sondern durch die Zeit Geschichte vollziehe, sei die Zeit selber zu einer Kraft der Geschichte dynamisiert worden.[1]

Doch dieses neue, dynamisierte Zeitgefühl war lernhistorisch keine unmittelbare Folge der Uhr. Vielmehr bot diese aufgrund ihrer sich fortwährend wiederholenden Linearität einen gleichförmigen Zeittakt an - weder Beschleunigung als Steigerung der Geschwindigkeit noch gar dynamisierte Beschleunigung ist von Uhren unmittelbar ablesbar.

Erst durch die Verinnerlichung der Fortschrittsidee entstand in den Köpfen der Aufklärer ein Zeitdruck, der ihren Blick gleichsam konzentrierter auf die Uhr lenkte und nun auch die Minuten und ihren dynamischen Wert entdecken ließ. Freilich erwarben die Aufklärer durch diese Verdichtung des Zeithorizonts noch nicht jenen zwanghaft-nervösen Blick auf die Uhr, wie er uns heute geläufig ist. Aber der Kampf um die verfügbaren Zeitanteile, das Bemühen, durch Beschleunigung des Verfahrens Zeit zu gewinnen, wurde hier zum ersten Mal sprachlich erschlossen und in den Wissenshorizont einer sich als aufgeklärt ansehenden Öffentlichkeit gehoben.

Daß jedoch ein erfolgreicher Händler gegen Ende des 18. Jahrhunderts mit wehender Perücke und flatternden Rockschößen durch Büro und Geschäft hastete, ist in den Quellen nirgends bezeugt. Im Gegenteil - weil man vorgab, ständig aktiv und dies im Takt der Uhr zu sein, mithin der Verdacht des Müßiggangs abwegig erschien, konnte man sich gemessenen Schrittes bewegen.

Zwischenresümee

1. Der Einstieg in die Individualisierung des Uhrenbesitzes seit der zweiten Hälfte des 18. Jahrhunderts - technisch und finanziell ermöglicht durch die beginnende Massenproduktion der Uhr - ist nicht ein ›bloßer‹ technischer Tatbestand, sondern muß als ein bedeutsamer sozialer Umstand innerhalb der Lernge-

[1] H. Blumenberg: Lebenszeit und Weltzeit, S. 223 u. 240 (R. Koselleck zitierend). - Siehe auch R. Koselleck: Fortschritt und Beschleunigung, S. 88 ff.

schichte der Uhrenzeit bewertet werden: zum einen als die nach außen hin sichtbare Wirkung eines Selbstverständnisses, das Zeit als wertvoll und als Ressource ansieht, die vom einzelnen permanent genutzt werden muß, und zugleich als Ursache und Stimulus für eine sich verdichtende, kontinuierliche Zeitwachheit und Zeitdisziplin.

2. Im Selbstverständnis der Aufklärer verkörperte die Uhr die Ratio, die der Konstruktion der Welt zugrunde lag. Das technische Instrument Uhr versahen sie mit den Kategorien ›Tugend‹ und ›Vernunft‹ und strukturierten mittels solcher Versprachlichung die Erfahrungen der Menschen mit getakteter Zeit. Die Rationalität des aufgeklärten Menschen zeigte sich in seiner Fähigkeit, ein Leben nach der Uhr zu führen.

3. Mit ihren Publikationen und in ihrer pädagogischen Praxis haben die Aufklärer die Selbstbindung der Menschen an die Uhr gefördert. Anstelle des durch die Uhr repräsentierten gesellschaftlichen Fremdzwanges hatte die habitualisierte Lebensform zu treten; über den Weg der Gewöhnung und über das aufklärende Argument und Beispiel sollte das Leben nach der Uhr den Menschen zur zweiten Natur werden. Dies war eine Konkretisierung des allgemeinen Bestrebens seitens der Aufklärer, die gesellschaftlichen Zwänge in die Subjekte zu verlagern und als einen von der Vernunft angeleiteten Selbstzwang wirksam werden zu lassen.

4. Rationalität und Selbstbindung an die Uhr lassen sich lernhistorisch interpretieren als das Ergebnis der Erfahrungen aufgeklärter Menschen mit einer merkantilen Gesellschaft. Durch die Verdichtung der sozialen Beziehungen, durch die differenzierter und länger gewordenen Abhängigkeitsketten zwischen den Menschen verstärkte sich der Druck, eine möglichst affektfreie, ebenmäßige Selbstdisziplin zu erwerben.

5. In der Formel ›Zeit ist Geld‹ hatte die Stilisierung der Zeit zu einem dem Menschen gegenüberstehenden Faktum ihre bis heute höchste Abstraktionsstufe erreicht. Die Forderungen innerhalb der Verfleißigungsbemühungen nach Arbeitsamkeit,

Stetigkeit und Regelmäßigkeit sind Ausdruck der ausschließlich quantifizierenden, ökonomischen Sicht auf Zeit.

6. Durch den Merkantilismus gerieten immer mehr Menschen unter den Disziplinierungszwang lohnabhängiger Arbeit. Die pädagogischen Bemühungen der Aufklärer zielten darauf, die quantitative Konstruktion von Arbeit mit einem ebenfalls quantifizierenden Zeit-Verhalten zu beantworten, damit der Arbeitstag des einzelnen identifizierbare Konturen erhielt und die erbrachte Arbeitsleistung erlebbar wurde. Durch Bewußtheit im quantitativen Zeitgebrauch konnte, so die Überzeugung der Aufklärer, die Herrschaft der Uhr qualitativ überwunden und der Mensch zum Herrn seiner Zeit werden.

7. Durch privaten Uhrenbesitz und die Gewöhnung an ein Leben im Takt der Uhr war die Voraussetzung geschaffen, Pünktlichkeit als ein innengeleitetes, Termine antizipierendes Verhalten zu erwerben. Der Lernprozeß Pünktlichkeit dürfte seine entscheidenden Impulse durch die Zwänge einer merkantilen, sich immer dichter vernetzenden Gesellschaft erhalten haben, deren Funktionieren auf der Verläßlichkeit und Berechenbarkeit der Beteiligten basierte. Pünktlichkeit und Langsicht bildeten gewissermaßen eine Zange, mit der den spontanen, ungebundenen Regungen zu Leibe gerückt und die Selbstbindung an die Uhr gefördert wurde. Die wiederholten Ermahnungen der Aufklärer an ihre Leser, pünktlich zu sein, geben allerdings zu erkennen, daß hier noch erhebliche Defizite bestanden.

8. Nicht nur durch die Veränderungen innerhalb der sozialen Matrix, sondern auch durch die Verinnerlichung der Fortschrittsidee entstand in den Köpfen der Aufklärer ein Zeitdruck, der den Blick auf die Uhr lenkte und die Minute und ihren dynamischen Wert entdecken ließ.

9. Der Blick in eine prinzipiell offene, vom einzelnen zu gestaltende bessere Zukunft führte zu einer Aufwertung des unmittelbaren Augenblicks und gleichzeitig zu einer Lebenshaltung, die die im Kampf um den Fortschritt verloren geglaubte Zeit durch Beschleunigung des Verfahrens zurückzugewinnen suchte.

Schnelligkeit und die Beschleunigung sozialer Akte wurden zu einem Ideal. Allerdings blieben die Erfahrungen der Menschen mit tatsächlich spürbaren Beschleunigungsvorgängen bis zum Aufkommen der Eisenbahn noch rudimentär.

Kapitel 4

Die erfolgreiche Aneignung der Uhr im Gefolge der Industriellen Revolution

Die Aufklärer hatten an die Vernunft ihrer Adressaten appelliert, ein Leben nach der Uhr zu führen. Sie suchten mit Argumenten und Beispielerzählungen zu überzeugen, daß angesichts der Veränderungen im Erwerbsleben die Lebensführung methodisch anzugehen sei, indem vorab nach Plan jeder Aufgabe und Tätigkeit ein Zeitabschnitt und ein Zeitquantum zugewiesen werden sollte. Spätestens seit der Industriellen Revolution um 1850 war die Zeit des argumentativen Umgangs mit der Uhr vorbei. Die Aufklärer hatten das Wissen um die individuelle und gesellschaftliche Bedeutung der Uhr bereitgestellt, hatten Pünktlichkeit als eine bürgerliche Tugend begründet und als Multiplikatoren deren Verbreitung gefördert. Die Uhr war in all ihren Facetten durch die Aufklärer hinreichend sprachlich erschlossen; neue, grundlegende Einsichten und Aspekte sind seitdem nicht mehr geäußert worden. Nun galt es, dieses *Wissen* um die Uhr zur universellen gesellschaftlichen *Praxis* werden zu lassen.

Was sich im Gefolge der Industriellen Revolution änderte, war der lebenspraktische Umgang mit der Uhr, er wurde für jeden am Erwerbsleben Beteiligten nun endgültig unausweichlich. Das Diktat der Uhr galt jedem, ob er wollte oder nicht. Die Zeitschraube wurde gleichsam enger gezogen und das Tempo sozialer Akte gesteigert. Plakativ formuliert ließe sich sagen: das Thema war abgehandelt, wer bisher noch nicht begriffen hatte, daß auch ihm die Uhr schlug, der wurde - wie im folgenden noch deutlich werden wird - durch die ökonomischen und sozialen Erfordernisse der Industriellen Revolution auf die rechte Bahn gezwungen oder bekam seine Lektion in der Schule und am Arbeitsplatz eingepaukt. Und diese Generallektion lautete: Zeit ist Geld.

René Magritte »Die durchbohrte Zeit« 1939
Aus: Zug der Zeit - Zeit der Züge, Bd. 2, S. 494

Die Förderung der Pünktlichkeit durch die Eisenbahn

Einige Zeitgenossen konstatierten, daß aufgrund der sozialen und ökonomischen Zwänge die Menschen im Vergleich zu früheren Generationen pünktlicher geworden seien. In der Erzählung *Edelweiß* (1861), in der Berthold Auerbach den Niedergang des hausgewerblichen Uhrmacherhandwerks im Schwarzwald beschreibt, wird zwischen den Romanfiguren ein Disput geführt über die Qualität der Uhren:

»Es war ein Uhrenhändler da aus dem Preußischen, und der sagt, die Uhren werden nicht mehr so ordentlich gemacht wie damals, wo dein Vater und mein Mann noch gelebt haben; sie gehen nicht mehr so genau. Im Gegenteil, sage ich, die Verstorbenen in allen Ehren, die Uhren sind jetzt gewiß noch so genau wie in alten Zeiten, aber die Menschen waren damals noch nicht so genau wie jetzt.«[1]

Daß sich nicht die Uhren, wohl aber die Menschen geändert hätten, bestätigt auch ein anderer Gesprächspartner. Und ein dritter, ein »Techniker«, verweist sogleich auf die Verursacher dieses gesellschaftlichen Lernprozesses; denn er erklärt die »strengere Genauigkeit der neueren Zeit aus Eisenbahnen und Telegraphen«.[2]

Dies ist keine singuläre Selbstinterpretation. Als der Leiter der Großherzoglich Badischen Uhrmacherschule, Robert Gerwig, 1850 dazu aufrief, neue Gehäuseformen zu entwickeln, mit denen der Verkauf von Schwarzwälder Uhren gefördert werden könnte, reichte der Karlsruher Architekturprofessor Friedrich Eisenlohr einen Entwurf ein, der sich an den Bahnwärterhäuschen entlang der Rheinlinie der badischen Staatseisenbahn orientierte. Sein Modell setzte sich in etwas modifizierter Form und mit dem seit Mitte des 18. Jahrhunderts beliebten Kuckuck als Stundenrufer im Giebel durch. Ab 1860 verdrängte die Kuckucksuhr andere Figurenuhren vom Markt; sie avancierte zu einem internationalen Verkaufserfolg.[3] Mag uns heute auch die Kuckucksuhr als Inbegriff folkloristischer Idylle erscheinen, damals jedoch spielte sie aufgrund ihrer Gestaltung auf eine der

---

[1]Berthold Auerbach: Edelweiß. Eine Erzählung. Stuttgart [2]1864. S. 293 f.
[2]Ebd.
[3]Siehe H. Kahlert: 300 Jahre Schwarzwälder Uhrenindustrie, S. 75-77.

modernsten technischen Entwicklungen an, die die Gesellschaft zu bieten hatte: die Eisenbahn. Vor allem aber läßt sie erahnen, wie eng Pünktlichkeit und Eisenbahn zusammengedacht wurden.

Diese Selbsteinschätzung, daß man Pünktlichkeit durch die Eisenbahn erlernt habe, läßt sich auch in anderen Quellen aus der zweiten Hälfte des 19. Jahrhunderts wiederfinden. Es bedarf eines erläuternden Vorspanns, um die zeitgeschichtliche Brisanz der nachfolgenden Aussage nachvollziehen zu können. Am 27.8.1866 hatte Ferdinand Stiehl bei König Wilhelm I. in Anspielung auf den Sieg der Preußen über die Österreicher bei Königgrätz (3.7.1866) vortragen lassen:

»Ew. Königlichen Majestät Armee, die jetzt gekämpft und gesiegt hat, ist durch die Preußische Volksschule hindurch und aus derselben hervorgegangen.«[1]

Bereits 14 Tage nach der entscheidenden Schlacht hatte Oskar Peschel geschrieben, daß dies »ein Sieg der preußischen Schulmeister über die österreichischen Schulmeister gewesen« sei.[2] Historisch angemessener wäre der Hinweis auf den geschickten militärischen Aufmarsch der Preußen und das Zündnadelgewehr gewesen, mit denen das preußische Heer ausgerüstet war. Aber endlich hatte die Lehrerschaft amtlicherseits die Anerkennung ihrer patriotischen Gesinnung und ihrer pädagogischen Leistung gefunden. Mit Stolz verkündeten die *Rheinischen Blätter für Erziehung und Unterricht*: »Unser Altmeister DIESTERWEG ... hatte den großen Sieg von Königgrätz vorbereitet.«[3] Und genau in diese Atmosphäre, in der sich die Lehrerschaft ihrer gesellschaftlichen Bedeutung und Erfolge rühmen konnte, fällt die Aussage eines Hamburger Lehrers, die ebenfalls in den *Rheinischen Blättern* publiziert wurde:

»Betrachten wir die Bewegung auf einem Bahnhofe. Mit Ausnahme außerordentlicher Fälle und Unfälle erscheint und verschwindet jeder Zug zum bestimmten Moment. Ein Paar Waggons werden dem Güterzug abgehängt,

---

[1]Zit. n. Gerhardt Giese: Quellen zur deutschen Schulgeschichte seit 1800. Göttingen 1961. S. 154.

[2]Oskar Peschel: Die Lehren der jüngsten Kriegsgeschichte. In: Das Ausland. Stuttgart. Nr. 29. S. 695 (17.7.1866); zit. n. J. Henningsen: Die Impotenz der Schule. In: Günther Groth (Hrsg.): Horizonte der Erziehung, S. 99.

[3]1867, S. 153; zit. n. G. Petrat: Schulerziehung, S. 165.

andere bereitstehende mitgegeben. Um Letztere von der Nebenbahn auf die Hauptbahn zu führen, kennen die Dienstleute die dazu nöthige Zeit und Mannschaft. Der mitschiebende Weichensteller springt wenige Minuten vor Ankunft des Waggons an die Weiche und verrichtet ruhig sein Geschäft. Gleiche Pünktlichkeit beim Bremsen der Züge, beim Eröffnen und Schließen der Waggonthüren, beim Aufladen von Viehtransport, beim Auffahren auf die Drehscheibe u.s.w. In dieser großartigen, an Städten und Ländern hin vertheilten Massenbewegung wirkt jeder Einzelne mit, als intelligentes seine Kräfte wohl berechnendes Maschinenglied oder Organismusorgan, zur rechten Zeit am rechten Ort. Wir haben durch die Eisenbahn ein gutes Stück Pünktlichkeit gelernt.«[1]

Für manchen Lehrer dürfte es eine Provokation gewesen sein, daß der Habitus Pünktlichkeit in diesem Text nicht in erster Linie auf seine pädagogisch intentionalen Anstrengungen zurückgeführt wurde. Doch in der Detailskizze eines Bahnhofs veranschaulichte der Autor exemplarisch, in welch differenziertes Interdependenzgeflecht eine industrialisierte Gesellschaft geraten war, deren Prosperität auf einem koordinierten massenhaften Transport von Gütern und Menschen basierte. Komplexe Abläufe, innerhalb derer der einzelne zum »Maschinenglied« und »Organismusorgan« wurde, erzwangen geradezu die Synchronisierung mittels der Uhrzeit. In den Fahrplänen der Eisenbahn konkretisierten sich - unbeeinflußbar vom einzelnen - gesellschaftliche Zwänge, die die Habitualisierung von Pünktlichkeit unausweichlich werden ließen. Wer wiederholt den Zug verpaßt und aufgrund seines unpünktlichen Erscheinens am Arbeitsplatz mit Kündigung rechnen oder Teile seines Lohns einbüßen muß, wird in der Regel lernen, sein Verhalten an der Uhr auszurichten.

Aber die pünktliche Anwesenheit der Menschen am Arbeitsplatz und in Schulen, Geschäften und Verwaltung war anfangs noch bedroht von den organisatorischen Problemen in der Fahrplangestaltung aufgrund der noch gültigen verschiedenen Lokalzeiten und der Zonenzeiten, nach denen sich die einzelnen Eisenbahngesellschaften richteten. Vor allen Dingen brachte die Verzahnung des Fernverkehrs mit dem Nahverkehr Probleme mit sich für Öffnungszeiten und Arbeitsbeginn.[2] Zudem trugen mehrere Uhren nebenein-

---

[1] 1868, S. 243; zit. n. G. Petrat: Schulerziehung, S. 166.

[2] In Eingaben an den Magistrat von Frankfurt und Wiesbaden wies die Eisenbahndirektion 1892 eindringlich auf diese Probleme hin; z.T. wiedergegeben bei Ulla Merle: Tempo! Tempo! Die Industrialisierung der Zeit im

ander auf Bahnhöfen mit der Angabe von Ortszeit und den Zeiten der einzelnen Eisenbahngesellschaften nicht gerade zur Zeitsicherheit bei. Es waren die Erfordernisse der Eisenbahn (und der Telegraphenverwaltung), die schließlich zur einer Vereinheitlichung der Zeit in Deutschland führten und damit die divergierenden Ortszeiten ablösten. Auf die militärische Bedeutung der Einheitszeit bei Mobilmachung hatte auch Moltke 1891 vor dem Reichstag verwiesen. Das vom Reichstag verabschiedete Gesetz über die Einführung einer einheitlichen Zeitbestimmung trat zum 1. April 1893 in Kraft.[1] Damit hatten die Menschen nun endgültig die Sonne mittels der Uhr korrigiert.

Fabrikdisziplin und die Verbreitung des Weckers - oder: Die Verinnerlichung des Klingelzeichens

Die Disziplinierung der Fabrikarbeiter zu einem den Maschinen angepaßten Verhalten, zu dem in erster Linie Pünktlichkeit, Ausdauer und Regelmäßigkeit gehörten, ist in verschiedenen Studien bereits detailliert nachgezeichnet worden.[2] Durch die Zwänge der industriellen Produktion wurden Zeitmuster erworben, die auch für

---

19. Jahrhundert. In: I. A. Jenzen (Hrsg.): Uhrzeiten, S. 173 f.

[1]Vgl. ebd., S. 174. - R. Wendorff: Zeit und Kultur, S. 420.

[2]Z.B. in der als »klassisch« geltenden Studie von E(dward) P(almer) Thompson: Zeit, Arbeitsdisziplin und Industriekapitalismus. In: Rudolf Braun/ u.a. (Hrsg.): Gesellschaft in der industriellen Revolution. Köln 1973. S. 81-112. (Zuerst erschienen unter »Time, Work-discipline and Industrial Capitalism«. In: Past and Present 38 (1967), S. 56-97). - Sidney Pollard: Die Fabrikdisziplin in der industriellen Revolution. In: Wolfram Fischer/Georg Major (Hrsg.): Die soziale Frage. Neuere Studien zur Lage der Fabrikarbeiter in den Frühphasen der Industrialisierung. Stuttgart 1967. S. 159-185. - Alf Lüdtke: Arbeitsbeginn, Arbeitspausen, Arbeitsende. Skizzen zu Bedürfnisbefriedigung und Industriearbeit im 19. und frühen 20. Jahrhundert. In: Gerhard Huck (Hrsg.): Sozialgeschichte der Freizeit. Untersuchungen zum Wandel der Alltagskultur in Deutschland. Wuppertal 1980. S. 95-122. - Rudolf Braun: Sozialer und kultureller Wandel in einem ländlichen Industriegebiet (Zürcher Oberland) unter Einwirkung des Maschinen- und Fabrikwesens im 19. und 20. Jahrhundert. Erlenbach-Zürich/Stuttgart 1965. S. 185-254.

das Leben außerhalb der Fabrikmauern an Bedeutung gewannen und den Lebensrhythmus der Menschen bis heute bestimmen.

Die Zentralisierung der Produktion führte zu einer scharfen Trennung von Arbeitsplatz und Haushalt, die - so Wehler - in ihrer sozialgeschichtlichen Wirkung kaum überschätzt werden könne.[1] Infolge der Lohnarbeit lebten Männer, Frauen und Kinder nun in zwei Zeiten: in der gebundenen, die sie an die Fabrik verkauften, und in der scheinbar ungebundenen, die aber aufgrund langer Arbeitszeiten und Anmarschwege als zu kurz empfunden wurde, um der Wiederherstellung der Kräfte und der alltäglichen Versorgung der Familie ausreichend dienen zu können. Kaum einer der zeitgenössischen Berichte verzichtete auf die Schilderung der Hetze, mit der die Arbeiter ihrer Zeitnot Herr zu werden versuchten. In einem Referat des Schweizer Pfarrers Hirzel über die Kinderarbeit in einer Baumwollfabrik von 1853 heißt es:

»Jetzt (im Winter) kömmt wieder die Zeit, wo jener arme Junge früh um 4, um 5 Uhr von dem Lager sich erheben und eine Stunde weit durch nasskaltes Gestöber in seine Fabrik eilen muss ... Die Arbeit ist nicht gerade schwer, weit eher fürchterlich einförmig, geisttödtend und körperlich ungesund. Den ganzen langen, lieben Tag muss unser Junge in dieser mit dichtem Staub erfüllten Atmosphäre ausharren, sie einathmen, dieses bis in die Nacht hinein, bis um 9-10 Uhr Abends. Dann endlich heisst es ›Stopp‹ und er eilt seine Stunde Weges nach Hause. Geistig und körperlich zerschlagen, ermattet, mit dummen, dumpfem Kopf wird er für einige Stunden seine Glieder niederlegen können auf seinem Lager. Doch nicht lange, so knarrt die alte Schwarzwälderuhr wieder ihre unerbittlichen vier Schläge herunter und wieder geht die Hetze an ...«[2]

Daß unter solchen Bedingungen Pünktlichkeit nur schwer zu realisieren war, daß auch viele Arbeiter versuchten, ihre Zeitnot zu kompensieren, indem sie innerhalb der Arbeitszeit Aufgaben für die Familie erledigten oder ihre Arbeit gemächlich angingen, kann nicht verwundern.[3]

Demgegenüber stand die Zeitlogik der Fabrikherren: Die industrielle Produktion erforderte eine Ökonomie der Zeit, damit die

---

[1]H.-U. Wehler: Deutsche Gesellschaftgeschichte, Bd. 2, S. 248 f.

[2]Referat vor der schweizerischen Predigergesellschaft, zit. n. R. Braun: Sozialer und kultureller Wandel, S. 60 f.

[3]Vgl. ebd. S. 192.

Arbeitskraft des einzelnen möglichst effektiv genutzt werden konnte. Die Praxis des »Blauen Montags«, die gelegentlich auch noch den Dienstag einschloß, die große Zahl an Festtagen und Jahrmärkten und die entsprechend wellenförmige statt gleichmäßige Arbeitsintensität konnten jede Rentabilitätsprognose zur Makulatur werden lassen.[1] 1865 erklärte Alfred Krupp, die Kalkulation seines Betriebes sei nur dann realistisch, wenn »*stets* alle Werkzeuge Tag und Nacht beschäftigt« seien (Hervorh. N.N.). Zwei Jahre später notierte er, er habe »seit Jahren die Zeitordnung als erste Bedingung der Fabrikordnung« gefordert.[2] Solche Fabrikordnungen gab es bei Krupp und anderen Fabriken schon seit rund 25 Jahren. Bezogen auf die Kategorie Zeit, konzentrierten sich diese Ordnungen darauf, die Arbeiter zum pünktlichen Erscheinen in der Fabrik zu disziplinieren. Welchem Drill die Arbeiter im Alltag tatsächlich ausgesetzt waren, lassen diese Quellen nur erahnen. Doch in ihrer historischen Genese wird deutlich, wie das Diktat der Uhr für jeden einzelnen unausweichlich und das oktroyierte Zeitgitter immer enger wurden; denn je arbeitsteiliger produziert wurde, desto größer wurde der Synchronisationsbedarf zwischen den einzelnen Arbeitsprozessen und umso mehr beherrschte die Uhr den Arbeitsalltag.

In einem »Reglement« der Kruppschen Gußstahlfabrik bei Essen heißt es 1841 in den ersten beiden von insgesamt 10 Paragraphen:

»In letzter Zeit immer mehr eingerissene Unordnungen, besonders häufiges Zuspätkommen, erfordern die strenge Handhabung des Hierfolgenden:
1) Fünf Minuten nach 6 Uhr, oder nach dem Glockenschlage, womit die Arbeit beginnt, wird aufgeschrieben wer fehlt, wer später kommt, muß sich melden, weil sonst von ihm keine Notiz genommen wird.
2) Wer mehr als 5 Minuten zu spät kommt, steht sich nicht besser, als wer eine ganze Stunde zu spät kommt, und wird um ¼ Taglohn bestraft, kommt dies aber binnen 14 Tagen zweimal vor, so kostet es das zweitemal ½ Taglohn.«[3]

---

[1] Siehe ausführlich Jürgen Reulecke: Vom blauen Montag zum Arbeiterurlaub. Vorgeschichte und Entstehung des Erholungsurlaubs für Arbeiter vor dem Ersten Weltkrieg. In: Archiv für Sozialgeschichte, Bd. XVI, 1976. S. 205-248.

[2] Beide Zitate nach A. Lüdtke: Arbeitsbeginn, Arbeitspausen, Arbeitsende. In: G. Huck (Hrsg.): Sozialgeschichte der Freizeit, S. 98.

[3] Als Faksimile wiedergegeben in: Funkkolleg Geschichte. Studienbegleitbrief 8. Weinheim/Basel 1980. S. 126.

Zwei weitere Paragraphen regelten die Strafen bei größeren Verspätungen. Die kapitalistische Maxime, daß Zeit Geld ist, wurde für die Arbeiter in eine lebenspraktische Lektion übersetzt, die auf die empfindlichste Stelle eines Arbeiterhaushalts zielte: das Geld. Wer über den tolerierten Zeitraum zu spät kam, mußte weit höhere finanzielle Einbußen hinnehmen, als es der versäumten Arbeitszeit entsprach. Im Vergleich zu späteren Versionen fällt auf, daß noch keine Sanktionen vorgesehen waren bei zu früher Arbeitsniederlegung vor Pausen und Arbeitsende. Offenbar war der Arbeitsprozeß bei Krupp noch nicht so systematisch in kleinsten Zeitquanten erfaßt und rationalisiert, wie es um 1900 der Takt der Maschinen, die fortgeschrittene Arbeitsteilung und das Interesse der Fabrikherren an einer möglichst effektiven Kapitalisierung der Arbeitszeit erforderten. In Diktion und Inhalt ähnlich, wenn auch umfangreicher, waren auch die Ordnungen der Maschinenfabrik Klett von 1844[1] und der Esslinger Maschinenfabrik von 1846[2]. Sie tolerierten Verspätungen bis zu 10 Minuten, wobei in Esslingen die Lohneinbußen äquivalent zu den Fehlzeiten gehalten waren.

In den nachfolgenden Jahrzehnten wurden diese Ordnungen schärfer und vor allem präziser gefaßt, so daß Verstöße gegen die Zeitnorm eindeutig erkannt und sanktioniert werden konnten. Je kleinschrittiger die Zeit zerlegt war, desto sicherer ließen sich Abweichungen kontrollieren und umso gezielter konnte jeder Augenblick ausgeschöpft werden. So schrieb die Kruppsche Ordnung von 1852 vor, daß bei Arbeitsbeginn jeder am Ende des Glockensignals an seinem Platz bereitzustehen habe. Aufgrund der Dauer des Glokkenzeichens ließ diese Regelung noch eine gewisse, wenn auch minimale Dehnung der Pünktlichkeit zu. Diesen noch verbleibenden Rest eliminierte eine Anweisung der Gute-Hoffnungs-Hütte in Oberhausen von 1870, in der vorgeschrieben wurde, daß bereits zu Beginn des Glockenzeichens die Maschinen angelassen werden und an dessen Ende, nach 5 Minuten, voll laufen müßten.[3] Die Esslinger

---

[1]Siehe Wolfgang Ruppert: Die Fabrik. Geschichte von Arbeit und Industrialisierung in Deutschland. München 1983. S. 54-56.

[2]Siehe Heilwig Schomerus: Die Arbeiter der Maschinenfabrik Esslingen. Forschungen zur Lage der Arbeiterschaft im 19. Jahrhundert. Stuttgart 1977. S. 315-318.

[3]Siehe A. Lüdtke: Arbeitsbeginn, Arbeitspausen, Arbeitsende. In: G. Huck

Fabrikordnung, die 1846 eine Verspätung bis zu 10 Minuten am Fabriktor straflos toleriert hatte, sah 1910 Geldbußen vor, sofern ein Arbeiter nicht bereits während des Signals seine Werkstatt betreten hatte.[1] Damit war nun, was die Pünktlichkeitserwartungen anging, jegliche Toleranz verschwunden. Kontrolluhren und eigens eingestelltes Aufsichtspersonal trugen ihrerseits dazu bei, die Arbeiter zu einer der industriellen Produktion angepaßten Zeitdisziplin zu zwingen.

All diese Überwachungsmaßnahmen und Strafgelder zielten darauf, den Zwang der industriellen Zeitordnung in die Subjekte zu verlagern und dort als eigenen Willen und aus eigenem Interesse wirksam werden zu lassen. Doch das wirkungsvollste Instrument, die Selbstdisziplinierung der Arbeiter zu befördern, war der Übergang zum Stücklohn oder Akkord. 1874 stellte Alfred Krupp fest, daß nur die Tagelöhner, nicht aber die im Stücklohn Arbeitenden nach längeren Pausen verlangten.[2] Während jene immer wieder durch starke Fremdzwänge zur Zeitdisziplin angehalten werden mußten, hatten diese ihre Lektion ›Zeit ist Geld‹ offenbar durch die unmittelbare Relation von Arbeitsleistung und Lohn verinnerlicht. Die ausschließlich quantifizierende Konstruktion ihrer Arbeit schärfte ihre Sensibilität für jede einzelne Minute. In einigen autobiographischen Zeugnissen wird dies deutlich, so zum Beispiel in den Aufzeichnungen von Carl Fischer, der als Steinformer in einer Stahlfabrik gearbeitet hatte. Er schildert eine Situation um 1870, in der ein Freund ihn in der Fabrik besuchte und zu einem Gespräch aufforderte:

»›Na zum Himmeldonnerwetter, da höre doch einmal auf mit Deinem dummen Geklapper da! ist man denn nicht so viel werth, daß Du ordentlich mit einem sprechen kannst?‹ Da sagte ich lächelnd: ›Ja Du siehst wohl wie es hier geht, hier darf man den ganzen Tag keine Minute versäumen, wenn man zu seinem Gelde kommen will ...;‹ da sagte er: ›Na wenn Du hier eine Stunde immer so gestanden hast, da geht man doch einmal raus an die frische Luft und wenns blos 5 Minuten sind, Du kannst doch nicht den ganzen Tag hier in der Atmosphäre stehen, da gehst Du ja kaput!‹ da sagte ich: ›Na kaput gehn wollte ich hier nicht gerne, aber in fünf Minuten muß ich beinahe zehn Steine machen

---

(Hrsg.): Sozialgeschichte der Freizeit, S. 101 (GHH) u. 103 (Krupp).

[1]H. Schomerus: Die Arbeiter der Maschinenfabrik Esslingen, S. 323.

[2]Siehe A. Lüdtke: Arbeitsbeginn, Arbeitspausen, Arbeitsende. In: G. Huck (Hrsg.): Sozialgeschichte der Freizeit, S. 106 f.

und wenn ich die versäume da kann ich sie den ganzen Nachmittag nicht wieder einholen.‹«[1]

Durch den Stücklohn war Fischer in eine den Heimarbeitern vergleichbare Situation geraten. Mögen auch die Heimarbeiter sich als ungebundener empfunden haben, da sie nicht dem Drill der Fabrik ausgesetzt waren, erfolgreich wirtschaften konnten auch sie nur, wenn sie die erforderliche Selbstdisziplin erworben hatten. Sowohl beim Stücklohn wie in der Heimarbeit galt es, ein ausschließlich rechnerisches Verhältnis zur Arbeit zu besitzen, nach dem Diktat der Uhr zu leben und im Takt der Uhr gleichförmig seine Arbeiten zu verrichten. Denn nur durch rechnerische Voraussicht auf der Basis von Ausdauer, Ebenmaß und Regelmäßigkeit bei der Arbeit ließ sich der jeweilige Lohn planen und realisieren. Wie häufig dabei der Blick von der Arbeit auf die Uhr wanderte, berichtet Ottilie Baader, die zunächst als Näherin in einer Fabrik angestellt war, dann aber, um 1865, sich eine eigene Nähmaschine kaufte und zu Hause arbeitete:

»Dabei habe ich das Los der Heimarbeiterin zur Genüge kennengelernt. Von morgens um sechs bis nachts um zwölf, mit einer Stunde Mittagspause, wurde in einer Tour ›getrampelt‹. Um vier Uhr aber wurde aufgestanden, die Wohnung in Ordnung gebracht und das Essen vorbereitet. Beim Arbeiten stand eine kleine Uhr vor mir und es wurde sorgfältig aufgepaßt, daß ein Dutzend Kragen nicht länger dauerte wie das andere, und nichts konnte einem mehr Freude machen, als wenn man ein paar Minuten sparen konnte.«[2]

Die Internalisierung der industriellen Zeitlogik, das Rechnen in Minuten und Geld, läßt auch Eugen May, Sozialdemokrat und Dreher in verschiedenen Fabriken, erkennen, der zwar einerseits Fabrikherren als »Ausbeuter schlimmster Sorte« bezeichnete, ihnen aber in einer Fabrik um 1910 gleichzeitig mangelndes kapitalistisches Kalkül vorwarf, weil dort »vorsintflutlicht« gearbeitet würde, indem

---

[1]Zit. n. Wolfgang Emmerich (Hrsg.): Proletarische Lebensläufe. Autobiographische Dokumente zur Entstehung der Zweiten Kultur in Deutschland. Bd. 1. Reinbek 1976. S. 124 f. - Weitere Zeugnisse s. ebd. S. 115 f. (1866), S. 213 f. (1886).

[2]Zit. n. ebd. S. 136.

z.B. für 10-12 Dreher lediglich drei Stück Dreibackenfutter vorgesehen waren, was zu häufigem Streit unter den Drehern führte:

»Wenn man bedenkt, wieviel Zeit dadurch verloren ging, und daß ein solches Dreibackenfutter damals vielleicht 60-80 Mark kostete, wird man wohl ein Kopfschütteln nicht umgehen können. Meine Kollegen warnten mich oft vor meiner rationelleren Arbeitsweise, indem sie sagten:

›Mache deine Arbeit auch wie wir; denn wenn der Alte dies einmal sieht, wird er dir sofort deine Akkordsätze kürzen.‹ Aber ich gab acht, daß der Fall nicht eintrat.«[1]

Mays Aufzeichnungen illustrieren die These Thompsons, daß Arbeiter der späteren Generation die Zeitordnung der Fabrik akzeptiert hatten und nun, gestützt auf die Kategorien ihrer Fabrikherren, mit gleichen Argumenten zurückschlugen: Die erste Generation der Arbeiterschaft, so generalisiert Thompson, habe noch *gegen* die Zeit gearbeitet, ihr seien die Zeitmuster noch regelrecht eingebleut worden, die zweite Generation habe bereits gelernt, *innerhalb* dieser Zeitlogik zu argumentieren, indem sie für kürzere Arbeitszeiten kämpfte, die dritte Generation schließlich habe die Lektion ihrer Arbeitgeber ›Zeit ist Geld‹ zutiefst verinnerlicht und konsequent auf jene selbst angewandt, indem sie einen Zuschlag auf Überstunden forderten; Zeiten außerhalb der normalen Arbeitszeit sind trotz gleicher Arbeit eben teurer.[2]

Daß die Arbeiter im Laufe der Industrialisierung lernten, Zeit als wertvolle Ressource zu betrachten, daß es galt, auch die Minuten zu beachten, zeigt sich ebenfalls in ihrer Bereitschaft, sich eine eigene Taschenuhr zuzulegen. In einer Lebenskostenrechnung für einen Fabrikarbeiter, die lediglich vom Existenzminimum ausging, wurden 1857 auch die Ausgaben für eine Uhr aufgenommen, da sie, wie es dort heißt, für einen Fabrikarbeiter »unentbehrlich« sei.[3] Zwischen 1860 und 1870 besaßen 54% der einfachen Arbeiter der Esslinger Maschinenfabrik eine silberne Taschenuhr, bei den Drehern waren es

[1]Zit. n. ebd. S. 338 f.

[2]E. P. Thompson: Zeit, Arbeitsdisziplin und Industriekapitalismus. In: R. Braun/u.a. (Hrsg.): Gesellschaft in der industriellen Revolution, S. 96 f.

[3]Siehe R. Braun: Sozialer und kultureller Wandel in einem ländlichen Industriegebiet, S. 188.

90% und bei den Schlossern gar 96,5%.[1] Die Nachfrage nach Taschenuhren stieg kontinuierlich an bei gleichzeitig sinkenden Preisen infolge der industriellen Massenfertigung.[2] Verläßliche, generalisierbare Daten über den Taschenuhrenbesitz in Deutschland liegen nicht vor. Zur Groborientierung kann eine Hypothese dienen, die im Furtwanger Uhrenmuseum genannt wird und die plausibel erscheint: Demnach dürfte zwischen 1880 und 1890 nahezu jeder Mann eine Taschenuhr besessen haben, um 1920 dürfte dies auch für nahezu jede Frau zugetroffen haben, wobei zu diesem Zeitpunkt die Taschenuhr schon von der Armbanduhr verdrängt wurde.

Auffällig ist in der zweiten Hälfte des 19. Jahrhunderts die Tendenz, Taschenuhren mit Sekundenzeigern auszustatten. Technisch sinnvoll war dies bereits, seitdem Uhren halbwegs exakt die Minute messen konnten, also seit Huygens Übertragung der Pendelgesetze auf die Uhr. Nicht daß es tatsächlich eine lebenspraktische Notwendigkeit gegeben hätte, auch über Sekunden informiert zu sein - sieht man von wenigen Situationen ab wie der des Arztes, der mit der Uhr den Puls seines Patienten mißt -, der Sekundenzeiger ist ein Indiz für das Bedürfnis nach Zeitsicherheit: denn beim Blick auf die Uhr ließ sich gleich feststellen, ob sie noch lief.[3] Die exakte Zeit wiederum ließ sich mittels der öffentlichen Uhren kontrollieren, die als sogenannte Uhrtürmchen an zentralen Verkehrsknotenpunkten der Stadt aufgestellt wurden und bald ein dichtes Netz bildeten.[4] In der urbanen Kultur hatte die Kirchturm- oder Rathausuhr ihre Funktion als akustischer Zeitgeber im Viertelstundentakt verloren. Die Synchronisation des einzelnen mit den Fahrplänen des städtischen Nah- und Fernverkehrs, mit Öffnungszeiten von Geschäften und Ämtern, mit den Anfangszeiten von Schulen und Fabriken war auf die universelle Präsenz der Uhrzeit angewiesen. Auch dies ermöglichte und förderte Pünktlichkeit und einen haushälterischen Umgang

---

[1]Ausgewertet wurden 3000 Haushalte; H. Schomerus: Die Arbeiter der Maschinenfabrik Esslingen, S. 244.

[2]Zu den Produktionsziffern ab 1850 siehe die Tabellen im Anhang zu D. S. Landes: Revolution in Time, S. 380-389.

[3]Vgl. ebd. S. 129 f.

[4]Siehe hierzu exemplarisch für die Stadt Frankfurt Ulla Merle: Tempo! Tempo! - Die Industrialisierung der Zeit im 19. Jahrhundert. In: I. A. Jenzen (Hrsg.): Uhrzeiten, S. 184-202.

mit der Zeit, da durch die Sicherheit, im Besitz der exakten Zeit zu sein, Termine enger geplant werden konnten.

Ein signifikantes Indiz für die Selbstdisziplinierung zur Pünktlichkeit infolge der Industrialisierung und Urbanisierung war schließlich auch die rasche und flächendeckende Verbreitung des Weckers in Privathaushalten. Zwar kannte man Weckuhren schon seit langem, aber populär wurden sie erst ab 1880, also etwa zu dem Zeitpunkt, als in den Fabrikordnungen dazu übergegangen wurde, keine Toleranzzeiten mehr für den Arbeitsbeginn vorzusehen. Unter der Bezeichnung »Baby-Alarm« oder »Baby-Wecker« kam ein Uhrentyp auf den Markt, der mit seinem runden Metallgehäuse, den aufgesetzten ein oder zwei Glocken, mit Tragegriff versehen und auf zwei Messingbeinchen stehend bis in die 30er Jahre des 20. Jahrhunderts hinein nahezu unverändert gebaut wurde. Dieser später nur noch schlicht »Wecker« genannte Typ, robust und zugleich technisch einfach konstruiert, war auch für jeden Arbeiterhaushalt als Zweituhr erschwinglich. Zwischen 1884 und 1895 fiel der Fabrikpreis für diesen Wecker von 4,75 auf 2 Mark.[1] In Berlin verkaufte das Warenhaus Wertheim ihn 1903/04 in der einfachsten Version für 2,25 Mark, als Repetitionswecker für 3,20 Mark.[2] Reinke verweist auf Befragungen in westfälischen Haushalten, denen zufolge um 1900 in jedem der befragten Haushalte mindestens ein Wecker vorhanden war.[3]

Der Wecker ist der Uhrentyp, in dem sich das Zeitdiktat einer urbanen, industrialisierten Gesellschaft und die Bereitschaft, pünktlich sein zu *wollen*, materialisierten. Innerhalb der Geschichte des Glockenzeichens steht er den Rathaus- und Kirchturmglocken diametral gegenüber: Jene waren ein Instrument, mit dem *kollektive* Vorgänge gesteuert und Menschen *herbeigerufen* wurden. Mit dem Wecker jedoch wird Pünktlichkeit antizipiert, er ist ein Instrument der *individuellen Selbststeuerung*. Durch die Trennung von Wohnen und Arbeiten und aufgrund der pedantisch einzuhaltenden Anfangszeiten von Fabriken, Schulen und anderen öffentlichen Einrichtungen mußte der einzelne seine Weckzeit individuell festlegen, indem er berechnete, wieviel Zeit er für die morgendliche Vorbereitung und für

---

[1]Siehe H. Kahlert: 300 Jahre Schwarzwälder Uhrenindustrie, S. 187.
[2]Ebd. S. 232.
[3]U. Reinke: Hausuhren - Gebrauchsuhren, S. 30.

seinen Weg zur Fabrik benötigte. Wer abends vor dem Zu-Bett-Gehen seinen Wecker sorgfältig aufzog und die Weckzeit einstellte (und dies mußte täglich geschehen, da die preiswerten Wecker nur ein 24stündiges Gehwerk besaßen), signalisierte, daß er die Norm ›Pünktlichkeit‹ gelernt hatte, daß sozusagen das Klingelzeichen bereits in seinem Kopf installiert war. Der Wecker war lediglich eine unverzichtbare Sicherung, da man sich aufgrund seiner Erschöpfung infolge langer Arbeitszeiten und kurzer Nachtruhe nicht auf seine innere Uhr verlassen konnte. Lerntheoretisch gesehen, ist der Wecker zugleich beides: Indiz und Stimulus, Wirkung und Mitverursacher internalisierter Pünktlichkeit.

Und schließlich ist das Bemühen, pünktliches Erscheinen abzusichern, auch in der vielerorts geübten Praxis zu erkennen, die eigene Uhr um ein individuell festgelegtes Quantum entgegen der Zeitnorm vorzustellen. Der Sohn eines Textilarbeiters aus dem westfälischen Ochtrup berichtet, bei ihnen sei seit seiner Geburt 1930 bis in die 80er Jahre hinein die Küchenuhr immer um eine halbe Stunde vorgegangen, »weil der Fußweg zur Stadt (Schule, Kirche) genau 30 Minuten dauerte«[1] - eine Art selbstkonstruierter Eselsbrücke, die zwischen der Praxis des Herbeiläutens und moderner Terminierung vermittelte. In anderen Haushalten wurde die Uhr immer um 5 Minuten vorgestellt. Weil man unbedingt pünktlich sein wollte, »betrog« man sich selbst oder verfuhr nach dem Motto: »Fünf Minuten vor der Zeit ist des Soldaten Pünktlichkeit.«[2]

›Zeit ist Geld‹ als Attribut der Persönlichkeit

In seinem 1913 erschienenen Buch *Der Bourgeois* zeichnet Werner Sombart das Bild des »modernen Wirtschaftsmenschen«, wie es sich ihm, über jeden Zweifel erhaben, darstellte:

»Alle Zeit des Tages, des Jahres, des Lebens wird der Arbeit gewidmet. Und während dieser Zeit werden alle Kräfte bis zum äußersten angespannt. Vor den Augen jedermanns steht ja das Bild dieser bis zum Wahnsinn arbeitenden

[1]Ebd. S. 61; s.a. S. 57.
[2]Ebd. S. 58; s.a. S. 60.

Menschen. Es ist ein allgemeines Kennzeichen dieser Menschen, sie mögen Unternehmer oder Arbeiter sein, daß sie beständig vor Überanstrengung zusammenzubrechen drohen. Und immer sind sie in Aufregung und Hast. Tempo, Tempo! Das ist das Losungswort unserer Zeit geworden. Das bis zur Raserei gesteigerte Vorwärtsgehen und Stürmen ist ihre Eigenart; man weiß es ja.«[1]

Über Hetze und Zeitnot hatten auch schon frühere Generationen seit der Protoindustrialisierung geklagt, aber neu ist nach Bekunden Sombarts und anderer Zeitzeugen die Allgegenwart der Hast und der Eindruck, eine qualitativ neue Stufe in der Zeitkultur erreicht zu haben. »Tempo« und »Nervosität« waren die beiden zentralen Chiffren, mit denen Hektik und Rastlosigkeit auf den Begriff gebracht wurden. 1893 erklärte Wilhelm Erb, Direktor der Heidelberger Universitätsklinik, in einem Vortrag, man spreche zurecht von »unserem nervösen Zeitalter«; die Menschen seien von »rastloser Thätigkeit«, von »Hast und Unruhe« geprägt, und dies mit der Folge, daß die allerorts anzutreffende Nervosität sich in steigender Zahl bei einzelnen zu schweren psychischen Krankheiten auswüchse.[2]

Gesteigertes Tempo und Nervosität waren die äußeren, beobachtbaren Phänomene, die den Wandel im Verhältnis der Menschen zur Zeit signalisierten. Wodurch diese Temposteigerung hervorgerufen wurde und wie diese Hektik mit der Lerngeschichte der Uhrenzeit zusammenhängt, kann im Spiegel autobiographischer Quellen und zeitgenössischer Reflexionen erschlossen werden.

Am Ende seiner Schulzeit 1887 kommt Nikolaus Osterroth in eine Ziegelfabrik, die aufgrund ihrer Produktionsmaschinen weitgehend auf erwachsene Arbeiter verzichten konnte:

»Maschinen holten den Ziegelton heran, Maschinen kneteten ihn, Maschinen näßten ihn, preßten ihn und lieferten in je zwei Sekunden dem ›Presser‹ die Ziegel auf eine vorgehaltene Holzleiste. Der Presser saß auf einem Stuhl hinter der Presse und gab die Holzleiste mit Ziegeln an einen dreizehnjährigen Jungen weiter. Der Junge machte in einer Sekunde einen meterlangen Satz und legte die Holzleiste auf einen rotierenden Aufzug; dann machte er in der nächsten Sekunde den Satz zurück und nahm die neuen Ziegel in Empfang.«[3]

---

[1]W. Sombart: Der Bourgeois, S. 176.

[2]Wilhelm Erb: Ueber die wachsende Nervosität unserer Zeit. Heidelberg 1893. S. 6 f.

[3]Zit. n. W. Emmerich (Hrsg.): Proletarische Lebensläufe, Bd. 1, S. 222.

Was Osterroth beschreibt, ist charakteristisch für automatisierte, maschinengesteuerte Produktionsverfahren, die dem Primat »Ökonomie der Zeit« neue Chancen eröffneten, Zeit zu sparen und die Produktivität zu erhöhen.[1] Der arbeitstechnische Bewegungsablauf hatte sich verändert: Nicht mehr der Mensch ging auf seine Arbeit zu, vielmehr kam die Arbeit mittels der Maschine auf den Menschen zu, zwang ihn unter ihren Zeittakt und schliff gleichsam alles ab, was sich ihr an spontanen Regungen und mangelndem Ebenmaß in den Weg stellte. Man hatte sich anzupassen und im Zeittakt der Maschine zu funktionieren, um innerhalb dieses Systems ein erfolgreicher Arbeiter sein zu können. Je mehr der Arbeitsalltag von Maschinen bestimmt war und der einzelne Arbeiter, wie in Osterroths Fall, aus dem Zentrum des Produktionsvorgangs verschwand und nur noch zum Bindeglied maschineller Vorgänge wurde, desto planmäßiger ließ sich der Produktionsausstoß steuern, der erforderliche Arbeitsaufwand in meßbare Zeitteile zerlegen und durch die Nutzung jeden Augenblicks das Tempo steigern. Osterroths Erfahrungen fallen genau in die Zeit, in der Frederic W. Taylor begann, mit der Stoppuhr in der Hand nach rationellen, zeitsparenden Bewegungsabläufen in der Produktion zu suchen. Seine Raum-Zeit-Studien dienten dem Ziel, die Leistungsfähigkeit von Mensch und Maschine zu steigern - eine konsequente Weiterführung der Maxime ›Zeit ist Geld‹.[2]

Doch die rationelle Betriebsführung galt nicht nur in der Fabrik, sie setzte sich in strukturell gleicher Weise im Haushalt fort. Eine junge Textilarbeiterin beschreibt den Beginn ihres Werktages in den zwanziger Jahren so:

---

[1]Aufgrund technologischer Verbesserungen ab 1880 sei ein Produktivitätszuwachs in den westlichen Nationalökonomien nachzuweisen, so H. Nowotny: Eigenzeit, S. 49 (Anmerk. 5).

[2]Nach verschiedenen Einzelveröffentlichungen und Vorträgen faßte Taylor die Ergebnisse seiner Studien zusammen in: The Principles of Scientific Management. New York 1911. - Siehe hierzu auch Stephen Kern: The Culture of Time and Space 1880-1918. Cambridge (Mass.) 1983. S. 115 ff. - Siegfried Giedion: Die Herrschaft der Mechanisierung. Ein Beitrag zur anonymen Geschichte. (Erstveröff. Mechanization Takes Command. Oxford 1948). Frankfurt/M. 1987. S. 122 ff. u.ö.

»Die Haare werden gebürstet und gekämmt, das Kleid übergeworfen und sogleich auch die Arbeitsschürze vorgebunden. Das Wasser zur Suppe wird aufs Gas gestellt. Die Kartoffeln, die ich am Abend vorher geschält und geschnitten, übergetan. Unterdessen gehe ich ans Treppenhausfenster, um Schuhe zu putzen, damit fertig, gehe ich in die Küche, die nötigen Zutaten in die Suppe zu tun. Kartoffeln und Suppe kochen, die Gashähne werden auf ›Klein‹ gestellt. Dann gehe ich in den unweit vom Haus liegenden Garten Salat zu holen, nehme sogleich den Aschenbehälter vom Kohlenherd und was sonst noch zu befördern ist, mit. Nach wenigen Minuten bin ich wieder zurück, schaue erst nach dem Essen. Der Salat wird geputzt und gewaschen und ins frische Wasser gelegt. Die Küche wird feucht aufgezogen und gekehrt. Das Treppenhaus muß ebenfalls gekehrt werden. Suppe und Kartoffeln sind ebenfalls fertig und werden kühlgestellt. Nun wird Kakao gekocht, das Vesperbrot zum Mitnehmen gerichtet, die Tassen bereit gestellt, gleich ist's ½7 Uhr. Leise gehe ich ins Schlafzimmer, um Otto, meinen Mann, zu wecken.«[1]

Bis in den Stil und den Satzbau hinein läßt sich die Kurzatmigkeit spüren, mit der hier zu Werke gegangen wurde. Die junge Textilarbeiterin hatte die einzelnen Arbeitsvorgänge so geschickt in einzelne Phasen zerlegt und ineinander verschachtelt, daß ein Optimum an Zeitökonomie entstand. Die Erfahrungen, die die Autorin in ihrer Fabrik machen konnte, hatte sie offenbar erfolgreich auch auf ihre Haushaltung übertragen. Dabei ist es unerheblich, ob sie hier ihren tatsächlichen Morgen beschreibt oder nur dessen idealtypische Konstruktion. Entscheidend sind die Muster, mit denen sie sich und ihre Arbeit verstand. Vor den Augen des Lesers entsteht ein Arbeitsplan, der einer Partitur gleicht, in der die Einsätze, Tempiwechsel, das Nacheinander und Nebeneinander der Instrumente abzulesen ist. Aber anders als beim Konzert, bei dem es um die Harmonie des Verlaufs geht, sind hier alle Vorgänge von ihrem Ende her ›getimed‹, nämlich vom Arbeitsbeginn in der Fabrik. Eine solche Zeitgestaltung setzte die penible Beachtung der Uhr voraus, um zu wissen, ob man sich noch im erlaubten Zeitlimit bewegte.

Es war aber nicht allein diese Befristung, die das Tempo verursachte, sondern die Bereitschaft der jungen Frau, möglichst viele Arbeiten in die verfügbare Zeit hineinzupressen. Das Tempo entstand, weil eine Fülle von Vorgängen simultan auf der Zeitleiste

[1]Zit. n. Rosmarie Beier: »Mechanisch greifen die Hände ...«. Arbeit und Erfahrung von Frauen in der Industrie. In: Wolfgang Ruppert (Hrsg.): Die Arbeiter. Lebensform, Alltag und Kultur. München 1986. S. 218.

miteinander konkurrierten. Indem die Frau jede Minute am Morgen durch Hausarbeiten komplettierte, gibt sie zu erkennen, daß ihr das Leben nach der Uhr und die Idee des permanenten Zeitnutzens zur »zweiten Natur« geworden war.[1]

Ein drittes Beispiel soll das Spektrum an Situationen verdeutlichen, in denen »Rastlosigkeit« und »Tempo« vorzufinden waren. Ein namentlich nicht genannter, elternloser Junge schildert sein Leben um 1888 in einer Pflegefamilie, die ihn wie einen Kostgänger behandelte und zu deren Lebensunterhalt er durch Arbeiten beitragen mußte:

> »Kindliches Spiel? Es blieb mir oft wochenlang versagt. Wurde es mir aber gewährt, dann war die Erlaubnis meist der Lohn für eine besonders häusliche Plage. Daß ich es dann wie ein plötzliches ausgelassenes Füllen trieb, ist nur zu klar. Ich erinnere mich, daß ich solche Augenblicke der Freiheit immer dazu benutzte, um den endlosen fadenschmalen Hof solange auf- und niederzurennen, bis ich atemlos auf einen Prellstein sank. *Es war der Drang, den Augenblick möglichst auszukosten*, mir in kurzer Zeit das zu geben, was die andern bei wiederholtem Spiel gemütlich genießen konnten.«[2] (Hervorh. N.N.)

Das Verhalten des Jungen beim Spiel war begründet in der Überbürdung durch die täglichen Arbeiten. Diese infizierten selbst die knappe Spanne Freizeit, befristeten sie und diktierten die Formen des kindlichen Spiels. Wie bei Osterroth und der Textilarbeiterin entstand Tempo durch den Druck zweier oder mehrerer Vorgänge, die auf der Zeitleiste miteinander konkurrierten.[3] Aber diese Konkurrenz war keine objektive Gegebenheit, sondern ein in den Köpfen der Handelnden hergestellter Konflikt. Zweifellos resultierten Zeitknappheit und Tempo aus den arbeitstechnischen und sozialen Bedingungen, denen die hier zitierten Autoren unterworfen waren: Osterroth

---

[1]Die Komplettierung der verfügbaren Zeit durch Arbeiten zeigen anschaulich zwei weitere autobiographische Zeugnisse in: W. Emmerich (Hrsg.): Proletarische Lebensläufe, Bd. 1, S. 212 (ca. 1885); Irene Hardach-Pinke/Gerd Hardach (Hrsg.): Deutsche Kindheiten 1700-1900. Autobiographische Zeugnisse. Kronberg 1978. S. 199 (1887).

[2]Zit. n. W. Emmerich (Hrsg.): Proletarische Lebensläufe, Bd. 1, S. 195.

[3]Vgl. auch Norbert Elias, der das »Tempo« als Ausdruck des Interdependenzgeflechts interpretiert, in das der einzelne im Laufe des Zivilisationsprozesses in zunehmendem Maße geraten war; in: Über den Prozeß der Zivilisation, Bd. 2, S. 337 f.

war zwischen die Fronten der Maschinen geraten, die ihm ihren Zeittakt aufzwangen; die Textilarbeiterin hatte sich den langen Arbeitszeiten und einer Fabrikordnung zu beugen, die ihr Pünktlichkeit abverlangte; bei dem Jungen waren es die soziale Not und die ihm auferlegte Arbeitspflicht, die ihn in die Spielhetze trieben. Doch all dies erklärt nicht hinreichend, warum alle ausgerechnet mit dem Verhaltensmuster der regen Betriebsamkeit reagierten, warum der »Drang« verspürt wurde, »den Augenblick möglichst auszukosten«. Die Generationen vor ihnen hatten diesen Drang nicht verspürt.

Wilhelm Erb führte die »Nervosität« in seinem Vortrag 1893 auf die Einflüsse der rapide wachsenden Großstädte, die Entwicklung der Technik und die Konkurrenz innerhalb der Industrie zurück, die jeden einzelnen zu »gewaltig vermehrten Anstrengungen« im Kampf ums Dasein nötige; jedem Denkenden sei es einleuchtend, daß all dies mächtige Spuren im »Nervensystem« der Menschen hinterlassen habe.[1] Sombart teilte 1913 diese Einschätzung, doch war sie ihm nicht erschöpfend genug:

> »Aber die moderne Technik erklärt nicht, warum dieses Eiltempo sich nun auch wirklich einstellt. Auch im Vatikan wird jetzt telephoniert, auch in Spanien fahren jetzt Eisenbahnen, auch in der Türkei spielt der Telegraph, aber ein Eiltempo kennen die Stätten und Länder nicht. Dieses mußte erst in der Seele des modernen Wirtschaftsmenschen erzeugt werden, und daß es erzeugt wurde, dafür sorgte der Kapitalismus selbst. Er war es wiederum, der es den Wirtschaftssubjekten *aufzwang*, so daß sie nun wiederum wollen müssen. Was es ist, wodurch der Kapitalismus diesen Zwang ausübt, weiß jedes Kind: das *Streben nach Beschleunigung des Kapitalumschlags* ist die geheimnisvolle Macht, die hier so Wunderbares wirkt.«[2]

Der »moderne Wirtschaftsmensch« hatte erfolgreich gelernt, fleißig sein zu *wollen* und Leistungen (=Arbeit in der Zeit) zu erbringen, und dies nicht nur als ein Mittel, mit dem der Unterhalt gesichert werden sollte, sondern als eine prinzipielle, inhaltlich nicht begrenzte Lebenshaltung. Die Kapitalisierung von Arbeit, also die Auflösung von Qualitäten in Quantitäten, hatte sich verselbständigt, hatte sich in ihrem Expansionsbestreben, zumeist als industrieller

---

[1]W. Erb: Ueber die wachsende Nervosität unserer Zeit, S. 5 f.
[2]W. Sombart: Der Bourgeois, S. 337 f.

Fliegende Blätter 89 (1888), Nr. 2240, S. 6

Fortschritt deklariert, vom Mittel zum Zweck gewandelt.[1] Seit 150 Jahren war den Menschen die Gleichsetzung von Zeit und Geld nahegebracht worden - eine ausschließlich quantitative und nicht qualitativ bestimmte Relation. Diese erfolgreich verinnerlichte Generallektion hatte in den Köpfen vieler Menschen ihre Eigendynamik entwickelt: Die begrenzte Ressource ›Zeit‹ war in den Sog der potentiell unbegrenzten Ressource ›Geld‹ geraten, so daß auch die rationale Lebensführung nach der Uhr, die intensive Nutzung der als knapp empfundenen Zeit, zum Selbstzweck geworden war und sich im Gestus gesteigerter Betriebsamkeit äußerte. Die Formel »Zeit ist Geld« war inzwischen so intensiv gelernt und durch die Erfahrungen am Arbeitsplatz immer wieder festgeschrieben worden, daß sie zur Selbstverständlichkeit, zum Attribut der Persönlichkeit geworden war und das Verhalten auch in anderen Bereichen des Alltags bestimmte. Denn es gab nicht nur die Klagen über die Hetze im Arbeitsleben, sondern gleichzeitig auch die Idealisierung des Tempos:

»Im Automobil mit ›100 Kilometer Geschwindigkeit‹ fahren: das schwebt recht eigentlich unserer Zeit als ein höchstes Ideal vor Augen. Und wer sich nicht selbst im Fluge vorwärts bewegen kann, der erfreut sich an den *Ziffern*, die er über irgendwelche irgendwo erreichte Schnelligkeit liest: daß der Schnellzug zwischen Berlin und Hamburg wieder um 10 Minuten seine Fahrtzeit abgekürzt hat, daß der neueste Riesendampfer drei Stunden früher in Neuyork angekommen ist; daß man jetzt die Briefe schon um ½8 statt um 8 bekommt; daß eine Zeitung eine (vielleicht falsche) Kriegsnachricht schon am Nachmittag um 5 bringen konnte, während die Konkurrentin erst um 6 damit herauskam: all das interessiert die merkwürdigen Menschen unserer Tage, all dem legen sie eine große Bedeutung bei.« (Hervorh. N.N.)[2]

Ihn würde es nicht wundern, so Sombart, wenn irgendwann einmal ein Historiker diese Epoche mit dem Titel »Das Zeitalter des Rekords« überschreiben würde - jenem Begriff, mit dem sich eine

---

[1]Die grundlegende Tendenz des Industriekapitalismus sei die »Expansion als Prinzip«, so H.-U. Wehler: »Die gewaltige Expansionsfähigkeit des Industriekapitalismus neigt jedoch ihrer innersten Natur nach zu einer ›ziellosen, blindwütigen Dynamik‹, da sie eine Einschränkung gleich welcher Art, z.B. durch kulturelle Traditionen, regionale Eigenarten, nationale Grenzen, internationale Einflußsphären, nicht hinzunehmen bereit ist.« In: Deutsche Gesellschaftsgeschichte, Bd. 2, S. 606.

[2]W. Sombart: Der Bourgeois, S. 173.

Leistung auf einer nach oben hin unbegrenzten Ziffernskala abstrakt quantifizieren läßt.[1]

Daß diese innige Verwobenheit der Menschen mit der Uhrzeit, daß das Gefühl der Zeitknappheit und des Termindrucks nach einem neuen Uhrentyp verlangte, kann nicht überraschen. Sieht man von wenigen Vorläufern ab, die, als kleine Taschenuhren konstruiert, in Schmuckarmbänder gepreßt werden konnten, beginnt die Geschichte der Armbanduhr etwa 1880, also genau zu der Zeit, als durch technische Neuerungen in der Industrie die Produktion nachhaltig beschleunigt werden konnte. Zunächst als Uhr für Offiziere und als Schmuckuhr für berufstätige Frauen konzipiert, trat die Armbanduhr seit dem Ende des Ersten Weltkrieges neben die Taschenuhr und überflügelte sie schließlich Anfang der 30er Jahre.[2] Offenbar ließ der »nervöse« Blick auf die Uhr nicht mehr zu, daß man umständlich an der Jackentasche herumnesteln mußte, um über die Uhrzeit informiert zu sein.[3] Selbst in solch scheinbar Nebensächlichem artikulierte sich ein Selbstverständnis, das den Zeitgewinn zu einem Wert an sich werden ließ. Was schließlich in der Lektion ›Zeit ist Geld‹ gelernt wurde, ist eben auch dies: Zeitsparende Dinge zu tun, um die so gewonnene Zeit sogleich wieder für andere zeitsparende Tätigkeiten auszugeben.

Das Unbehagen der Reformpädagogen an der Zeitkultur

Das Programm der Aufklärungspädagogen war ein Jahrhundert nach ihnen eingelöst, zumindest der eine Teil: Das Leben nach der Uhr war den Menschen zur »zweiten Natur« geworden; Arbeitsamkeit,

---

[1]Ebd.

[2]Siehe Anton Kreuzer: Die Armbanduhr. Spezialitäten, Extravaganzen und technische Steckbriefe. Klagenfurt 1983. S. 10-17.

[3]Sie habe ihrem Vater Ende der 50er Jahre eine Armbanduhr geschenkt, weil sie es als »unerträglich« empfand, wenn ihr Vater, ein Briefträger, »äußerst umständlich die schwere Wetterschutzkleidung auseinanderblätterte, um nach viel Mühe endlich die Zeit ablesen zu können«; so die Aussage einer Frau, in: U. Reinke: Hausuhren - Gebrauchsuhren, S. 59.

Ausdauer und Rationalität bestimmten in weit höherem Grad den Arbeitsalltag als zuvor. Den Aufklärern gebührt das Verdienst, den konstruktiven Charakter des von der Uhr symbolisierten linearen Zeitverständnisses erkannt zu haben: als Folie für Leistungsbereitschaft innerhalb einer zugemessenen Zeitspanne, als Grundlage für ökonomische Effizienz und gesellschaftliche und individuelle Prosperität, als Voraussetzung für die Realisierung von individuellen Chancen und Hoffnungen in einer offenen Zukunft.

Der zweite Teil jenes Programms, sein eigentlich aufklärerischer Kern, war auf der Strecke geblieben: die Menschen durch Bewußtheit im Zeitgebrauch zu Herren ihrer Zeit werden zu lassen. Das Wissen vom ausschließlich instrumentellen Charakter der Uhr war verloren gegangen, stattdessen ließen sich die Menschen von der Uhr treiben. Die Idee des permanenten Zeitnutzens erzeugte eben auch, wie Kurt Tucholsky 1932 urteilte, den »zappelnden Nichtstuer«.[1]

Nicht daß hier davon ausgegangen wird, Pädagogen hätten mit ihren vergleichsweise bescheidenen Möglichkeiten etwas gegen die Übermacht gesellschaftlicher und ökonomischer Zwänge ausrichten können. Auch Pestalozzi und Salzmann hatten sich nicht gegen die Anforderungen des Merkantilismus gestemmt; aber sie waren bemüht, diesen gesellschaftlichen Prozeß kritisch zu begleiten, ihn den Menschen durchsichtig zu machen und sie durch Aufklärung zu Subjekten ihrer, im doppelten Sinne, ›Zeit‹-Verhältnisse werden zu lassen. Diesen von den Aufklärern gewiesenen Weg haben spätere Pädagogen nicht weiter verfolgt, zumindest ist nirgends zu erkennen, daß eine breite, alltagsbezogene und phänomennahe Diskussion über den Uhrengebrauch im argumentativen, aufklärerischen Stile eines Salzmann oder Pestalozzi fortgesetzt worden wäre. Die großen Pädagogen hatten sich inzwischen anderen historischen Herausforderungen zu stellen - Herbart, Schleiermacher und Humboldt insbesondere der Begründung der Pädagogik als Wissenschaft und der Bildungsreform, Diesterweg der Lehrerbildung. Gleichwohl betrafen ihre erziehungs-und bildungstheoretischen sowie ihre geschichts- und sprachphilosophischen Betrachtungen das lineare Zeitverständnis und damit auch Fragen der Zeiteinteilung und des Zeitnutzens, doch blieb

---

[1]Kurt Tucholsky: Schnipsel. In: Die Weltbühne. 28. Jg., Nr. 25, 21. Juni 1932, S. 938.

dies auf Distanz zur vergleichsweise prosaisch anmutenden Zeit der Uhren.

Erst mit den Reformpädagogen setzte eine breitangelegte, kritische Reflexion über den Uhrengebrauch wieder ein, die vor allem die Folgen der von der Uhr ausgehenden Zeitmuster in Erziehungs- und Bildungssituationen betraf. Keineswegs war die reformpädagogische Bewegung ein monolithischer Block; aber was sie einte und zu einer sozialen Bewegung werden ließ, war ihre Kritik an den Folgeerscheinungen der Industriegesellschaft, war die von ihr diagnostizierte »Krise der Kultur«. Gegen die allgegenwärtige Zeithetze, gegen das uneingeschränkte und nicht hinterfragte Diktat der Uhr auch in Schulen und Heimen setzten die Reformpädagogen eine »Kultur der Kontemplation«[1].

So richteten sich die reformpädagogischen Angriffe gegen jeglichen Versuch, die Phase der Kindheit durch Zeithetze und übersteigerte Leistungsansprüche zu verkürzen. Thematisch gebrochen, nämlich unter der Überschrift »Stoffülle«, war diese Diskussion allerdings unter einigen aufmerksamen Zeitgenossen schon lange in Gang. Durch die Ausweitung der von den Schülern geforderten »Kenntnisse« wurde, so 1841 Herbart, »dem Unterricht die Zeit zu kurz, was die alten lateinischen Schulen wenig gefühlt hatten«.[2] Die Zersplitterung der Lehrgegenstände in einzelne über die Woche verteilte Stunden zerstöre deren Zusammenhang.[3] Bereits vor ihm hatte Karl Ignatius Lorinser, preußischer Regierungs- und Medizinalrat, in einem unter der Fachöffentlichkeit aufsehenerregenden Artikel 1836 die gesundheitsschädigende Überbürdung der Schüler beklagt, für die er nicht allein die Schule, sondern auch die technische und kulturelle Entwicklung verantwortlich machte. Seitdem riß die Diskussion über Stoffülle und die hieraus resultierende Hast im Unterricht nicht mehr ab, auch wurden die ehrgeizigen Leistungsanforderungen seitens der Lehrer und Eltern beklagt, die im Vorwurf

---

[1] Wilhelm Flitner in: Ders./Gerhard Kudritzki (Hrsg.): Die deutsche Reformpädagogik. Bd. 1: Die Pioniere der pädagogischen Bewegung. Stuttgart [4]1984. S. 22.

[2] Johann Friedrich Herbart. Pädagogische Schriften. Hrsg. v. Walter Asmus. Bd. 3. Düsseldorf/München 1965. S. 181.

[3] Ebd. S. 215.

des »Seelenmordes« in den Schulen gipfelte.[1] Im Genre der Schülerromane um 1900 wurde das Zerbrechen gerade der »Empfindsamen« unter den Kindern und Jugendlichen an der überhitzten Schulwirklichkeit belletristisch erschlossen. Hans Giebenrath, Protagonist in Hermann Hesses autobiographisch inspirierter Erzählung *Unterm Rad* (1906), lag als »überhetztes Rößlein am Weg und war nicht mehr zu brauchen«.[2] Kindheit, die eigentlich ein pädagogisch verantwortetes Gewächshaus sein sollte, war in den Augen der Kritiker zum »Treibhaus« degeneriert.

Der zweite Vorwurf betraf die Schulpraxis als Spiegelbild des autoritären Obrigkeitsstaates. Nimmt man etwa Franz Jaegers *Mittel zur Erreichung einer guten Schulzucht* (1882) oder Carl Kehrs *Die Praxis der Volksschule*, 1913 in dreizehnter Auflage erschienen, so findet man dort Vorgaben für die Schulordnung, die den zeitgleichen Fabrikordnungen in nichts nachstehen: eine scharfe Disziplinierung zur Pünktlichkeit, kein Toleranzspielraum bei Verspätungen und eine kleinschrittige Zerlegung der Zeit in der Absicht, jegliche Abweichung sofort als Verstoß erkennen und sanktionieren zu können.[3] Begleitet werden sollte das Klingelzeichen zu Beginn und am Ende

---

[1]Siehe hierzu ausführlich Dieter Sengling: Das Problem der Überforderung im Kindes- und Jugendalter. Weinheim/Berlin 1967. S. 7-64.

[2]Frankfurt/M. 1972, S. 109. - Neben den vielen inzwischen ›vergessenen‹ Werken seien genannt: Robert Musil *Die Verwirrungen des Zöglings Törleß* und Frank Wedekind *Frühlings Erwachen*, beide ebenfalls 1906 erschienen bzw. uraufgeführt, und mit etwas anderem Akzent Thomas Mann *Die Buddenbrooks* 1901 (s. hier bes. die von Hanno empfundene Brutalität des Weckers; 11. Teil, 2. Kap.). - Einen Überblick bieten Julius Bach: Der deutsche Schülerroman und seine Entwicklung. Diss. Münster 1922. - Thomas Bertschinger: Das Bild der Schule in der deutschen Literatur zwischen 1890 und 1914. Diss. Zürich 1969.

[3]Franz Jaeger: Mittel zur Erreichung einer guten Schulzucht. Erfahrungen, Rathschläge und Bedingnisse für Schule und Familie zur richtigen Kindererziehung. Wien 1882. S. 10, 13, 24 f., 27 f. (Jaeger war Lehrer an einer Bürgerschule in Wien und offenbar auch mit Aufgaben in der Lehrerfortbildung befaßt.) - C(arl) Kehr: Die Praxis der Volksschule. Ein Wegweiser zur Führung einer geregelten Schuldisziplin und zur Erteilung eines methodischen Schulunterrichts für Volksschullehrer und solche, die es werden wollen. Gotha [13]1913. ([1]1868). S. 65 ff., 75 ff. (Kehr war Schulrat und Seminardirektor in Erfurt). - Siehe auch die in der Tendenz vergleichbaren Artikel »Pünktlichkeit« und »Zuspätkommen der Schüler« in: Encyklopädisches Handbuch der Pädagogik. Hrsg. v. W(ilhelm) Rein. Langensalza. Bd. 7, [2]1908; Bd. 10, [2]1910.

der Stunde von Kommandos des Lehrers im Kasernenhofton (»Die Schultasche räumt **ein!**«[1]) und vom Aufbruch der Schüler in militärischen Formationen. All dies stand unter dem Diktat der Stoffverteilungspläne, der den einzelnen Stunden und Fächern zugemessenen »Pensen«, die den Lehrer zur Marionette seiner Vorgaben und die Schüler zu Objekten, zu »Schülermaterial«[2], werden ließen. Zwar beherrschte Kehr (wie dessen späterer Bearbeiter Helm) das Vokabular der Herbartianer, man sprach vom »erziehenden Unterricht«, aber unter Erziehung verstand man vor allem eines: die Disziplinierung zu Pflichterfüllung und Gehorsam; alles weitere könne sich erst hieran anschließen.[3] Den Geist dieser Schulen und Kinderheime hatte Janusz Korczak kurz, aber treffend auf den Begriff gebracht:

> »Ein Franzose hat einmal gesagt, Napoleon habe die Klosterglocke des Erziehungswesens gegen eine Trommel ausgewechselt - das ist richtig; ich füge hinzu: der Geist der modernen Erziehung wird durch Fabriksirenen übertönt.«[4]

Und an anderer Stelle heißt es bei ihm:

> »Unsere Schule ist eine Kaserne. Die Kinder machen wir mit Uhren in der Hand zu Mannequins, wir gleichen ihre Charaktere an, ordnen ihre Initiative aus. Wir haben die Kinder numeriert, haben eine mit Tausenden von Gesetzen, Verordnungen und Anordnungen dem Gefängnis ähnliche Disziplin eingeführt.«[5]

Diese »vermilitarisierte Erziehung« verurteilte 1921 auch Karl Wilker, Leiter des Erziehungsheimes *Lindenhof* in Berlin-Lichten-

---

[1]F. Jaeger: Mittel zur Erreichung einer guten Schulzucht, S. 14 u.ö. Das letzte Wort sollte immer wie ein »Ausführungsbefehl« betont werden.

[2]Ebd. S. 32 u.ö.

[3]C. Kehr: Die Praxis der Volksschule, S. 85 f. - Siehe hierzu auch die autobiographischen Berichte von Heinrich Georg Dikreiter über das Leben in einem katholischen Kinderheim um 1880 und von Leonhard Frank über seine Erfahrungen in der Volksschule um 1890, in W. Emmerich (Hrsg.): Proletarische Lebensläufe, Bd. 1, S. 187 ff. u. 310 ff.

[4]Janusz Korczak: Wie man ein Kind lieben soll. Hrsg. v. Elisabeth Heimpel u. Hans Roos. Göttingen [6]1978. S. 75. (Geschrieben 1914-18).

[5]Janusz Korczak: Von Kindern und anderen Vorbildern. Mit e. Vorw. v. Peter Härtling u. e. Einl. v. Erich Dauzenroth u. Adolf Hampel. Gütersloh 1979. S. 51.

berg; rigide Tagespläne, so Wilker, dienten nur als »Mittel zum Schablonisieren des Menschen«.[1] Nicht daß die Reformpädagogen gegen Pünktlichkeit gewesen wären - auch Korczak erwartete von seinen Kindern pünktliches Erscheinen etwa beim Mittagessen[2], Wilker sprach von einer »verstandesmäßigen Pflichterfüllung, die sich an Zeit und Raum gebunden fühlt und Rücksichten kennt und Rücksichten nimmt«[3], Kerschensteiner zählte die Pünktlichkeit zu den unverzichtbaren »praktischen Tugenden«[4], doch bei ihnen sollte das Leben nach der Uhr nicht zu einem unreflektierten Selbstzweck werden, sondern als Instrument im Dienste eines geordneten Miteinanders stehen. Korczak war sich bewußt, daß derjenige, der Zeitpläne verordnen und durchsetzen kann, die Verfügungsgewalt über andere hat und damit seine Herrschaft zementiert. In seinem Kinderbuch *König Hänschen I.* (1923) beschließt das Kinderparlament, jedes Kind müsse ab sofort eine eigene Uhr erhalten, um die Zeithoheit der Erwachsenen zu brechen.[5]

Was den Reformpädagogen - neben vielem anderem - an dieser »Zwangs- und Strafschule«[6] widerstrebte, war die autoritätsgläubige Fixierung auf Zeitpläne und die aus dem rigiden Zeitdiktat resultierende Taylorisierung der Bildung. Einer ihrer schärfsten Kritiker, Ludwig Gurlitt, Altphilologe an einem Gymnasium in Berlin-Steglitz, von wo die Wandervogelbewegung ausging, schrieb 1905:

> »Welcher Erwachsene würde ertragen, den Gegenstand seiner Arbeit täglich zehnmal wechseln zu müssen, wie die Schüler in den fünf bis sieben Klassenstunden und den drei bis vier häuslichen Arbeitsstunden zu leisten haben, die man einem mäßig begabten Schüler der Oberklassen zumutet?

---

[1]Karl Wilker: Der Lindenhof. Werden und Wollen. Heilbronn 1921. S. 14 u. 41 (u.ö.).

[2]J. Korczak: Wie man ein Kind lieben soll, S. 158.

[3]K. Wilker: Der Lindenhof, S. 93.

[4]In: W. Flitner/G. Kudritzki (Hrsg.): Die deutsche Reformpädagogik, S. 205. - S.a. Peter Petersen: Führungslehre des Unterrichts. Weinheim/u.a. [10]1971 ([1]1937). S. 163.

[5]Janusz Korczak: König Hänschen I. München [5]1978. S. 244 f. Nachfolgend beschreibt Korczak allerdings auch, daß das Kinderparlament lediglich die Despotie des einen durch die Despotie des anderen ersetzt hatte.

[6]Berthold Otto. Ausgewählte pädagogische Schriften. Besorgt v. Karl Kreitmair. Paderborn 1963. S. 238.

Jede wahre Arbeit erweckt Anteil an dem Stoffe und will den Eingefangenen nicht wieder los lassen, ›fesselt‹ ihn, wie die Sprache es geprägt hat. Heißt es denn nicht den Jungen gleichsam Oberflächlichkeit und Arbeitsunlust beibringen, wenn man es ihnen durch die Mannigfaltigkeit und Massenhaftigkeit der täglichen Aufgaben verleidet, sich in *eine* irgend zu vertiefen?

Nehmen wir an, ein Schüler sei wirklich einmal bei der häuslichen Vorbereitung für Homer durch den Inhalt der Dichtung und durch die Überwindung der sprachlichen Schwierigkeiten warm geworden, ein Blick auf die Uhr belehrt ihn, daß es jetzt höchste Zeit ist, die mathematische Aufgabe zu lösen, aber auch der darf er sich nicht zu ernstlich hingeben, denn schon droht die bevorstehende Geschichtsrepetition und das Auswendiglernen einer Horaz-Ode.«[1]

Diese Zerstückelung des Unterrichtsstoffes, dessen Hineinpressen in eine verordnete Zeitschablone fern jeglicher individualisierender Unterrichtsgestaltung desavouierte nach Ansicht der Reformpädagogen jede ernsthafte Bildungsintention. Bildung war für die Reformpädagogen auf das bildende Erlebnis angewiesen, sie basierte auf Kontemplation, auf der Möglichkeit, sich in die ›Sache‹ versenken zu können. Dies aber setzte voraus, Kindern je nach Situation Zeit zu geben und sie nicht in »Pensen« denken zu lehren.

Daß Kinder ihre Zeit sinnlos vergeudeten, wurde nicht als eine wirkliche Gefahr angesehen. Dem Kinde sei, so Petersen, der »Leistungshunger ... von der Geburt an mitgegeben«, ihn gelte es zu kultivieren.[2] Im Vertrauen auf die im Kinde angelegten Selbstentfaltungskräfte setzten die Reformpädagogen die apodiktische Herrschaft der Uhr in Schulen und Heimen außer Kraft und schufen an ihrer Stelle eine Zeitordnung, die zwischen einer aufgabenorientierten Zeitauffassung und der Uhr als Mittel zum geordneten Miteinander oszillierte. Korczak verbannte das Klingelzeichen gar völlig aus seiner Schule[3], andere, wie Berthold Otto, schränkten dessen Bedeutung erheblich ein.

Gegen den traditionellen Klassenunterricht mit seinen vorgeschriebenen Pensen und ausgearbeiteten Lektionen gewandt, hatte Otto

---

[1]L. Gurlitt: Der Deutsche und seine Schule. Erinnerungen, Beobachtungen und Wünsche eines Lehrers. Berlin 1905; zit. nach W. Flitner/G. Kudritzki (Hrsg.): Die deutsche Reformpädagogik, S. 66

[2]P. Petersen: Führungslehre des Unterrichts, S. 140 f.

[3]Siehe Erich Dauzenroth: Ein Leben für Kinder. Janusz Korczak Leben und Werk. Gütersloh 1981. S. 27.

seinen Gesamtunterricht konzipiert. Er sollte eine »Gesellschaft für wissenschaftliche Unterhaltung« sein und dem »geistigen Verkehr mit Kindern« dienen.[1] Gesprochen wurde über Rundfunk, Träume, Schalttage - Themen, die die Kinder vorgeschlagen hatten, und dies so lange innerhalb eines großzügig bemessenen Zeitrahmens, wie das Interesse der Kinder am Thema wach blieb. Das war nicht mehr das hastige Vorwärtsdrängeln des traditionellen Klassenunterrichts, sondern ein Sich-Versenken in ein Problem und eine geduldige Suche nach einer Antwort.[2] Eben diese forschende Haltung ließ sich nicht mit der Uhr in der Hand bewerkstelligen. Auch daß am Gesamtunterricht Kinder aller Altersstufen beteiligt waren, bedeutete eine bewußte Absage an die Vorstellung, mittels homogener Leistungsgruppen im Gleichschritt durch die Pensen auf ein vorab definiertes Lernziel hinzumarschieren. Gerade im Gefälle der Altersgruppen sah Otto wertvolle Impulse für den Lernprozeß.

Ottos Gesamtunterricht bedeutete keinen Bruch mit der von Comenius begründeten Idee des Schrittweise-Vorwärtsgehens. Otto verstand ihn als deren Ergänzung; der Gesamtunterricht lenke nicht von dem Interesse für einzelne Fächer ab, sondern bringe dieses Interesse erst hervor.[3] Auch bei Otto gab es Klassenunterricht, Fächer und Stundenpläne und das Lernen nach der Uhr. Dort, wo die Kenntnisse in Fertigkeiten umgesetzt werden mußten, stachelte er den Wettkampfeifer der Kinder mit seiner »Sekundenuhr« an mit »nie versagendem Erfolg«.[4]

Andere Reformpädagogen praktizierten mit je spezifischen Besonderheiten ähnliches in Kursen, Kreisen, Gruppen- und Epochenunterricht. Gemeinsam war ihnen die Vorstellung, daß die gesellschaftliche Maxime ›Zeit ist Geld‹ in der Praxis von Schulen und Heimen zur Entwertung des Bildungsgedankens führte. Aufgrund ihrer Hinwendung zum Kind als Subjekt des Erziehungsprozesses wußten sie, daß sie als Pädagogen nicht unmittelbar Zeit gegen Geld tauschten, sondern ihre Zeit gegen den Zeitbedarf der Kinder. Auch sie konnten und wollten nicht die Herrschaft der Uhr völlig außer Kraft setzen,

[1]Berthold Otto. Ausgewählte pädagogische Schriften, S. 105.

[2]Vgl. Jürgen Henningsen: Berthold Otto. In: Hans Scheuerl (Hrsg.): Klassiker der Pädagogik. Bd. 2. München 1979. S. 132.

[3]Berthold Otto. Ausgewählte pädagogische Schriften, S. 131.

[4]Ebd. S. 35 f.

aber sie versuchten, innerhalb des Zeitflusses Intervalle zu erzeugen, in denen das kontemplative Verweilen möglich war. Der überlieferte Stundenplan, so Petersen, habe die Form des schematischen Taktierens, er enthalte zu viel kalte Metrik. Es sei kein Zufall, daß in allen neueren pädagogischen Versuchen nicht vom Takt, sondern vom Rhythmus die Rede sei.[1] Das aber hieß, die Arbeitsamkeit nicht nur in hektischer Betriebsamkeit, sondern auch in der Muße zu entdecken.

Programmatisch überhöht kommt diese Forderung 1923 in Fritz Klatts Buchtitel *Die schöpferische Pause* zum Ausdruck. Die Schrift selbst ist ein geradezu anti-intellektuelles Loblied auf die angeblich »gesetzmäßigen« rhythmischen Schwingungen des Körpers, die es zu entdecken gelte und nach denen die alltäglichen Arbeitsprozesse zu gestalten seien.[2] Doch leitmotivisch trifft der Titel den ›Zeit‹geist einer Pädagogengeneration, die sich gegen die Übertragung des industriellen Uhren- und Maschinentaktes auf Erziehungs- und Bildungsprozesse wandte und stattdessen sich bemühte, im pädagogischen Umgang mit Kindern eine aufgabenorientierte, wellenförmige Zeitordnung wiederzubeleben.

Der Begriff Rhythmus freilich ist mehr ein Etikett, als daß hinter ihm eine systematisch faßbare Vorstellung stünde. Nur aus seiner Opposition zum gesellschaftlich dominanten Zeittakt heraus wird er verständlich. Was die Reformpädagogen meinten und praktizierten, war ein Wechsel der Arbeitsformen, der kognitiven, handwerklichen und körperlichen Betätigungen, war das Miteinanderverzahnen von diskursiven, ästhetisch-kulturellen und sportlichen Elementen, war die Aufeinanderfolge von ruhigem, nachdenklichem Betrachten und dynamisiertem Einüben von Fertigkeiten. ›Rhythmus‹ bedeutete ihnen die Anerkennung nicht-gebundener Tätigkeiten, das Recht auf Freizeit und deren Chancen für die Identitätsentwicklung von Kindern und Jugendlichen. Vor allem versuchten die Reformpädagogen, zwischen diesen verschiedenen Bereichen weiche Übergänge zu schaffen, gleitende Anfänge und Enden vorzusehen und das Leben ihrer Schüler auch außerhalb der Schule im Tages- und Wochenzyklus mitzubedenken - konkret: daß die Erwartungen an das Wochenende und die Eindrücke vom Wochenende sich im Verhalten

[1] P. Petersen: Führungslehre des Unterrichts, S. 98.
[2] Fritz Klatt: Die schöpferische Pause. Jena 1923. S. 1 u. S. 8-15 (u.ö.).

schulischen Anforderungen gegenüber niederschlagen, daß das freie Wochenende eine Zäsur bedeutet und am Montag der ›Spannungsbogen‹ wieder neu aufgenommen werden muß. Stundenpläne lassen sich verordnen, ob allerdings der »Rhythmus« aller am Unterricht Beteiligten gefunden wird, entscheidet sich in gelingender oder scheiternder Praxis. Die Entdeckung des »richtigen« Rhythmus in seiner subjektiven Gebundenheit setzt pädagogische Sensibilität und Beobachtungsgabe voraus, sie basiert auf der Fähigkeit zu einem individualisierenden Blick, der sich vergewissert, ob etwa die äußerlich abflachende Betriebsamkeit eines Schülers Untätigkeit ist oder das bildungswirksame »Nachbrüten der jungen Seele«[1].

[1]So Karl Rosenkranz über »Scheinfaulheit« und »Scheinfleiß« in: Ders.: Die Pädagogik als System. Ein Grundriß. Königsberg 1848. S. 93.

Schluß

Die Kritik der Reformpädagogen an der getakteten Zeit hat bis heute nichts an ihrer Brisanz und Schlüssigkeit verloren. Auf die Zerstörung von Sinnzusammenhängen durch die Fixierung auf Uhrzeiten weist Horst Rumpf hin:

»Der Schulunterricht wird mit der Durchsetzung des Stundenplans für die Heranwachsenden zur Stätte, in der sie systematisch und Tag für Tag lernen, sich, ihren Körper, ihre Tätigkeiten unablässig auf Uhrzeit zu beziehen - denn die von jeder spezifischen Inhaltlichkeit losgeschälte Uhrzeit bestimmt, im Klingelzeichen, den Anfang der Unterrichtseinheit und das Ende; sie - der Lehrerblick auf die Uhr mag Auslöser sein - hat spürbare Auswirkungen auf die Art der Befassung mit den Lerngegenständen. Sie ist gleichgültig dagegen, daß vielleicht wirklich nichts mehr wirklich geschieht, geschehen kann in einem Unterricht, aber die Zeit, die abstrakte, muß durchgestanden, durchgesessen werden; und sie ist gleichgültig dagegen, daß sie ›viel zu kurz‹ ist für den vielen sogenannten Stoff, der durchzunehmen ist. Und Schüler wie Lehrer wissen, daß es für die (folgenreiche) Beurteilung ihrer Leistung sehr bedeutsam ist, wie sie ihre Aktivitäten auf Uhrzeit beziehen: ob der Schüler ›fertig‹ wird, möglichst schnell - darin meldet sich ebenso der Einfluß der abstrakten Uhrzeit ebenso wie darin, ob der Lehrer ›mit seiner Zeit zurandekommt‹.«[1]

Wagenschein fragt am Beispiel des Standard-Lehrgeräts ›Flaschenzug‹, ob nicht der Versuch, mittels dieses Modells den Lernprozeß zu beschleunigen, den Zugang zum Energie-Begriff (und des Prinzips ihrer Erhaltung) verbaut:

»Gegen diesen Belehrungsapparat wäre nichts zu sagen, wenn er nicht gleich zu Beginn aus dem Schrank, statt am Ende aus dem Grübeln hervorginge ... Belehrungsgeräte strahlen nicht Wahrheiten aus, sondern Absichten.

[1]H. Rumpf: Die übergangene Sinnlichkeit, S. 154.

Es könnte sein, daß die alte, rückfällige, und viele Schulreformen durchstehende Versuchung, Belehrungs-Schnellstraßen durch das Gelände der Wissenschaften zu legen, die Wirklichkeit dieser Wissenschaften nicht eröffnet, sondern ›verrät‹.«[1]

In die gleiche Richtung gehen die Überlegungen Geißlers, der auf die Inkompatibilität von getakteter Zeit und Bildungszeit verweist:

»Bildungsprozesse sind häufig überraschend. Ihre Resultate bleiben immer unsicher. Sie sind eben, obgleich dies manche Unterrichtsplaner und viele Bildungspolitiker nicht sehen (wollen), *nicht-linear.* Sie gehorchen keineswegs einer nur quantitativen Logik, deren herausragendes Symbol die Regelmäßigkeit der mechanischen und der elektronischen Uhr ist. Der Bildungserfolg (Wissen, Können, neue Einstellungen, geändertes Handeln etc.) kann nicht - wie im betrieblichen Produktionsprozeß der Output - schematisch, durch ein Mehr an Zeit, gesteigert werden ... Die Krisenhaftigkeit von Bildungsprozessen liegt näher bei der Logik des platzenden Knotens, der überraschenden Kristallisation, als bei der des ins Unendliche abgeschossenen, stetig aufsteigenden Pfeiles.«[2]

Auf die Zeit als eine basale Kategorie in Erziehungs- und Bildungsprozessen zielen Mollenhauers »Annäherungen«. Ausgehend von der Frage Schleiermachers, wie sich der erfüllte Augenblick und die Zukunft im Leben eines Kindes zueinander verhalten, skizziert Mollenhauer, dem Argumentationsgang Schleiermachers folgend, drei zentrale Bestimmungen: Zum einen sei es ungewiß, »welche der im Bildungsprozeß des Kindes erworbenen Inhalte sich auch in dessen Zukunft als Legitimationsgrund eignen werden«. Zweitens dürfe Zukünftiges nur insoweit als Rechtfertigung pädagogischen Handelns verwendet werden, »als diese Handlung durch den Entwicklungsstand des kindlichen Bewußtseins zustimmungsfähig sei«. Und drittens sei die Zustimmungsfähigkeit des kindlichen Bewußtseins im Hinblick auf Zukunftsantizipationen an das Zeitbewußtsein des Kindes selbst gebunden.[3] Damit werde die Bildung des Zeitbewußtseins zum Kernstück pädagogischer Analyse:

---

[1]Martin Wagenschein: Also ist es wirklich wahr ... In: Neue Sammlung. 18. Jg. 1978, H. 6. S. 565.

[2]K. A. Geißler: Zeit leben, S. 117.

[3]K. Mollenhauer: Die Zeit in Erziehungs- und Bildungsprozessen, S. 69.

»Vom Zeitbewußtsein nämlich hängt es ab, ob und wie der Educandus sich Tradition aneignet, ob und wie er sich als möglicher Entwurf in die Zukunft hinein bestimmt, wie er in seiner Selbsttätigkeit Identität im gegenwärtigen Moment gewinnt.«[1]

Doch diese Analyse bedarf, so Mollenhauer, noch einer wesentlichen Ergänzung. Etwas verkürzt formuliert: Erziehungs- und Bildungsprozesse sind Interaktionen, in denen nicht nur die individuellen Zeitmuster zur Geltung kommen, sondern auch die Zeitstruktur der Institution und der in ihr und in ihrem Auftrag Handelnden, also die gesellschaftlich normierte Uhrenzeit:

»Wir müssen also in der erziehungswissenschaftlichen Analyse immer beides tun: Die Zeitstrukturen pädagogischer Handlungen und die Eigentümlichkeit im Zeitbewußtsein von Individuen beschreiben.«[2]

Abschließend gelangt Mollenhauer zu folgender »Hypothese«:

»Die Bildung der Individualität des Kindes wird um so besser gelingen, je mehr die Präsentation von Zeitschemata auf der Ebene der einfachen Interaktion eine Balance zwischen der historisch auferlegten Zeit*struktur* und der individuellen Zeit*erfahrung* als erfüllter innerer Dauer und damit auch Reflexion zuläßt.«[3]

Die Brisanz dieser Argumentation wird möglicherweise noch deutlicher, wenn man sie probehalber ins Negative wendet: Bildungsgänge können scheitern, weil es nicht gelingt, die subjektive Zeiterfahrung und die ›objektiven‹ Anforderungen der getakteten Zeit ineinander zu übersetzen.

Diese bildungstheoretischen Überlegungen ließen sich verlängern. Angesichts der dynamisierten Beschleunigung sozialer Prozesse durch Kommunikationstechnologien und andere Innovationen wäre zu fragen, wie ein Bildungsbegriff beschaffen sein muß, der der universellen Erreichbarkeit der Welt durch Verkehrsmittel, der Überformung der Welt durch Kommunikationstechniken und der Deutung der Welt durch Computertechnologie Rechnung trägt, und dies in der

---

[1]Ebd. S. 70.
[2]Ebd. S. 73 f.
[3]Ebd. S. 77.

Kürze der dem Unterricht zur Verfügung stehenden Zeit. Daß es sich bei all den hier aufgeführten (und erweiterbaren) Problemstellungen um Skizzen, »Hypothesen«, »Annäherungen« handelt und nicht um systematische Analysen und Theorien, ist bezeichnend für den gegenwärtigen Forschungsstand.

Diese Untersuchung über die Lerngeschichte der getakteten Zeit liegt bewußt vor diesen Problemstellungen. Seit der Verbreitung der Räderuhr prägt das lineare, formal-quantifizierende Zeitraster als Basisstruktur in zunehmendem Maße die Identitäten der Menschen, strukturiert gesellschaftliches Handeln und affiziert dessen Inhalte. Uhrenzeit ist zum dominierenden gesellschaftlichen Zeitmodell geworden, neben dem andere Formen des Zeiterlebens und des Verhaltens in der Zeit als Normwidrigkeiten erscheinen, sofern deren Präsenz dem von der getakteten Zeit geprägten Betrachter überhaupt noch bewußt wird. Mit der Konzentration auf die Lerngeschichte der Uhrenzeit kann die Grenzlinie zwischen dieser und anderen Zeiten präzisiert werden: Was subjektive Zeit, Bildungszeit, Eigenzeit, Rhythmus oder produktive Zeit ist, läßt sich in ihren jeweiligen Eigentümlichkeiten, Phänomenen und Konsequenzen erst dann entdecken und analysieren, wenn die historisch gewachsene, gesellschaftliche Norm in ihrer Nicht-Selbstverständlichkeit präzise erschlossen ist. Es ist das Resultat dieser Lerngeschichte, das das Sehen- und Verstehen-Können anderer Zeitmuster hemmt: die Verinnerlichung der Uhrzeit als ein natürliches, dem Menschen gegenüberstehendes, überhistorisches Faktum und nicht als eine aus sozialen Akten hervorgegangene und sich historisch wandelnde Konvention.

Daß der Bogen von der Reformationszeit bis in die 20er Jahre dieses Jahrhunderts geschlagen wurde, hat seine Bewandtnis in der Technikgeschichte der Uhr. In der Annahme, daß sich hinter dem Aufkommen eines neuen Uhrenmodells und seiner Gestalt soziale Umstände verbergen, ließen sich Relaisstellen innerhalb dieser Lerngeschichte markieren: die Installation von Turmuhren mit ihren Glockenzeichen als Taktgeber für kollektive Vorgänge und als Übergang von inhaltlichen Zeitzeichen (Ratsglocke, Feuerglocke etc.) zu einem gleichmäßigen, formal strukturierten Zeitteppich, der auf die Förderung einer allgemeinen Zeitwachheit zielte; die Anwendung der Pendelgesetze auf die Uhr, die aufgrund der entscheidend verbesserten Ganggenauigkeit die exakte Meßbarkeit von Zeit und den

Gleichlauf verschiedener Uhren ermöglichte und damit die Voraussetzung schuf, Uhrzeit zu naturalisieren; die Verbreitung von Haus- und Taschenuhren als Indiz und Stimulus für Individualisierung und als Ausdruck dessen, daß die Uhrzeit den privaten Raum erobert hatte und für die Zeitgestaltung des einzelnen an Bedeutung gewann; der Wecker als der Uhrentyp, in dem sich das Zeitdiktat einer industrialisierten Gesellschaft verkörperte, und als Repräsentant und Hilfsmittel internalisierter Pünktlichkeit; die Armbanduhr schließlich als das Modell, das dem gesellschaftlichen Tempo und dem nervösen, schnellen Blick auf die Zeit Rechnung trägt.

Fundamental neue Uhrentypen, die auf eine weitere Relaisstelle innerhalb der Lerngeschichte der getakteten Zeit verweisen könnten, hat es seit der Popularisierung der Armbanduhr nicht mehr gegeben. Durch die erfolgreiche Verbreitung der Quarzuhr in der zweiten Hälfte der 70er Jahre und durch das Aufkommen der Funkuhr Ende der 80er Jahre, die über einen eingebauten Langewellenempfänger die Signale der Atomuhr in Braunschweig auf das Zeigerwerk überträgt, erscheint lediglich die Tendenz verstärkt, die mit der Armbanduhr bereits eingeleitet war. Zudem reflektieren Quarz- und Funkuhr den Bedarf ihrer Besitzer an einer möglichst großen Zeitsicherheit - die exakte Zeit der Uhrentürmchen und der Fernsehuhr vor Nachrichtensendungen sind nun auch an das Handgelenk des einzelnen verlagert.[1]

Zweifellos hat das Tempo sozialer Akte weiter zugenommen. Kaum eine technische Neuerung kann erfolgreich auf dem Markt plaziert werden, die ihrem Benutzer nicht in irgendeiner Weise einen Zeitgewinn verspricht. Kommunikationstechnologien und das ständige Bemühen, Reisezeiten zu verkürzen, zielen darauf ab, die

---

[1]Auch die Digitaluhren lassen nicht auf ein gewandeltes Zeitbewußtsein schließen. Die Digitalisierung der Uhrzeit war bisher zumindest lediglich eine vorübergehende Erscheinung. Nur in den Anfangsjahren der Quarzuhr fand die digitale Ziffernanzeige bei Armbanduhren ihre Verbreitung, da die Batteriekapazität zunächst nicht ausreichte, den Schrittmotor für ein Zeigerwerk lange genug zu betreiben. 1988 lag der Anteil der digitalen Kleinuhren im Fachhandel der Bundesrepublik bei 3% gegenüber 88,5% analoger Quarzuhren. Zum überwiegenden Teil waren es Billiguhren; der statistische Durchschnittspreis dieser Digitaluhren lag unter 5,- DM pro Stück. (Angaben nach den mir übermittelten Daten der Gesellschaft zur Förderung der deutschen Uhren- und Schmuckwarenfachgeschäfte m.b.H. Königstein/Ts.).

Sequenzierung von Vorgängen aufzuheben und zwischen diesen eine »approximative Gleichzeitigkeit« herzustellen.[1] Aber auch dies resultiert aus der Eigendynamik der Fortschrittsidee, die seit der Aufklärungszeit in zunehmendem Maße das Handeln und Denken bestimmt. Ob sich sozusagen im Rücken einer sich dynamisierenden Temposteigerung eine neue Qualität innerhalb des gesellschaftlichen Lernprozesses ›Uhrenzeit‹ verbirgt, läßt sich präzise wohl erst aus der historischen Distanz beurteilen.

Mit der Rekonstruktion und Analyse der Lerngeschichte der getakteten Zeit mußte die traditionelle pädagogische Sicht des »Machens« verlassen werden. Nicht die Frage, wer bewirkt mit welchen Inhalten und Formen welche (erzieherisch wünschbare) Modifikation von Subjekten, konnte forschungsleitend sein, vielmehr geriet die historisch-hermeneutische Sicht des »Geworden-Seins« in den Vordergrund: Wie und wodurch werden Subjekte in der Geschichte zu anderen? Der hypothetische Leitbegriff »gesellschaftlicher Lernprozeß« hatte hierbei heuristische Funktion. Er diente dazu, die Aufmerksamkeit darauf zu lenken, daß diese Lerngeschichte ihre Impulse weniger pädagogisch intentionalen Akten verdankt, sondern auf der Aneignung gesellschaftlich vermittelter Anforderungen basiert, und daß es sich hierbei um einen anfanglosen, Generationen übergreifenden und den sozialen Habitus einer Epoche kennzeichnenden Vorgang handelt.

Allerdings wäre es eine Fehlinterpretation, hieraus auf die Bedeutungslosigkeit von Pädagogen innerhalb dieses Prozesses zu schließen. Als Kinder ihrer Zeit und zumeist als deren Avantgarde haben Pädagogen in ihren Publikationen und in ihrem Handeln die gesellschaftlich normierte Zeit - mal mehr aufklärend erzieherisch, mal mehr sozialdisziplinierend - versprachlicht, sie kommunikabel und damit erfahrbar und lernbar gemacht. Ebenso verdrängt der Blick auf überindividuell gültige Lernvorgänge die individuelle Aneignung der Uhrzeit nicht ins Nebensächliche. Weder gelingt die Individualisierung eines gesellschaftlichen Habitus völlig reibungslos und ohne Brüche, noch sollen die individuellen Eigentümlichkeiten in der subjektiven Zeiterfahrung ins Randständige verwiesen werden. Vielmehr kann im Sinne der hier gewonnenen Trennschärfe das jeweils Besondere, nicht dem gesellschaftlich dominanten Zeitmodell Angehörende

[1] H. Nowotny: Eigenzeit, S. 28 ff. (hier S. 32).

erkannt und in seiner bremsenden oder produktiven Bedeutung innerhalb von Erziehungs- und Bildungsprozessen analysiert werden.

Aus pädagogisch-aufklärerischer Sicht mag ein Resultat dieser Lerngeschichte - ganz im Sinne der Reformpädagogen und nachfolgender Zeitkritiker wie Rumpf, Wagenschein oder Geißler - deprimierend sein: Die Menschen haben entsprechend den Zwecken ihrer ökonomisierten und verwalteten Lebenswelt die Uhrzeit als eine quasi-natürliche Lebensstruktur verinnerlicht. Das Bewußtsein der Basisstruktur Uhrenzeit als einer aus sozialen Akten hervorgegangenen und historisch wandelbaren Konvention ist verlernt. Andererseits: Wenn die historisch gewachsene, gesellschaftliche Norm in ihrer Nicht-Selbstverständlichkeit den Subjekten wieder kritisch verfügbar gemacht wird, der einzelne folglich den hier analysierten historischen ›Code‹ seines Verhaltens kennt, dann wäre die Voraussetzung geschaffen, daß am Ende seines reflexiven Lernprozesses der einzelne versteht, die getaktete und die wellenförmige, individuelle Zeit situationsspezifisch gemäß seiner Intention zu nutzen. Doch für die von Mollenhauer angeregte erziehungs- und bildungstheoretische Problemstellung wäre dies allein nicht ausreichend. Systematisch zu klären wäre darüber hinaus, wie die Chancen der historisch auferlegten, quantitativen Zeitstruktur auf der einen Seite in ihrer Ordnung stiftenden, Zukunft eröffnenden sowie leistungsfördernden Funktion mit den Chancen der individuellen, kindlichen Zeiterfahrung auf der anderen Seite mit ihrer qualitativen, auf den erfüllten Augenblick gerichteten Intention in Erziehungs- und Bildungsprozessen und durch diese so miteinander ins Verhältnis gebracht werden können, daß Bildung als ein inhaltlicher, identitäts- und sinnstiftender Vorgang erlebt werden kann.

Literatur

[Abraham a Sancta Clara]. Centi-Folium Stultorum in Quarto. Oder Hundert Ausbündige Narren/in Folio. [...] Zu finden bey Johann Carl Megerle [...] und Johann Christoph Weigel [...] Nürnberg 1709. (Fotomechan. Nachdruck Dortmund 1978).

[Ammen-Uhr]. Die Ammen-Uhr. Aus des Knaben Wunderhorn. Zu Holzschnitten nach Zeichnungen von Dresdener Künstlern. Leipzig o.J. (1842 o. 1843).

Auerbach, Berthold: Edelweiß. Eine Erzählung. Stuttgart ^{2}1864.

Austermann, Anton: Kurt Tucholsky. Materialien zu einer noch ausstehenden Theorie gesellschaftlicher Lernprozesse. Habil.-Schr. Münster 1982.

Baacke, Dieter/Schulze, Theodor (Hrsg.): Pädagogische Biographieforschung. Orientierungen, Probleme, Beispiele. Weinheim/Basel 1985.

Bach, Julius: Der deutsche Schülerroman und seine Entwicklung. Diss. Münster 1922.

Bahrdt, Carl Friedrich: Handbuch der Moral für den Bürgerstand. 2., verb. Aufl. Frankfurt/Leipzig 1792 (^{1}1789).

Ballauff, Theodor/Schaller, Klaus: Pädagogik. Eine Geschichte der Bildung und Erziehung. 3 Bde. Freiburg/ München 1969 ff.

Barth, Paul: Die Geschichte der Erziehung in soziologischer und geistesgeschichtlicher Bedeutung. Leipzig 1920.

Basedow, Johann Bernhard: Elementarwerk mit den Kupfertafeln Chodowieckis u.a. (^{2}1785). Kritische Bearbeitung in drei Bänden. Hrsg. v. Theodor Fritzsch. Hildesheim/New York 1972.

Bassermann-Jordan, Ernst von: Alte Uhren und ihre Meister. Leipzig (1926).

Becker, Gerold: Tages Arbeit, abends Gäste. - oder: Zeit und Zeiten, pädagogisch betrachtet. In: Gerold Becker/Hellmut

Becker/Ludwig Huber (Hrsg.): Ordnung und Unordnung. Hartmut von Hentig zum 23. September 1985. Weinheim/München 1985. S. 289-300.
Becker, Hellmut: Fragen zum Problem der Zeit in Erziehung und Bildung. In: Christian Link (Hrsg.): Die Erfahrung der Zeit. Gedenkschrift für Georg Picht. Stuttgart 1984. S. 172-178.
Becker, Rudolph Zacharias: Noth- und Hilfsbüchlein für Bauersleute. Nachdruck der Erstausgabe von 1788. Hrsg. v. Reinhart Siegert. Dortmund 1980.
Benner, Dietrich: Erziehender Unterricht. In: Wilhelm Wittenbruch (Hrsg.): Das pädagogische Profil der Grundschule. Überarbeitete Richtlinien in Nordrhein-Westfalen. Impulse für die Weiterentwicklung der Grundschule. Heinsberg 1984. S. 68-83.
Berg, Jan Hendrik van den: Metabletica. Über die Wandlung des Menschen. Grundlinien einer historischen Psychologie. Göttingen 1960.
Berker, Peter: Christen Kolds Volkshochschule. Eine Studie zur Erwachsenenbildung im Dänemark des 19. Jahrhunderts. Münster 1984.
Bertschinger, Thomas: Das Bild der Schule in der deutschen Literatur zwischen 1890 und 1914. Diss. Zürich 1969.
Bilfinger, Gustav: Die Mittelalterlichen Horen und die Modernen Stunden. Ein Beitrag zur Kulturgeschichte. Stuttgart 1892.
Bittner, Günther: Das Teilzeit-Kind. In: Neue Sammlung. 29. Jg. 1989, H. 4. S. 477-487.
Blättner, Fritz: Geschichte der Pädagogik. Durchges. u. erw. v. Hans-Georg Herrlitz. Heidelberg ^{14}1973.
Blankertz, Herwig: Bildung im Zeitalter der großen Industrie. Pädagogik, Schule und Berufsbildung im 19. Jahrhundert. Hannover 1969.
-: Die Geschichte der Pädagogik. Von der Aufklärung bis zur Gegenwart. Wetzlar 1982.
Blumenberg, Hans: Lebenszeit und Weltzeit. Frankfurt/M. 1986.
Bollnow, Otto Friedrich: Das Verhältnis zur Zeit. Ein Beitrag zur pädagogischen Anthropologie. Heidelberg (1972).
Braun, Rudolf: Industrialisierung und Volksleben. Die Veränderungen der Lebensformen in einem ländlichen Industriegebiet vor 1800 (Zürcher Oberland). Erlenbach-Zürich/Stuttgart 1960.

-: Sozialer und kultureller Wandel in einem ländlichen Industriegebiet (Zürcher Oberland) unter Einwirkung des Maschinen- und Fabrikwesens im 19. und 20. Jahrhundert. Erlenbach-Zürich/Stuttgart 1965.
Brecht, Bertolt: Gesammelte Werke. Bd. 11. Frankfurt/M. 1977.
Breunig, Walter (Hrsg.): Das Zeitproblem im Lernprozeß. München 1973.
Briod, Marc: Education in the Clockwork Social Order. In: Educational Theory. Vol. 28, 1978. No. 4. S. 266-278.
[Bullinger] Heinrich Bullinger. Werke. Sonderband: Studiorum ratio - Studienanleitung (1528). Hrsg. v. Peter Stotz. 1. Tb. Zürich 1987.
Campe, Joachim Heinrich: Briefe aus Paris. Während der Französischen Revolution geschrieben. Hrsg. v. Helmut König. Berlin 1961.
-: Robinson der Jüngere. Ein Lesebuch für Kinder(1779/80). Neu hrsg. v. Johannes Merkel u. Dieter Richter. München 1977.
-: Über das Zweckmäßige und Unzweckmäßige in den Belohnungen und Strafen (1788). Hrsg. v. Albert Reble. Bad Heilbrunn 1961.
-: Väterlicher Rath für meine Tochter. Ein Gegenstück zum Theophron. Der erwachsenen weiblichen Jugend gewidmet. Th. 1. Tübingen 1789.
Cipolla, Carlo M.: Clocks and Culture 1300-1700. New York/London 1978.
[Comenius] Johann Amos Comenius. Große Didaktik. In neuerer Übersetzung hrsg. v. Andreas Flitner. Düsseldorf/München 1954.
-: Orbis sensualium pictus (1658). Fotomech. Nachdr. Dortmund ^{2}1979.
Dauzenroth, Erich: Ein Leben für Kinder. Janusz Korczak Leben und Werk. Gütersloh 1981.
Dedekind, Friedrich: Grobianus. De Morum Simplicitate. Dt. Fassung v. Caspar Scheidt. (1551). Mit e. Vorw. zum Neudr. d. Texte v. Barbara Könneker. Darmstadt 1979.
Deutsches Wörterbuch. Hrsg. v. Jacob u. Wilhelm Grimm. Bd. 7. Leipzig 1889.
Diederich, Jürgen: Bemessene Zeit als Bedingung pädagogischen Handelns. In: Niklas Luhmann/Karl Eberhard Schorr (Hrsg.): Zwischen Technologie und Selbstreferenz. Fragen an die Pädagogik. Frankfurt/M. 1982. S. 51-86.

Diesterweg, Friedrich Adolph Wilhelm: Sämtliche Werke. Hrsg. v. Heinrich Deiters u.a. 1. Abt.: Zeitschriftenbeiträge. Bd. 1. Berlin 1956.

Dietrich, Theo/Klink, Job-Günter (Hrsg.): Zur Geschichte der Volksschule. Bd. I. Volksschulordnungen 16. bis 18. Jahrhundert. Bad Heilbrunn ²1972.

Dohrn-van Rossum, Gerhard: Die Geschichte der Stunde. Uhren und moderne Zeitordnung. München/Wien 1992.

Dohrn-van Rossum, Gerhard/Westheider, Rolf: Die Einführung der öffentlichen Uhren und der Übergang zur modernen Stundenrechnung in den spätmittelalterlichen Städten Niedersachsens. In: Cord Meckseper (Hrsg.): Stadt im Wandel. Kunst und Kultur des Bürgertums in Norddeutschland 1150-1650. Ausstellungskatalog Bd. 4. Stuttgart-Bad Cannstatt 1985. S. 317-331.

Dolch, Josef: Die Erziehung und die Zeit. Ein Lehrstück der Allgemeinen Erziehungswissenschaft. In: Zeitschrift für Pädagogik. 10. Jg. 1964. S. 361-372.

-: Lehrplan des Abendlandes. Zweieinhalb Jahrtausende seiner Geschichte. Darmstadt 1982.

Dreßen, Wolfgang: Die pädagogische Maschine. Zur Geschichte des industrialisierten Bewußtseins in Preußen/Deutschland. Frankfurt/Berlin/Wien 1982.

Ecker, Ernst: Über Zeit und Zeitverhältnisse in der Erziehung. Diss. Karlsruhe 1966.

Eichberg, Henning: Leistung, Spannung, Geschwindigkeit. Sport und Tanz im gesellschaftlichen Wandel des 18./19. Jahrhunderts. Stuttgart 1978.

Elias, Norbert: Die Gesellschaft der Individuen. Hrsg. v. Michael Schröter. Frankfurt/M. ²1987.

-: Über den Prozeß der Zivilisation. Soziogenetische und psychogenetische Untersuchungen. 2 Bde. Frankfurt/M. ⁶1978/79.

-: Über die Zeit. Arbeiten zur Wissenssoziologie II. Hrsg. v. Michael Schröter. Frankfurt/M. 1984.

Emmerich, Wolfgang (Hrsg): Proletarische Lebensläufe. Autobiographische Dokumente zur Entstehung der Zweiten Kultur in Deutschland. 2 Bde. Reinbek 1976.

Encyklopädisches Handbuch der Pädagogik. Hrsg. v. W(ilhelm) Rein. 11 Bde. Langensalza ²1903-1910.

Engelsing, Rolf: Zur Sozialgeschichte deutscher Mittel- und Unterschichten. Göttingen ²1978.
Erasmus von Rotterdam. Vorkämpfer für Frieden und Toleranz. Katalog des Historischen Museums Basel 1986.
Erb, Wilhelm: Ueber die wachsende Nervosität unserer Zeit. Heidelberg 1893.
Ficker, Julius (Hrsg.): Die Geschichtsquellen des Bisthums Münster. Bd. 1. Münster 1851.
Fliegende Blätter (München) Bd. 89, Jg. 1888, Nr. 2240.
Flitner, Andreas: Zeit sparen - Zeit nehmen - Zeit schenken. In: Neue Sammlung. 29. Jg. 1989, H. 4. S. 488-497.
Flitner, Wilhelm/Kudritzki, Gerhard (Hrsg.): Die deutsche Reformpädagogik. Bd. 1: Die Pioniere der pädagogischen Bewegung. Stuttgart ⁴1984.
Foucault, Michel: Überwachen und Strafen. Die Geburt des Gefängnisses. Frankfurt/M. 1977.
Francke, August Hermann: Der rechte Gebrauch der Zeit/So fern dieselbe gut, und so fern sie böse ist, Aus 2 Cor. VI,2. und Eph. V.16. vorgestellet, Und Auf die Beschaffenheit der ietzigen Zeiten appliciret, Den 4. Januar. als zum Anfang des 1713. Jahrs, Im Waysen-Hause zu Glaucha vor Halle. Halle ³1724.
[-]: A. H. Francke's Pädagogische Schriften. Nebst der Darstellung seines Lebens und seiner Stiftungen. Hrsg. v. G. Kramer. Langensalza ²1885.
Fraser, J(ulius) T.: Die Zeit: vertraut und fremd. (Titel d. amerik. Orig.ausg.: Time - The Familiar Stranger, 1987). Basel/Boston/Berlin 1988.
Freytag, Gustav: Bilder aus der deutschen Vergangenheit (1859-67). Hrsg. v. Heinrich Pleticha. 3 Bde. Hamburg 1978.
Geißler, Karlheinz A.: Zeit leben. Vom Hasten und Rasten, Arbeiten und Lernen, Leben und Sterben. Weinheim/Basel 1985.
Glantschnig, Helga: Liebe als Dressur. Kindererziehung in der Aufklärung. Frankfurt/New York 1987.
Giedion, Siegfried: Die Herrschaft der Mechanisierung. Ein Beitrag zur anonymen Geschichte. Frankfurt/M. 1987. (Erstveröff.: Mechanization Takes Command. Oxford 1948).
Giese, Gerhardt: Quellen zur deutschen Schulgeschichte seit 1800. Göttingen 1961.

Goethe, Johann Wolfgang: Sämtliche Werke. Bd. 4. Zürich/ München 1977. (Unveränd. Nachdruck der Artemis-Gedenkausgabe, hrsg. v. Ernst Beutler, Zürich ²1961-66).
Grotefend, H.: Taschenbuch der Zeitrechnung des deutschen Mittelalters und der Neuzeit. Für den praktischen Gebrauch und zu Lehrzwecken. Hannover/Leipzig 1898.
GutsMuths, J(ohann) C(hristoph) F(riedrich): Gymnastik für die Jugend, enthaltend eine praktische Anweisung zu Leibesübungen. Ein Beitrag zur nöthigsten Verbesserung der körperlichen Erziehung. 2., umgearb. Ausgabe. Schnepfenthal 1804. (¹1793).
Hänselmann, Ludwig (Hrsg.): Urkundenbuch der Stadt Braunschweig. Bd. 1: Statute und Rechtsbriefe MCCXXVII-MDCLXXI. Braunschweig 1872.
Handwörterbuch des deutschen Aberglaubens. Hrsg. v. Hanns Bächtold-Stäubli. Bd. 3. Berlin/Leipzig 1930/31.
Hardach-Pinke, Irene/Hardach, Gerd (Hrsg.): Deutsche Kindheiten 1700-1900. Autobiographische Zeugnisse. Kronberg 1978.
Harsdörffer, Georg Philip: Delitiae Mathematicae et Physicae. Der Mathematischen und Philosophischen Erquickstunden. Bestehend in Fünffhundert nutzlichen und lustigen Kunstfragen/nachsinnigen Aufgaben/und deroselben grundrichtigen Erklärung [...]. Nürnberg 1661.
[Václav Havel, Interview] Stern (Hamburg). Nr. 3, 11. Jan. 1990.
Heine, Alexander (Hrsg.): Deutsches Bürgertum und deutscher Adel im 16. Jahrhundert. Essen o.J.
Heinemann/Ludes: Zeitbewußtsein und Kontrolle der Zeit. In: Hammerich, Kurt/Klein, Michael (Hrsg.): Materialien zur Soziologie des Alltags. Opladen 1978. S. 220-243.
Henningsen, Jürgen: Autobiographie und Erziehungswissenschaft. Fünf Studien. Essen 1981.
-: Berthold Otto. In: Hans Scheuerl (Hrsg.): Klassiker der Pädagogik. Bd. 2. München 1979. S. 127-139.
-: »Enzyklopädie«. Zur Sprach- und Bedeutungsgeschichte eines pädagogischen Begriffs. In: Archiv für Begriffsgeschichte. Bausteine zu einem historischen Wörterbuch der Philosophie. Bd. 10. Bonn 1966. S. 271-362.
-: Erfolgreich manipulieren. Methoden des Beybringens. Ratingen/u.a. 1974.

-: Die Impotenz der Schule. In: Günther Groth (Hrsg.): Horizonte der Erziehung. Zu aktuellen Problemen von Bildung, Erziehung und Unterricht. Festgabe für Theodor Wilhelm zum 75. Geburtstag. Stuttgart 1981. S. 96-110.

-: Die linke Lüge und ein paar gewöhnliche Widersprüche. In: Rainer Winkel (Hrsg.): Deutsche Pädagogen der Gegenwart. Ihre Erziehungs-, Schul- und Bildungskonzeptionen. Bd. 1. Düsseldorf 1984. S. 87-110.

[Herbart] Johann Friedrich Herbart. Pädagogische Schriften. Hrsg. v. Walter Asmus. Bd. 3. Düsseldorf/München 1965.

Hesse, Hermann: Unterm Rad (1906). Frankfurt/M. 1972.

Hohn, Hans-Willy: Die Zerstörung der Zeit. Wie aus einem göttlichen Gut eine Handelsware wurde. Frankfurt/M. 1984.

Jaeger, Franz: Mittel zur Erreichung einer guten Schulzucht. Erfahrungen, Rathschläge und Bedingnisse für Schule und Familie zur richtigen Kindererziehung. Wien 1882.

Jenzen, Igor A. (Hrsg.): Uhrzeiten. Die Geschichte der Uhr und ihres Gebrauches. Historisches Museum Frankfurt/M. 1989.

Jünger, Ernst: Das Sanduhrbuch. Frankfurt/M. 1954.

Kahlert, Helmut: 300 Jahre Schwarzwälder Uhrenindustrie. Gernsbach 1986.

Kamper, Dietmar/Wulf, Christoph (Hrsg.): Die sterbende Zeit. Zwanzig Diagnosen. Darmstadt/Neuwied 1987.

Kehr, C(arl): Die Praxis der Volksschule. Ein Wegweiser zur Führung einer geregelten Schuldisziplin und zur Erteilung eines methodischen Unterrichts für Volksschullehrer und solche, die es werden wollen. Gotha [13]1913. ([1]1868).

Kern, Stephen: The Culture of Time and Space 1880-1918. Cambridge (Mass.) 1983.

Kindlers Literatur Lexikon im dtv in 25 Bänden. München 1974.

Klatt, Fritz: Die schöpferische Pause. Jena 1923.

Knigge, A(dolph) Freyherr von: Ueber den Umgang mit Menschen. In zwey Theilen. Hannover 1788. (Fotomechan. Nachdruck Darmstadt 1967).

Korczak, Janusz: König Hänschen I. (1923). München [5]1978.

-: Von Kindern und anderen Vorbildern. Mit e. Vorw. v. Peter Härtling u. e. Einl. v. Erich Dauzenroth u. Adolf Hampel. Gütersloh 1979.

-: Wie man ein Kind lieben soll. Hrsg. v. Elisabeth Heimpel u. Hans Roos. Göttingen [6]1978.

Koselleck, Reinhart: Fortschritt und Beschleunigung. Zur Utopie der Aufklärung. In: Der Traum der Vernunft. Vom Elend der Aufklärung. Eine Veranstaltungsreihe der Akademie der Künste, Berlin. Erste Folge. Darmstadt 1985. S. 75-103.

Kreuzer, Anton: Die Armbanduhr. Spezialitäten, Extravaganzen und technische Steckbriefe. Klagenfurt 1983.

Laermann, Klaus: Alltags-Zeit. Bemerkungen über die unauffälligste Form sozialen Zwangs. In: Kursbuch 41 (1975). S. 87-105.

Landes, David S.: Revolution in Time. Clocks and the Making of the Modern World. Harvard 1983.

Langeveld, M(artinus) J.: Die Schule als Weg des Kindes. Versuch einer Anthropologie der Schule. Braunschweig [3]1966.

Le Goff, Jacques: Zeit der Kirche und Zeit des Händlers im Mittelalter. In: Claudia Honegger (Hrsg.): Schrift und Materie der Geschichte. Vorschläge zur systematischen Aneignung historischer Prozesse. Frankfurt/M. 1977. S. 393-414.

Lippitz, Wilfried: Die Bedeutung des lebensweltlichen Erfahrungsbegriffs für eine praxisnahe pädagogische Theorie, exemplifiziert an Deutungen des Zeiterlebens und -verstehens von Kindern. In: Neue Sammlung. 23. Jg. 1983, H. 3. S. 240-254.

Lüdtke, Alf: Arbeitsbeginn, Arbeitspausen, Arbeitsende. Skizzen zu Bedürfnisbefriedigung und Industriearbeit im 19. und frühen 20. Jahrhundert. In: Gerhard Huck (Hrsg.): Sozialgeschichte der Freizeit. Untersuchungen zum Wandel der Alltagskultur in Deutschland. Wuppertal 1980. S. 95-122.

Lühning, Arnold: Gemessene Zeit. In: Gemessene Zeit. Uhren in der Kulturgeschichte Schleswig-Holsteins. Ausstellung zum 100jährigen Jubiläum. Schleswig-Holsteinisches Landesmuseum. Schleswig 1975. S. 13-63.

Mann, Thomas: Das erzählerische Werk. Taschenbuchausgabe in 12 Bänden. Bd. 1: Buddenbrooks. Verfall einer Familie (1901). Frankfurt/M. 1975.

Mahrzahn, Christian/Ritz, Hans-Günther (Hrsg.): Zähmen und Bewahren. Die Anfänge bürgerlicher Sozialpolitik. Bielefeld 1984.

Marperger, Paul Jacob: Horologiographia, Oder Beschreibung der Eintheilung und Abmeßung der Zeit [...]. Dresden/Leipzig 1723.

Maurice, Klaus/Mayr, Otto (Hrsg.): Die Welt als Uhr. Deutsche Uhren und Automaten 1550-1650. München 1980.
Möller, Helmut: Die kleinbürgerliche Familie im 18. Jahrhundert. Verhalten und Gruppenkultur. Berlin 1969.
Mollat, Michel: Die Armen im Mittelalter. München 1984. (Les Pauvres au Moyen Age. Etude sociale. Paris 1978).
Mollenhauer, Klaus: Umwege. Über Bildung, Kunst und Interaktion. Weinheim/München 1986.
-: Die Zeit in Erziehungs- und Bildungsprozessen. Annäherungen an eine bildungstheoretische Fragestellung. In: Die Deutsche Schule. 73. Jg. 1981, H. 2. S. 68-78.
Moser-Rath, Elfriede: »Lustige Gesellschaft«. Schwank und Witz des 17. und 18. Jahrhunderts in kultur- und sozialgeschichtlichem Kontext. Stuttgart 1984.
Mühe, R(ichard)/Kahlert, H(elmut): Deutsches Uhrenmuseum Furtwangen. Die Geschichte der Uhr. München ^{2}1986.
Müller, Johannes (Hrsg.): Vor- und frühreformatorische Schulordnungen und Schulverträge in deutscher und niederländischer Sprache. 1. Abt.: 1296-1505. Zschopau 1885; 2. Abt.: 1505-1523, nebst Nachträgen vom Jahre 1319 an. Zschopau 1886. (Sammlung selten gewordener pädagogischer Schriften früherer Zeiten. Hrsg. v. August Israel u. Joh. Müller, 12 u. 13).
Müller-Wichmann, Christiane: Zeitnot. Untersuchungen zum »Freizeitproblem« und seiner pädagogischen Zugänglichkeit. Weinheim/Basel 1984.
Münch, Paul (Hrsg.): Ordnung, Fleiß und Sparsamkeit. Texte und Dokumente zur Entstehung der »bürgerlichen Tugenden«. München 1984.
Mumford, Lewis: Technics and Civilization. London ^{6}1947. (^{1}1934).
Musil, Robert: Die Verwirrungen des Zöglings Törleß (1906). Reinbek 1969.
Nahrstedt, Wolfgang: Allgemeinbildung im Zeitalter der 35-Stunden-Gesellschaft. Lernen zwischen neuer Technologie, Ökologie und Arbeitslosigkeit. Plädoyer für eine Pädagogik der Zeit. In: Zeitschrift für Pädagogik. 32. Jg. 1986, H. 4. S. 515-528.
Neumann, Norbert: Vom Schwank zum Witz. Zum Wandel der Pointe seit dem 16. Jahrhundert. Frankfurt/New York 1986.
Nowotny, Helga: Eigenzeit. Entstehung und Strukturierung eines Zeitgefühls. Frankfurt/M. 1989.

Oschlies, Wolf: Die Arbeits- und Berufspädagogik August Hermann Franckes (1663-1727). Schule und Leben im Menschenbild des Hauptvertreters des Halleschen Pietismus. Witten 1969.

[Otto] Berthold Otto. Ausgewählte pädagogische Schriften. Besorgt v. Karl Kreitmair. Paderborn 1963.

Paulsen, Friedrich: Aus meinem Leben. Jugenderinnerungen. Jena 1909.

-: Geschichte des gelehrten Unterrichts auf den deutschen Schulen und Universitäten vom Ausgang des Mittelalters bis zur Gegenwart. 2 Bde. Leipzig ³1919/ 1921.

Pestalozzi. Sämtliche Werke. Hrsg. v. Artur Buchenau/ Eduard Spranger/Hans Stettbacher. Berlin 1927 ff.

Petersen, Peter: Führungslehre des Unterrichts. Weinheim/Berlin/Basel ¹⁰1971 (¹1937).

Petrat, Gerhard: Schulerziehung. Ihre Sozialgeschichte in Deutschland bis 1945. München 1987.

-: Schulunterricht. Seine Sozialgeschichte in Deutschland 1750-1850. München 1979.

Piaget, Jean: Die Bildung des Zeitbegriffs beim Kinde. Frankfurt/M. 1974.

Pinloche, A(lbert): Geschichte des Philanthropinismus. Deutsche Bearbeitung (Franz. Originalausg. 1889). Leipzig ²1914.

[Platter] Felix Platter. Tagebuchblätter aus dem Jugendleben eines deutschen Arztes des 16. Jahrhunderts. Hrsg. v. Horst Kohl. Leipzig (1913).

[Platter] Thomas Platter. Ein Lebensbild aus dem Jahrhundert der Reformation. Hrsg. v. Horst Kohl. Leipzig (1912).

Pollard, Sidney: Die Fabrikdisziplin in der industriellen Revolution. In: Wolfram Fischer/Georg Major (Hrsg.): Die soziale Frage. Neuere Studien zur Lage der Fabrikarbeiter in den Frühphasen der Industrialisierung. Stuttgart 1967. S. 159-185.

Rabe-Kleberg, Ursula/Zeiher, Helga: Kindheit und Zeit. Über das Eindringen moderner Zeitorganisation in die Lebensbedingungen von Kindern. In: Zeitschrift für Sozialisationsforschung und Erziehungssoziologie. 4. Jg. 1984, H. 1. S. 29-43.

Ramsauer, Johannes: Kurze Skizze meines pädagogischen Lebens. Mit besonderer Berücksichtigung auf Pestalozzi und seine Anstalten. Oldenburg 1838.

Reinke, Ulrich: Hausuhren - Gebrauchsuhren. Stand-, Wand-, Tischuhren, Wecker und Taschenuhren im Raum Westfalen zwischen 1750 und 1950. Hamaland-Museum Vreden. Borken 1987.
Reulecke, Jürgen: Vom blauen Montag zum Arbeiterurlaub. Vorgeschichte und Entstehung des Erholungsurlaubs für Arbeiter vor dem Ersten Weltkrieg. In: Archiv für Sozialgeschichte, Bd. XVI, 1976. S. 205-248.
Riemann, C(arl) F(riedrich): Beschreibung der Reckanschen Schule. Dritte, ganz umgearbeitete, und mit durchgängigen Erläuterungen, praktischen Anweisungen und Beyspielen für Lehrer in niedern Bürger- und Landschulen, vermehrte Ausgabe. Berlin/Stettin 1798. ([1]1781).
Rifkin, Jeremy: Uhrwerk Universum. Die Zeit als Grundkonflikt des Menschen. München 1988. (Titel d. amerik. Orig.ausgabe: Time Wars, 1987).
Rinderspacher, Jürgen P.: Gesellschaft ohne Zeit. Individuelle Zeitverwendung und soziale Organisation der Arbeit. Frankfurt/New York 1985.
-: Gesellschaft ohne Zeit? Überlegungen zu einer menschengerechteren Zeitökonomie. In: Benseler, Frank/Heinze, Rolf G./Klönne, Arno (Hrsg.): Zukunft der Arbeit. Eigenarbeit, Alternativökonomie? Hamburg 1982. S. 167-206.
Rollenhagen, Georg: Froschmeuseler (1608). Hrsg. v. Dietmar Peil. Frankfurt/M. 1989.
Rosenkranz, Karl: Die Pädagogik als System. Ein Grundriß. Königsberg 1848.
Rousseau, Jean-Jacques: Emil oder Über die Erziehung (1762). Besorgt v. Ludwig Schmidts. Paderborn [4]1978.
[-]: Jean-Jacques Rousseau mit Selbstzeugnissen und Bilddokumenten, dargest. v. Georg Holmsten. Reinbek 1983.
Rude, Adolf: Die bedeutendsten evangelischen Schulordnungen des 16. Jahrhunderts nach ihrem pädagogischen Gehalte. Pädagogisches Magazin. H. 32. Langensalza 1893. S. 1-58.
Rumpf, Horst: Belebungsversuche. Ausgrabungen gegen die Verödung der Lernkultur. Weinheim/München 1987.
-: Die übergangene Sinnlichkeit. Drei Kapitel über die Schule. München 1981.

-: Unsere ungemütlichen Väter. Für eine radikalkonservative Bildungspolitik. In: Die Zeit (Hamburg). Nr. 19, 4. Mai 1984. S. 33.

Ruppert, Wolfgang (Hrsg.): Die Arbeiter. Lebensform, Alltag und Kultur. München 1986.

-: Die Fabrik. Geschichte von Arbeit und Industrialisierung in Deutschland. München 1983.

Rutschky, Katharina (Hrsg.): Schwarze Pädagogik. Quellen zur Naturgeschichte der bürgerlichen Erziehung. Frankfurt/M. 1977.

Sachße, Christoph/Tennstedt, Florian: Geschichte der Armenfürsorge in Deutschland. Vom Spätmittelalter bis zum Ersten Weltkrieg. Stuttgart/u.a. 1980.

Sahmel, Karl-Heinz: Momo oder: Pädagogisch relevante Aspekte des Problems der Zeit. In: Pädagogische Rundschau. 42. Jg. 1988, H. 4. S. 403-419.

Salzmann, Christian Gotthilf: Ameisenbüchlein oder Anweisung zu einer vernünftigen Erziehung der Erzieher (1805). Bad Heilbrunn ^{2}1964.

-: Carl von Carlsberg oder über das menschliche Elend. 6 Tle. Leipzig 1783 ff. (Fotomechan. Nachdruck Bern 1977).

-: Konrad Kiefer oder Anweisung zu einer vernünftigen Erziehung der Kinder. Ein Buch für's Volk (1796). Hrsg. v. Theo Dietrich. Bad Heilbrunn 1961.

-: Krebsbüchlein oder Anweisung zu einer unvernünftigen Erziehung der Kinder. Hrsg. v. Theo Dietrich. Bad Heilbrunn ^{2}1967. (Nachdruck v. ^{4}1806 [^{1}1780]).

-: Moralisches Elementarbuch. Nachdruck d. Auflage v. 1785. Hrsg. v. Hubert Göbels. Dortmund 1980.

Sander, Uwe/Vollbrecht, Ralf: Zur wissenschaftlichen Rekonstruktion jugendlichen Zeitbewußtseins. (Eine Interpretation biographischer Selbstthematisierungen). In: Baacke/Schulze 1985. S. 141-170.

Schiffler, Horst/Winkeler, Rolf: Tausend Jahre Schule. Eine Kulturgeschichte des Lernens in Bildern. Stuttgart/Zürich 1985.

Schivelbusch, Wolfgang: Geschichte der Eisenbahnreise. Zur Industrialisierung von Raum und Zeit im 19. Jahrhundert. Frankfurt/Berlin/Wien 1979.

Schomerus, Heilwig: Die Arbeiter der Maschinenfabrik Esslingen. Forschungen zur Lage der Arbeiterschaft im 19. Jahrhundert. Stuttgart 1977.
Schorch, Günther: Kind und Zeit. Entwicklung und schulische Förderung des Zeitbewußtseins. Bad Heilbrunn 1982.
Schulze, Theodor: Kann Erziehung die Gesellschaft verändern? In: Zeitschrift für Pädagogik. 13. Beiheft. Weinheim/Basel 1977. S. 57-86.
Schummel, Johann Gottlieb: Spitzbart. Eine komi-tragische Geschichte für unser pädagogisches Jahrhundert (1779). Hrsg. u. mit e. Nachw. u. Erl. vers. v. Eberhard Haufe. München 1983.
Sehling, Emil (Hrsg.): Die evangelischen Kirchenordnungen des XVI. Jahrhunderts. 15 Bde. Leipzig 1902 ff.
Sengling, Dieter: Das Problem der Überforderung im Kindes- und Jugendalter. Weinheim/Berlin 1967.
Sombart, Werner: Der Bourgeois. Zur Geistesgeschichte des modernen Wirtschaftsmenschen. Reinbek 1988. (Erstveröff. 1913).
Taylor, Frederic W.: The Principles of Scientific Management. New York 1911.
Tenorth, Heinz-Elmar: Geschichte der Erziehung. Einführung in die Grundzüge ihrer neuzeitlichen Entwicklung. Weinheim/München 1988.
Thompson, E(dward) P(almer): Zeit, Arbeitsdisziplin und Industriekapitalismus. In: Rudolf Braun/u.a. (Hrsg.): Gesellschaft in der industriellen Revolution. Köln 1973. S. 81-112.
Tucholsky, Kurt: Schnipsel. In: Die Weltbühne. 28. Jg. Nr. 25, 21. Juni 1932. S. 937 f.
Vormbaum, Reinhold (Hrsg.): Evangelische Schulordnungen. 3 Bde. Gütersloh 1860 ff.
Wagenschein, Martin: Also ist es wirklich wahr ... In: Neue Sammlung. 18. Jg. 1978, H. 6. S. 561-565.
Wagnitz, H(einrich) B(althasar): Historische Nachrichten und Bemerkungen über die merkwürdigsten Zuchthäuser in Deutschland. Nebst e. Anhange über die zweckmässigste Einrichtung der Gefängnisse und Irren-Anstalten. Bd. 1. Halle 1791.
Weber, Carl Julius: Deutschland oder Briefe eines in Deutschland reisenden Deutschen. Bd. 1. Stuttgart ^{3}1855.
Weber, Max: Die protestantische Ethik I. Eine Aufsatzsammlung. Hrsg. v. Johannes Winckelmann. Gütersloh ^{6}1981.

Wedekind, Frank: Frühlings Erwachen. Eine Kindertragödie (1906). Mit e. Nachw. v. Georg Hensel. Stuttgart 1971.

Wehler, Hans-Ulrich: Deutsche Gesellschaftsgeschichte. Bd. 1: Vom Feudalismus des Alten Reiches bis zur Defensiven Modernisierung der Reformära 1700-1815. München 1987; Bd. 2: Von der Reformära bis zur industriellen und politischen »Deutschen Doppelrevolution« 1815-1845/49. München 1987.

Wendorff, Rudolf: Zeit und Kultur. Geschichte des Zeitbewußtseins in Europa. Opladen [3]1985.

Wezel, Johann Karl: Robinson Krusoe (1779). Berlin 1982.

Wilker, Karl: Der Lindenhof. Werden und Wollen. Heilbronn 1921.

Wilmsen, F(riedrich) P(hilipp): Der Deutsche Kinderfreund, ein Lesebuch für Volksschulen. Berlin [6]1805. ([1]1802).

Zeiher, Helga: Verselbständigte Zeit - selbständigere Kinder? In: Neue Sammlung. 28. Jg. 1988, H. 1. S. 75-92.

Zerrenner, C(arl) C(hristoph) G(ottlieb): Grundsätze der Schul-Disciplin für Schulaufseher, Lehrer und Schullehrer-Seminarien. Magdeburg 1826.

Ziegra, Christian: Sammlung von Urkunden, theologischen und juristischen Bedenken [...] zur hamburgischen Kirchenhistorie [...] Bd. 1. Hamburg 1767.

Zoll, Rainer (Hrsg.): Zerstörung und Wiederaneignung von Zeit. Frankfurt/M. 1988.

Zug der Zeit - Zeit der Züge. Deutsche Eisenbahn 1835-1985. 2 Bde. München 1989. (Erstausg. Berlin 1985).